Microbiologia para profissionais de saúde

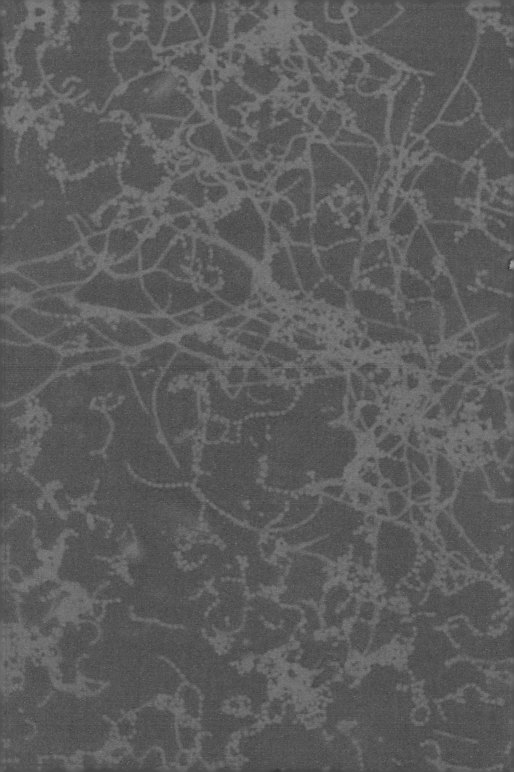

Microbiologia para profissionais de saúde:

bacteriologia, virologia, micologia e parasitologia

Ana Paula Weinfurter Lima Coimbra de Oliveira
Gisele Aparecida Bernardi
Luiza Souza Rodrigues
Suzana Carstensen
Willian Barbosa Sales

inter
saberes

Rua Clara Vendramin, 58 . Mossunguê
CEP 81200-170 . Curitiba . PR . Brasil
Fone: (41) 2106-4170
www.intersaberes.com
editora@intersaberes.com

Editora-chefe
Lindsay Azambuja

Gerente editorial
Ariadne Nunes Wenger

Assistente editorial
Daniela Viroli Pereira Pinto

Preparação de originais
Luciana Francisco

Edição de texto
Millefoglie Serviços de Edição; Monique Francis Fagundes Gonçalves

Capa
Débora Gipiela (*design*); Cryptographer/ Shutterstock (imagem)

Projeto gráfico
Allyne Miara; Sílvio Gabriel Spannenberg (*design*); D. Kucharski K. Kucharska (imagem)

Diagramação
Renata Silveira

Equipe de *design*
Iná Trigo; Sílvio Gabriel Spannenberg

Iconografia
Regina Claudia Cruz Prestes; Sandra Lopis da Silveira

Dados Internacionais de Catalogação na Publicação (CIP)
(Câmara Brasileira do Livro, SP, Brasil)

Microbiologia para profissionais de saúde: bacteriologia, virologia, micologia e parasitologia/Ana Paula Weinfurter Lima Coimbra de Oliveira... [et al.]. Curitiba: InterSaberes, 2022.

Outros autores: Gisele Aparecida Bernardi, Luiza Souza Rodrigues, Suzana Carstensen, Willian Barbosa Sales
Bibliografia.
ISBN 978-65-5517-270-6

1. Bacteriologia 2. Micologia 3. Microbiologia 4. Parasitologia 5. Profissionais de saúde 6. Virologia I. Oliveira, Ana Paula Weinfurter Lima Coimbra de. II. Bernardi, Gisele Aparecida. III. Rodrigues, Luiza Souza. IV. Carstensen, Suzana. V. Sales, Willian Barbosa.

21-90197 CDD-579

Índices para catálogo sistemático:

1. Microbiologia 579

Cibele Maria Dias – Bibliotecária – CRB-8/9427

Foi feito o depósito legal.

1ª edição, 2022.

Sumário

Dedicatória 7
Epígrafe 9
Apresentação 10
Como aproveitar ao máximo este livro 12

Capítulo 1
Bacteriologia básica 14
1.1 Bactérias: estrutura celular, características, crescimento e genética 17
1.2 Classificação de bactérias e epidemiologia das doenças bacterianas 26
1.3 Microbiota normal, patogênese e defesas do hospedeiro 30
1.4 Diagnóstico laboratorial 33
1.5 Fatores de resistência e vacinas bacterianas 38
1.6 Formação de biofilme: esterilização e desinfecção 41

Capítulo 2
Bacteriologia clínica 50
2.1 Visão geral dos principais patógenos 52
2.2 Introdução às bactérias anaeróbias 55
2.3 Cocos Gram-positivos e cocos Gram-negativos facultativos 60
2.4 Bacilos Gram-positivos e bacilos Gram-negativos 73
2.5. Micobactérias e espiroquetas 88
2.6 Micoplasmas, clamídias, riquétsias e patógenos bacterianos menos frequentes 96

Capítulo 3
Virologia humana 122
3.1 Propriedades gerais e estratégias de replicação dos vírus 124
3.2 Classificação dos vírus e epidemiologia das infecções virais 138
3.3 Virologia clínica 145
3.4 Patogênese e defesas do hospedeiro 172
3.5 Diagnóstico laboratorial 177
3.6 Vacinas virais e antivirais 189

Capítulo 4
Micologia 202
4.1 Morfologia e biologia dos fungos 204
4.2 Principais doenças causadas por fungos 212
4.3 Coleta e processamento inicial de amostras biológicas 216
4.4 Identificação de fungos de importância médica 222
4.5. Principais micoses 236

Capítulo 5
Parasitologia (I) 264
5.1 Parasitas: características e epidemiologia dos principais parasitas humanos 266
5.2 Protozoários parasitas do homem 271
5.3 Tripanossomíase por *Trypanosoma cruzi*: Doença de Chagas 273
5.4 Leishmanioses 280
5.5 Flagelados das vias digestivas e geniturinárias: tricomoníase e giardíase 284

Capítulo 6
Parasitologia (II) 292
6.1 Amebíase 294
6.2 Nematelmintos parasitas do homem 296
6.3 Platelmintos parasitas do homem 302
6.4 Artrópodes parasitas do homem 311
6.5 Moluscos vetores de doenças 317

Considerações finais 328
Lista de Siglas 330
Referências 336
Respostas 343
Sobre os autores 349

Dedicatória

A todos os excelentes professores e profissionais de saúde que foram meus mestres ao longo da trajetória acadêmica e que me inspiraram a seguir o caminho da arte de ensinar.

A minha família (mãe, irmão e filha), pelo amor, pelo suporte, pelo incentivo e pela compreensão que devotaram a mim em todas as fases de minha vida.

*A meu pai (*in memoriam*), por seu amor incondicional.*

A meu esposo, companheiro e apoio de todas as horas, por seu amor, cuidado e dedicação.

Profª. Ana Paula Weinfurter Lima Coimbra de Oliveira

A meus filhos, Luana e Diego, minhas razões de viver.

A minha mãe, cujos motivos são inumeráveis.

*A meu pai (*in memoriam*), saudade eterna.*

A meu marido, Marcelo Ribaski, pelo carinho, pela paciência e pelo apoio.

Aos brilhantes profissionais que me inspiraram até aqui, em especial aos que atualmente são exemplos na minha trajetória profissional.

Enfim, a todos os que passaram em minha vida ou que fazem parte dela, pois carrego um pouco de cada um deles.

Profª. Gisele Aparecida Bernardi

Aos estudantes de graduação e pós-graduação da Saúde, que buscam compreender os conceitos fundamentais e a aplicação clínico-laboratorial da microbiologia.

Aos profissionais da saúde que desejam revisitar conceitos básicos, atualizar e aprofundar o conhecimento em microbiologia.

A todos os profissionais que contribuíram para minha formação profissional.

A meus familiares, que sempre me apoiaram e incentivaram durante minha trajetória profissional.

Profª. Luiza Souza Rodrigues

A meu marido, pelo incentivo e pelo apoio constante; e a nossa bebê, que esteve comigo, mesmo que involuntariamente, nesse projeto.

A meus pais e irmãos pelo carinho, torcida e suporte na minha formação e aprendizagem.

A meus amigos, colegas ou ex-colegas que me incentivaram no decorrer da minha prática profissional e no processo de construção dessa obra.

A todos os estudantes e profissionais da área da saúde que dedicam seu tempo ao estudo da microbiologia.

Profª. Suzana Carstensen

A todos os profissionais da saúde e das ciências biológicas, amantes do conhecimento científico em microbiologia.

A meus alunos, pelo carinho e reconhecimento profissional ao longo dos anos de minha trajetória de estudo e atuação profissional.

A meus pais e companheiro de jornada, por todos os momentos especiais vividos juntos de amor, carinho, cumplicidade e lealdade.

Prof. Willian Barbosa Sales

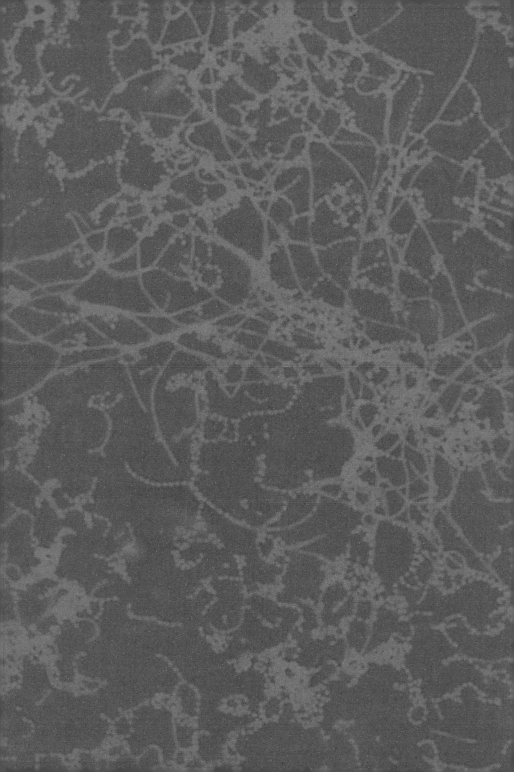

Epígrafe

"Pelos erros dos outros,
o homem sensato corrige os seus".

(Oswaldo Cruz)

Apresentação

Ao longo desta obra, pretendemos apresentar ao(à) leitor(a), de forma simples e didática, o mundo invisível ao olho nu, ou seja, o mundo dos microrganismos. A proposta é mostrar as principais formas de vida contempladas pela microbiologia de forma harmoniosa e interligada, abordando conteúdos introdutórios, bacteriologia clínica, virologia, micologia e parasitologia.

Nós, autores, nos dedicamos ao ensino e ao estudo da microbiologia há anos, alguns com vivência cotidiana dentro de laboratórios clínicos e de pesquisa. Orientados por essa experiência, ansiamos dar a conhecer as aplicações diretas da prática, para tornar a leitura atrativa e relacionada ao trabalho a ser desenvolvido pelos profissionais de saúde. Foi com esse propósito que construímos este livro. Ao longo dos capítulos, inserimos esquemas, imagens e tabelas para tornar sua leitura mais atrativa, didática, prazerosa e construtiva.

Os capítulos foram organizados em uma sequência lógica: bacteriologia básica e seus conceitos fundamentais; bacteriologia clínica, para compreensão das principais bactérias patogênicas de interesse para saúde; virologia, para apresentação desse grupo de microrganismos complexo e em evidência no contexto pandêmico em que este material foi escrito; mundo dos fungos, principalmente os patogênicos, capazes de desencadear enfermidades de difícil tratamento; e, por fim, o universo da parasitologia. Adotamos uma linguagem objetiva, para elucidar todas as formas de vida microscópicas aqui descritas e suas interações com o corpo humano, relacionadas ao processo de saúde e doença.

No início de cada capítulo há uma breve introdução, uma lista com os objetivos gerais e as principais palavras-chave relacionadas ao assunto abordado, para facilitar a compreensão por parte do(a) leitor(a). O presente livro, por óbvio, não esgota os conteúdos da microbiologia, porém, oferece uma visão geral dos principais microrganismos de interesse para a área da saúde.

Ao final de cada capítulo, disponibilizamos atividades de autoavaliação, atividades de aprendizagem e indicações de artigos científicos atuais, para relacionar a microbiologia com a prática.

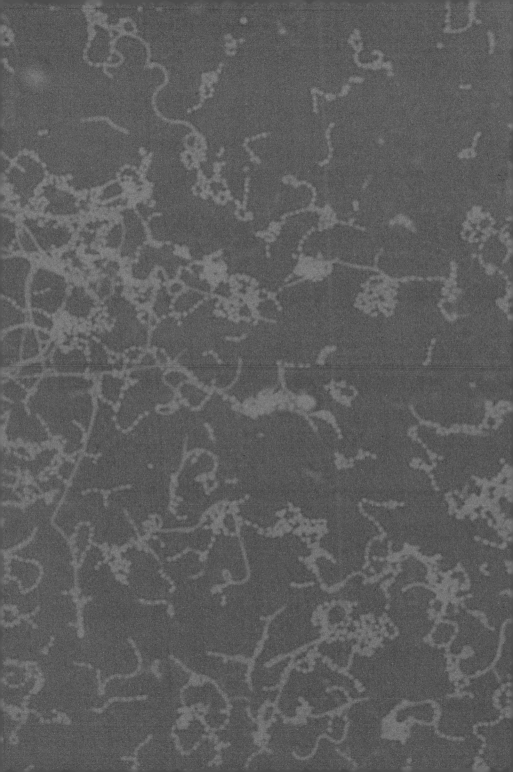

Como aproveitar ao máximo este livro

Empregamos nesta obra recursos que visam enriquecer seu aprendizado, facilitar a compreensão dos conteúdos e tornar a leitura mais dinâmica. Conheça a seguir cada uma dessas ferramentas e saiba como elas estão distribuídas no decorrer deste livro para bem aproveitá-las.

Conteúdos do capítulo

Logo na abertura do capítulo, relacionamos os conteúdos que nele serão abordados.

Após o estudo deste capítulo, você será capaz de:

Antes de iniciarmos nossa abordagem, listamos as habilidades trabalhadas no capítulo e os conhecimentos que você assimilará no decorrer do texto.

Síntese

Ao final de cada capítulo, relacionamos as principais informações nele abordadas a fim de que você avalie as conclusões a que chegou, confirmando-as ou redefinindo-as.

Indicações culturais

Para ampliar seu repertório, indicamos conteúdos de diferentes naturezas que ensejam a reflexão sobre os assuntos estudados e contribuem para seu processo de aprendizagem.

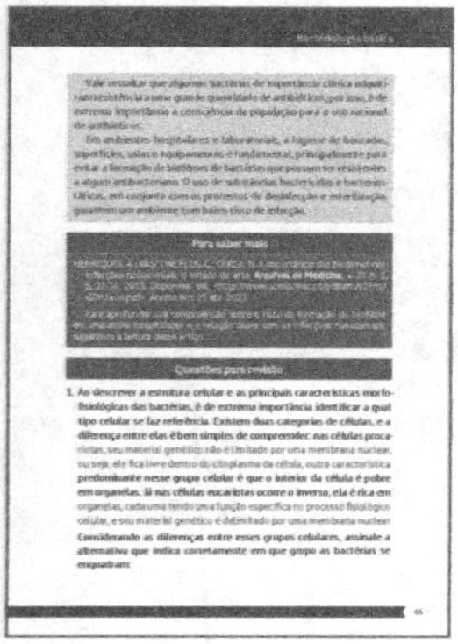

Para saber mais

Sugerimos a leitura de diferentes conteúdos digitais e impressos para que você aprofunde sua aprendizagem e siga buscando conhecimento.

Questões para reflexão

Ao propor estas questões, pretendemos estimular sua reflexão crítica sobre temas que ampliam a discussão dos conteúdos tratados no capítulo, contemplando ideias e experiências que podem ser compartilhadas com seus pares.

Questões para revisão

Ao realizar estas atividades, você poderá rever os principais conceitos analisados. Ao final do livro, disponibilizamos as respostas às questões para a verificação de sua aprendizagem.

Capítulo 1

Bacteriologia básica

Prof. Willian Barbosa Sales

Conteúdos do capítulo

- Bactérias: estrutura celular, características, crescimento e genética.
- Classificação de bactérias e epidemiologia das doenças bacterianas.
- Microbiota normal, patogênese e defesas do hospedeiro.
- Diagnóstico laboratorial.
- Fatores de resistência e vacinas bacterianas.
- Formação de biofilme: esterilização e desinfecção.

Após o estudo deste capítulo, você será capaz de:

1. descrever a morfofisiologia bacteriana, sua genética e bioquímica;
2. citar as principais formas de interação das bactérias com os outros seres vivos;
3. aplicar os conceitos de bacteriologia em situações concretas do trabalho na área da saúde.

A **bacteriologia** é um ramo da microbiologia que estuda as bactérias, ou seja, sua forma, seu funcionamento, sua genética, sua bioquímica e sua interação com outros seres vivos. A **microbiologia** se dedica ao estudo amplo dos seres vivos microscópicos nos seus mais variados aspectos e suas interações com o ambiente que os envolvem.

Neste primeiro capítulo da obra, apresentaremos o universo da microbiologia, ciência fundamental para os profissionais da área da saúde, visto que grande parte das patologias são causadas por algum tipo de microrganismo infectocontagioso. Abordaremos assuntos relacionados às questões morfofisiológicas das bactérias, tratando, portanto, de sua estrutura celular, suas características, seu crescimento, suas formas de interação e sua genética.

A classificação das bactérias e sua epidemiologia são fundamentais para a compreensão de alguns processos patológicos. É muito relevante diferenciarmos microbiota normal, patogênese e defesa do hospedeiro, pois, embora não visualizemos, há uma miríade de microrganismos vivendo em todos os corpos humanos em equilíbrio; contudo, quando essa homeostase é quebrada, abre-se margem para a instalação de processos patológicos e a ação das defesas presentes em nosso corpo.

Abordaremos neste capítulo o diagnóstico laboratorial com ênfase para os meios de cultura e suas características, bem como os procedimentos realizados dentro do laboratório de microbiologia. Ademais, contemplaremos os fatores de resistência microbiana, uma temática bastante evidenciada na atualidade, em virtude do uso indiscriminado de antibióticos[1].

Alguns microrganismos evoluíram e encontraram uma forma bastante peculiar de driblar as defesas do corpo humano, como é o caso da formação dos biofilmes. Por fim, demonstraremos os principais processos de esterilização e desinfecção utilizados no mundo moderno.

1 Esta seção introdutória do capítulo foi escrita com base em: Brooks et al. (2014); Trabulsi e Alterthum (2015); Tortora, Funke e Case (2017); e Engelkirk e Duben-Engelkirk (2017).

1.1 Bactérias: estrutura celular, características, crescimento e genética[2]

Ao descrever a estrutura celular e as características morfofisiológicas das bactérias, é crucial indicar a qual tipo celular estamos nos referindo, pois existem duas categorias de células: (i) as procarióticas e (ii) as eucarióticas. O profissional de saúde, ao fazer a leitura deste livro, deve ter em mente essa diferença, suas principais características e, principalmente, a qual grupo celular pertencem essas bactérias.

A diferença entre essas células é de fácil compreensão. Nas **células procariotas**, o material genético não é limitado por uma membrana nuclear, ou seja, fica livre dentro do citoplasma, e o interior celular é pobre em organelas. Já nas **células eucariotas** ocorre o inverso, o interior celular é rico em organelas, estruturas que regem o processo fisiológico celular com seu material genético delimitado por uma membrana nuclear. As diferenças entre esses grupos estão expostas na Figura 1.1.

2 Esta seção foi escrita com base em: Brooks et al. (2014); Trabulsi e Alterthum (2015); Tortora, Funke e Case (2017); e Engelkirk e Duben-Engelkirk (2017).

Figura 1.1 – Células eucariotas e células procariotas

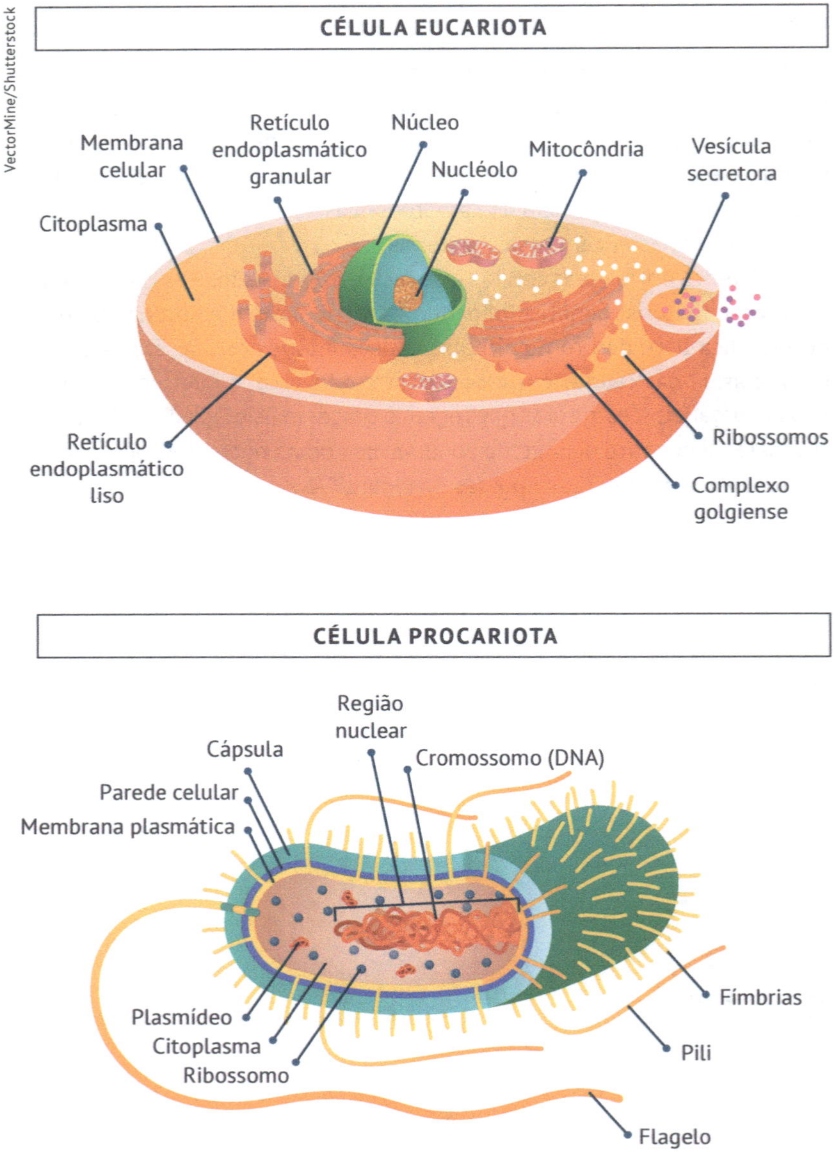

Tendo observado as diferenças explicitadas na Figura 1.1, certamente você está questionando a que grupo as bactéricas pertencem. As bactérias são células procarióticas; entretanto, por sua simplicidade em aparatos intracelulares – como ausência de organelas –, esses microrganismos evoluíram em aparatos muito importantes para sua sobrevivência, que estão localizados acima da membrana plasmática, címo: fímbrias, pili, flagelo, parede celular e cápsula. Todas essas estruturas presentes nas células bacterianas serão detalhadas na sequência; mas vale adiantar que são elas que permitem a sobrevivência desses microrganismos no ambiente e dentro do organismo humano.

As bactérias, de modo geral, têm morfologia e estrutura celular bastante característica, sendo classificadas como cocos, cocobacilo, bacilo, vibrião, espirilo e espiroqueta. Tais formas podem ser visualizadas na Figura 1.2, a seguir. Com base em sua morfologia examinada no microscópio óptico, é possível identificar de forma estrutural cada microrganismo; contudo, para identificação de um microrganismo específico, são necessários exames laboratoriais mais detalhados e alguns um tanto quanto complexos e de alto custo.

Figura 1.2 – Morfologia bacteriana

Juliasuena/Shutterstock

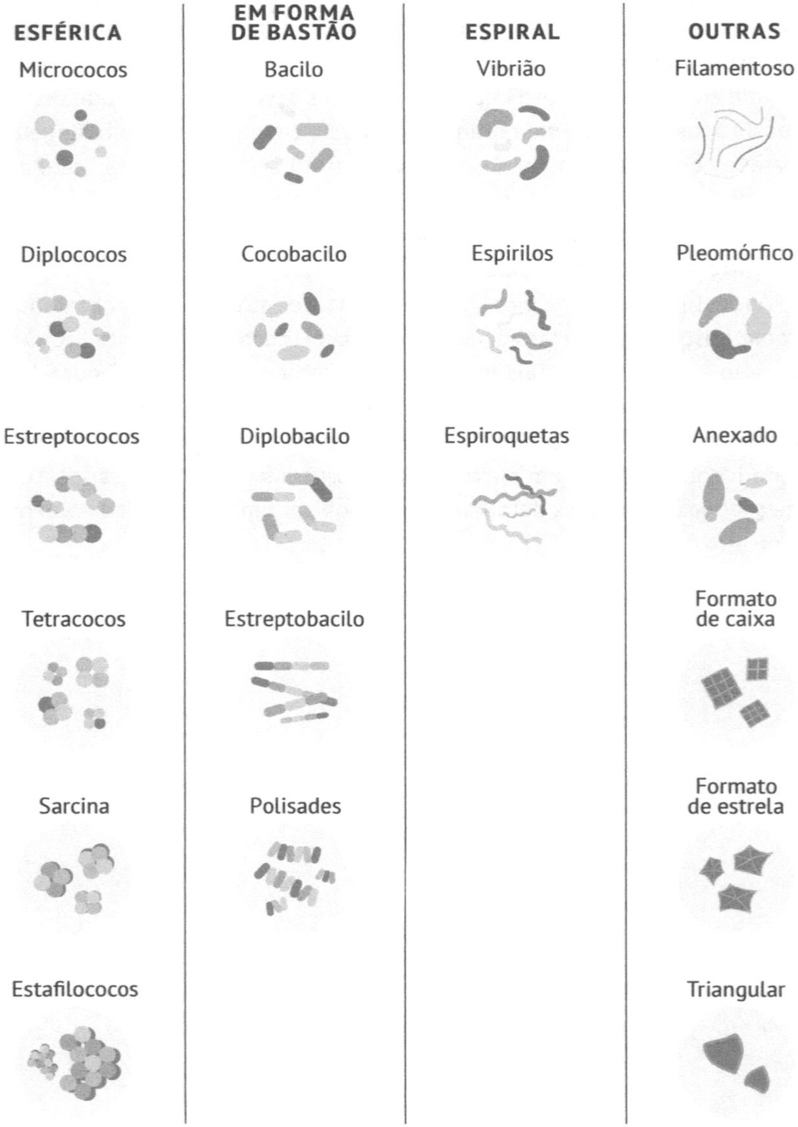

Nem todas as estruturas que descreveremos a partir de agora são encontradas em todos os tipos de bactéria; no entanto, há certas estruturas que são essenciais para a vida de tais microrganismos, como a membrana citoplasmática e a parede celular. A Figura 1.3 mostra cada um dos componentes anatômicos presentes na célula bacteriana, os quais abordaremos a seguir.

Figura 1.3 – Estruturas da célula bacteriana

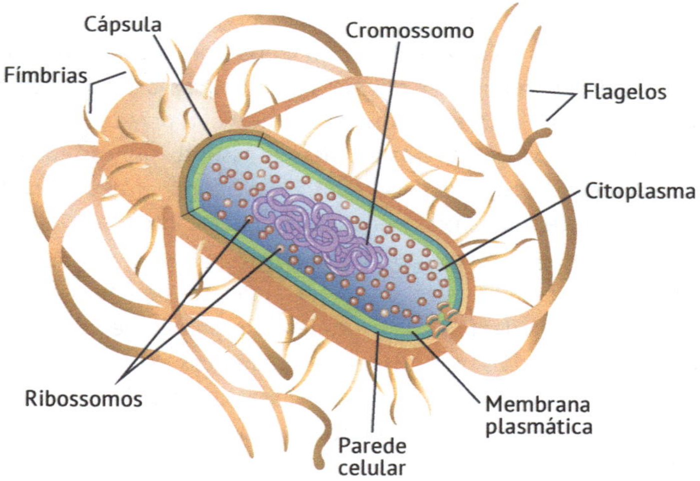

OSweetNature/Shutterstock

A **membrana citoplasmática**, também denominada *membrana plasmática* é, como já informamos, uma estrutura indispensável para a vida da bactéria, pois tem como principal função separar o meio interno – o citoplasma – do meio externo. O **citoplasma** é constituído por uma substância líquida ou fluída, também conhecida como *líquido intracelular* (LIC). Para demonstrar o quanto essa estrutura é importante para a célula, convém assinalar que alguns antibióticos têm a capacidade de rompê-la ou inativar mecanismos específicos presentes nesta estrutura, destruindo a célula bacteriana.

A composição química da membrana citoplasmática pode variar em razão do gênero e da espécie bacteriana, porém a maioria delas é composta de proteínas – aproximadamente 60% – imersas em uma bicamada fosfolipídica (cerca de 40% da estrutura). Essa membrana mantém a comunicação entre o meio interno e o meio externo da célula através do transporte de solutos, ou seja, ela atua como uma barreira altamente seletiva, impedindo a passagem de substâncias para dentro da célula. O transporte de substância ocorre graças a proteínas de transporte presentes na membrana. Outros processos que dependem desse componente celular são: a produção de energia por transporte de elétrons e fosforilação oxidativa, a biossíntese, a duplicação do DNA e a secreção.

A **parede celular** bacteriana, localizada acima da membrana plasmática, promove a manutenção da forma da bactéria, sendo ela coco ou bacilo. Uma das funções da parede é manter a membrana plasmática segura ou estável em virtude da pressão osmótica interna. A parede celular bacteriana pode variar entre gêneros e espécies, assunto que esclareceremos ao tratar da classificação das bactérias. Esse componente é formado por uma infinidade de substâncias, sendo a mais importante o peptidioglicano, que confere rigidez à parede bacteriana.

Várias bactérias têm a capacidade de sintetizar polímeros orgânicos, substâncias que podem ser depositadas fora da parede celular, sendo também conhecidas como substâncias poliméricas extracelulares (SPE); algumas delas têm alto valor fisiológico. Essas substâncias podem formar a **cápsula bacteriana** quando ela adere diretamente à parede da célula; quando isso não ocorre, forma-se uma substância mais fluida e amorfa, denominada *camada mucosa*. A composição química tanto da cápsula quanto da camada mucosa é, majoritariamente, de polissacarídeo.

E qual seria a função da cápsula bacteriana e da camada mucosa? Ambas podem servir de reservatório de água e nutrientes, bem como promover aumento da capacidade invasiva de bactérias patogênicas, aderência, elevação da resistência microbiana a biocidas. Ainda, dependendo do gênero da bactéria, essas estruturas podem, com o auxílio da biotecnologia, ser aplicadas na indústria na produção de compostos para a área médica.

Outra estrutura presente em algumas formas bacterianas é o **flagelo**, cujo desenho anatômico indica sua função, que é auxiliar na locomoção da bactéria, composta de um único tipo de proteína, dita *flagelina*. Contudo, não se deve confundir o flagelo com as fímbrias ou pelos que se distribuem por sobre toda a superfície bacteriana e não são móveis como a referida estrutura; estes não ajudam na locomoção, mas auxiliam na aderência à superfície. A fímbria F, também conhecida como *fímbria sexual*, serve para transpor o material genético entre as células bacterianas durante o processo denominado *conjugação*.

Grosso modo, são três as estruturas mais importantes na composição física da célula bacteriana, conforme demonstra a Figura 1.4.

Figura 1.4 – Estrutura de destaque da célula bacteriana

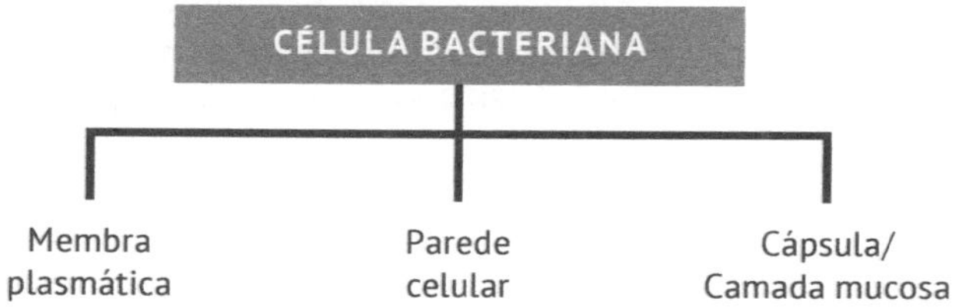

Internamente à célula bacteriana, outras estruturas merecem destaque. Estas estão mergulhadas no líquido intracelular ou citoplasma, como é o caso do nucleoide ou DNA bacteriano, e o plasmídeo, que é uma molécula de DNA circular menor que o DNA bacteriano formador do cromossomo. O **plasmídeo** realiza várias funções de suma importância, como carregar consigo a informação genética de fatores de resistência aos antibióticos, dando vantagens de sobrevivência a esse microrganismo.

Outros componentes citoplasmáticos importantes são: os **ribossomos**, responsáveis pela síntese proteica e cuja composição é RNA; os **grânulos**, que armazenam substâncias de reserva; e, em alguns gêneros de bactérias, os **vacúolos gasosos**.

Quando pensamos em uma forma de vida inferior à nossa, imaginamos que seu sustento ou nutrição sejam simples, basicamente compostos de poucos nutrientes. Contudo, a nutrição bacteriana é bem diversificada, abarcando microrganismos fotossintéticos, autotróficos, quimiotróficos e heterotróficos. Vale registrar que a maioria das bactérias é quimiotrófica, ou seja, obtém energia de reações químicas em que alguns substratos adequados são oxidados.

Algumas bactérias necessitam, para seu metabolismo, de fontes de material plástico, como carbono, hidrogênio, oxigênio, nitrogênio, enxofre e fósforo. Para sua manutenção, são necessários íons inorgânicos essenciais, alguns deles em grandes quantidades, sendo classificados como *macronutrientes*, e outros, somente traços ou pequenas quantidades, também conhecidos como *micronutrientes*.

Recebendo a concentração ideal de nutrientes, as bactérias podem crescer e se desenvolver. O crescimento bacteriano pode ser mensurado de forma individual ou populacional. Deve-se levar em consideração que, dependendo da oferta de nutrientes, tempo e temperatura, o crescimento bacteriano pode ser muito rápido, chegando a uma grande quantidade de indivíduos de forma exponencial: uma célula-mãe dá origem a duas células-filhas, que, por sua vez, vão se reproduzir, originando outras quatro células em uma progressão sucessiva.

Para se mensurar o crescimento bacteriano, utilizam-se meios de cultura líquidos ou sólidos. Os diversos tipos, formas e funções dos **meios de cultura** serão abordados na seção dedicada a diagnóstico laboratorial. Para avaliar o crescimento bacteriano, utiliza-se o meio de cultura líquido, levando em consideração a espécie da bactéria, suas exigências nutricionais e a temperatura. O crescimento bacteriano pode ser expresso em um gráfico, cujos valores formam uma curva de crescimento.

A **curva de crescimento** bacteriano é dividida em quatro fases. Na primeira, denominada ***fase lag***, praticamente não ocorre divisão celular (a reprodução), mas a massa das bactérias aumenta. Na segunda, conhecida como ***fase logarítmica***, ocorre a divisão celular de forma regular, mantendo-se a velocidade. Na terceira, dita ***fase estacionária***, a reprodução da bactéria diminui até parar. Na quarta fase, conhecida como ***fase de declínio***, as bactérias presentes na cultura morrem.

As informações passam de uma bactéria para outra durante sua reprodução, por meio de seu material genético, ou seja, seu ácido desoxirribonucleico (DNA). As bactérias têm seus mecanismos genéticos bastante estudados em virtude do tempo de reprodução e crescimento, além de sua importância clínica para a área da saúde. O DNA bacteriano é uma macromolécula em forma de dupla fita circular, altamente empacotado e dobrado para se manter dentro da célula.

Figura 1.5 – Reprodução bacteriana

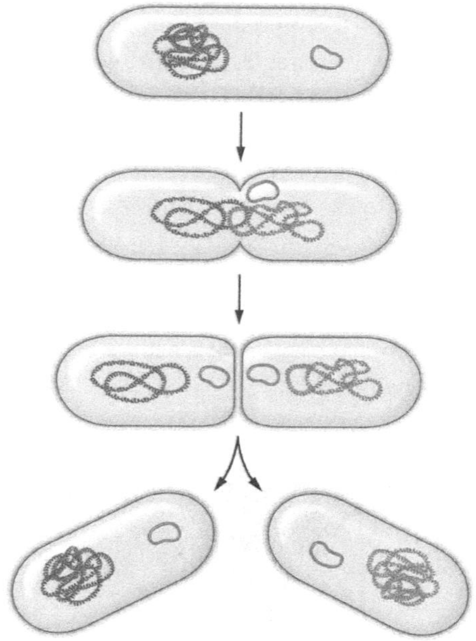

Aldona Griskeviciene/Shutterstock

As bactérias também têm em seu interior uma molécula extracromossomial, denominada *plasmídio*. Essa molécula de DNA tem a forma de um círculo fechado, e sua replicação pode ocorrer de forma paralela ou quando a célula bacteriana se divide, originando duas células-filhas. Uma das principais funções do plasmídio é proporcionar à célula uma vantagem seletiva.

A **transferência do plasmídio** pode ocorrer em alguns gêneros bacterianos mediante o **processo de conjugação**, quando ocorre o contato entre as células com o auxílio da fímbria, mais especificamente a fímbria F (fímbria sexual) ou por meio do **processo de transdução** envolvendo a ação de uma partícula viral. Existem vários tipos de plasmídio, entre eles o plasmídio sexual, plasmídio R, muito importante para a área da saúde na compreensão de alguns mecanismos de resistência a antibióticos. O plasmídio Col pode inibir o crescimento de bactérias que não o contêm, plasmídios virulentos que podem aumentar o processo de infecção em humanos.

1.2 Classificação de bactérias e epidemiologia das doenças bacterianas[3]

Um dos pontos-chave para a compreensão da classificação e da diferenciação das bactérias é a possibilidade de visualizá-las ao microscópio óptico, com o auxílio de corantes para assim identificar sua forma e seus tipos de arranjos. O principal corante utilizado em microbiologia para visualizar as bactérias é conhecido como *coloração de Gram*, ou *método de Gram*, descoberto em 1884 pelo pesquisador e cientista Christian Gram.

Essa coloração divide as bactérias em dois grandes grupos: as Gram-positivas e as Gram-negativas, o que nos permite dar os primeiros passos na classificação e na identificação das formas bacterianas. As bactérias **Gram-positivas** têm uma coloração roxa/azul, e as bactérias **Gram-negativas**, cores rosa/vermelho.

Figura 1.6 – Bactérias Gram-negativas

Schira/Shutterstock

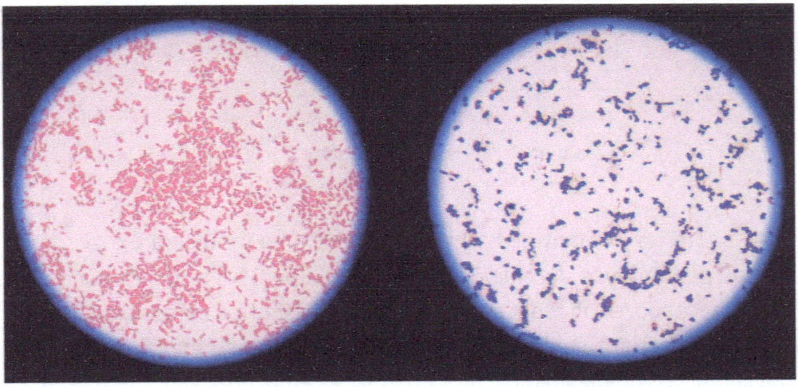

Para esclarecermos a coloração de Gram, primeiramente, precisamos retornar a um ponto importante abordado na seção anterior, relacionado à estrutura da bactéria, ou seja, sua parede celular, rica em peptidoglicano.

3 Esta seção foi escrita com base em: Forsythe (2013); Trabulsi e Alterthum (2015); Levinson (2016); Birn (2009); Beaglehole e Bonita (2010); Cueto (2015); e Constantino (2019a, 2019b).

Avaliando suas diferenças, as bactérias Gram-positivas têm uma camada maior de peptidoglicano, entre 15% e 50%, já nas bactérias Gram-negativas, o percentual cai para 5%, aproximadamente, conforme demonstrado na Figura 1.7. É em virtude das diferentes composições da parede celular que as bactérias Gram-positivas têm coloração roxa/azul, e as bactérias Gram-negativas, rosa/vermelho.

Figura 1.7 – Parede celular das bactérias Gram-positivas e Gram-negativas

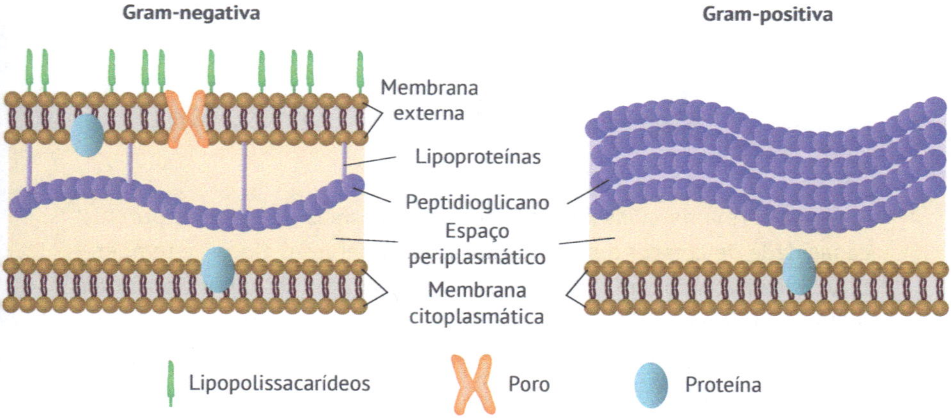

Outra forma de classificar as bactérias é por sua característica de sobrevivência em diferentes atmosferas, por exemplo, com oxigênio (O_2) ou rica em dióxido de carbono (CO_2). Considerando as que vivem em meio oxigenado, há bactérias **aeróbicas,** que necessitam de grande quantidade de oxigênio livre, e as **microaerófilas**, que necessitam de pouca quantidade. As bactérias classificadas como **anaeróbias estritas** não conseguem sobreviver na presença de O_2; já as bactérias **anaeróbias não estritas** conseguem, pois o O_2 não é toxico para essa classe em específico. Por fim, existem as bactérias **facultativas**, que podem sobreviver tanto na presença quanto na ausência de O_2.

Figura 1.8 – Tipos de bactéria conforme atmosfera do meio

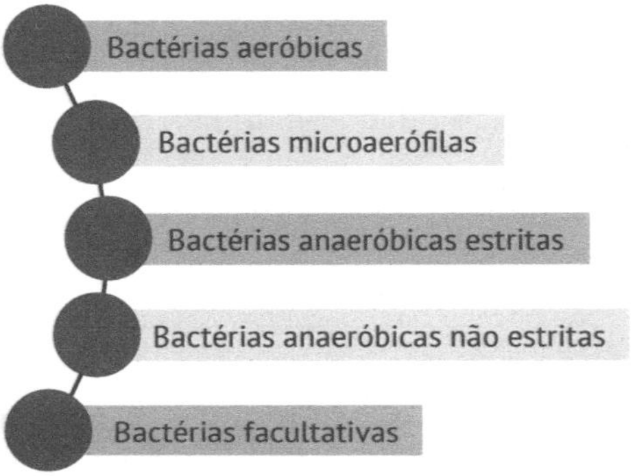

Outra forma de classificar e identificar algumas bactérias é por sua capacidade de crescer e se desenvolver em diferentes tipos de temperatura. Cada bactéria tem uma temperatura ideal para assimilar e absorver melhor os nutrientes, fator que está interligado ao crescimento e ao desenvolvimento. A temperatura ótima para crescimento bacteriano dentro do laboratório é de 35±37 °C. As bactérias psicrófilas têm a temperatura ideal para desenvolvimento entre 0 e 18 °C; já as mesófilas, que correspondem ao maior número de bactérias patogênicas, crescem em temperaturas entre 25 °C e 40 °C; as termófilas, por sua vez, têm a capacidade de crescer e se desenvolver em altas temperaturas, entre 50 °C e 80 °C.

Certas bactérias, quando não encontram um ambiente ideal para crescer e se multiplicar, com as concentrações adequadas de O_2, os nutrientes e a temperatura necessários, são capazes de entrar em um **estado de esporulação**, ou seja, formam um esporo de resistência. Essa situação é bem comum em bactérias Gram-positivas dos gêneros *Clostridium* e *Bacillus*, ambos microrganismos de importância clínica. O processo que leva a bactéria a se transformar em esporo é denominado *esporogênese*.

O esporo bacteriano pode sobreviver por longos períodos no ambiente, sendo resistente à ausência de água, a altas temperaturas, a algumas substâncias químicas e radiações. Essas são as principais causas de bactérias que podem formar esporo; questão que merece atenção especial para a área médica e alimentícia, pois são microrganismos difíceis de se combater, como o *Clostridium tetani*, causador do tétano, e o *Clostridium botulinum*, produtor de toxinas que podem causar intoxicação alimentar e levar o indivíduo a óbito.

Importante!

Tomando como base as formas das bactérias, listaremos algumas das principais patologias infectocontagiosas causadas por cada uma, porém, antes disso, convém esclarecermos que o nome dos microrganismos segue um padrão muito rigoroso de escrita e deve ser respeitado. De modo geral, os nomes das bactérias expressam o gênero a qual pertencem, e, na sequência, a espécie. Na escrita, o padrão obedece a ordem do gênero, com a primeira letra maiúscula e itálico, seguido pela espécie, também em itálico, conforme observamos: *Clostridium tetani; Clostridium botulinum; Staphylococcus aureus; Pseudomonas aeruginosa.*

A epidemiologia do estudo das bactérias está relacionada à forma de disseminação ou distribuição desse microrganismo, impactando na saúde das populações. Sua análise está relacionada ao comportamento do microrganismo em grupos específicos de indivíduos, suas formas de resistência aos antimicrobianos, sua capacidade de propagação e sua crescente importância em causar morbidade e mortalidade à população estudada.

A epidemiologia usa ferramentas para mensurar as principais formas de disseminação da patologia e o comportamento dos microrganismos com auxílio de biomarcadores; exemplo disso são exames de biologia molecular para identificar com precisão as bactérias envolvidas. As variáveis utilizadas em investigações epidemiológicas têm como características fundamentais o alto grau de precisão, ou seja, de reprodutibilidade e validade.

Vivemos em um mundo altamente globalizado, em que as intervenções humanas no ambiente podem gerar modificações associadas ao aparecimento de doenças emergentes e reemergentes. Trata-se de doenças novas de carácter altamente infeccioso ou doenças de carácter infeccioso já antigas que retornam com outro perfil, normalmente com bactérias mais resistentes a grande parte dos antimicrobianos existentes e com variantes de maior patogenicidade.

Em epidemiologia, tem-se fortalecido o conceito de **saúde única**, também conhecido como *one health*. A saúde única propõe o equilíbrio necessário entre a saúde humana, animal e ambiental. Quando ocorre qualquer alteração nessa tríade, abre-se margem para o surgimento de doenças emergentes e reemergentes.

1.3 Microbiota normal, patogênese e defesas do hospedeiro[4]

O termo *microbiota normal* é muito utilizado pelos especialistas da área clínica. No corpo humano, existe um universo paralelo de milhões de microrganismos que formam a microbiota normal. Ela está presente em todas as partes do corpo, o qual, por sua vez, está em contato com o meio externo por intermédio da pele e das mucosas. O primeiro contato com os microrganismos que possibilitam o desenvolvimento dessa microbiota normal ocorre durante o parto, quando o bebê passa pelo canal vaginal no nascimento, e quando ele é alimentado pela primeira vez, pelo contato da boca com o mamilo da mãe e sua flora microbiana.

A flora microbiana presente no corpo humano, também conhecida como *microbiota normal*, tem sido estudada há muito tempo, por diversos ramos da ciência. A nutrição, por exemplo, tem estudado a importância da flora de microrganismos que vivem no intestino e sua relação com o desenvolvimento ou tratamento de inúmeras doenças crônicas. A presença ou ausência dessa flora pode ser fator de predisposição para o desenvolvimento de doenças respiratórias, por exemplo. De qualquer modo, no corpo humano, há uma imensidão de microrganismos que podem ser benéficos ou patogênicos, a depender do lugar onde esses microrganismos se encontram.

Existem no corpo humano cavidades abertas em contato direto com meio externo, como o trato gastrointestinal, o sistema respiratório e o sistema urinário. Essas cavidades têm uma rede própria de microrganismos vivendo em seus sistemas, em sua microbiota. Por exemplo, uma bactéria muito comum que vive no trato gastrointestinal, especificamente no intestino grosso, a *Escherichia coli*, não causa dano algum nesse ambiente, porém, quando ela migra de alguma forma para outro sistema ou órgão, como o sistema urinário, são desencadeadas infecções. A maior parte das infecções urinárias em mulheres ocorre pela presença da *Escherichia coli*.

O corpo humano também contém cavidades corporais fechadas: as cavidades dorsais, que incluem o encéfalo e a medula espinal, ambos revestidos

4 Esta seção foi escrita com base em: Trabulsi e Alterthum (2015); e Tortora, Funke e Case (2017).

pelas meninges; e as cavidades ventrais, que incluem as cavidades torácicas e abdominopélvicas. Essas cavidades são estéreis, não têm uma microbiota residente ou normal; assim, a presença de qualquer microrganismo nessas cavidades pode proporcionar o desenvolvimento de sérias patologias de cunho infectocontagioso, como a meningite ou a pericardite.

A microbiota cutânea está presente em toda a pele do corpo humano, e os gêneros de bactérias mais encontrados são *Staphylococcus*, *Corynebacterium*, *Propionibacterium* e, algumas vezes, a *Streptococcus*, entre outras. A microbiota da cavidade oral é bastante rica em bactérias do gênero *Staphylococcus*, *Streptococcus*, *Neisseria*, *Bacteroides*, *Actinomyces*, *Treponema*, *Mycoplasma*, entre outras.

Nas fossas nasais predominam as bactérias do gênero *Staphylococcus* e *Corynebacterium*, podendo estar presente a *Klebsiella pneumoniae*, a *Escherichia coli*, a *Pseudomonas aeruginosa* e a *Staphylococcus aureus*, espécies que podem aparecer em virtude da supressão da flora microbiana normal dessa região.

A microbiota vaginal pode variar de acordo com a idade, o potencial hidrogeniônico (pH) e a secreção hormonal. As bactérias que podem ser encontradas na região vaginal são os *Lactobacillus* sp., *Corynebacterium*, *Staphylococcus* e *Escherichia*. Entretanto, na uretra anterior, a quantidade é variável, sendo representada por *Staphylococcus epidermidis*, *Corynebacterium* sp., *Streptococcus faecalis* e, por vezes, *Escherichia coli*.

De todos os órgãos e cavidades do corpo humano, sem sombra de dúvidas a parte que mais contém bactérias residentes é o trato gastrointestinal, principalmente o intestino grosso. As bactérias que ali vivem são aproximadamente dez vezes mais numerosas que as células presentes no restante do corpo. As bactérias que prevalecem na região do estômago e duodeno são *Lactobacillus* e *Streptococcus*; na região do jejuno e íleo, há *Lactobacillus*, *Bacteroides*, *Enterobacteriaceae*, *Bifidobacterium*, *Streptococcus*, *Fusobacterium*; no cólon ocorrem *Bacteroides*, *Clostridium*, *Bifidobacterium*, *Pseudomonas*, *Streptococcus*, *Lactobacillus*, *Fusobacterium*, *Enterobacteriaceae*, *Staphylococcus*. Vale fazer uma observação com relação ao número elevado de bactérias anaeróbicas presentes no cólon, que formam uma rica camada na mucosa intestinal.

A flora microbiana dos intestinos contém bactérias: benéficas, com a presença do grupo dos lactobacilos, estreptococos láticos e as bifidobactérias; bactérias que podem gerar tanto benefício quanto problemas, como as enterobactérias e os enterococos, ambos indicadores de contaminação fecal em água e alimentos; e bactérias nocivas, como os clostrídeos e as sulforredutoras produtoras de toxinas.

Como a flora microbiana dos intestinos é muito diversa, nos últimos anos o apelo ao consumo de alimentos com probióticos tem aumentado em larga escala. E o que são os probióticos? São microrganismos vivos que, quando consumidos, geram benefício e equilíbrio à saúde. E os prebióticos, o que são? Estes, por sua vez, são ingredientes presentes em alguns grupos de alimentos que podem promover a seleção de microrganismos benéficos para a flora intestinal. No entanto, antes de se passar a consumir esses alimentos funcionais, deve-se procurar a orientação profissional de um nutricionista.

As patologias bacterianas podem ser divididas em dois grupos: (i) as infecções exógenas, em que os microrganismos que entram em contato com o corpo humano têm origem externa, (ii) e as infecções endógenas, causadas por desequilíbrios na própria flora do indivíduo, também conhecida como *flora normal*.

Quando uma bactéria rompe as defesas naturais do corpo do indivíduo e se instala em seu organismo, ela o infecta; contudo, isso pode ou não provocar uma doença. A infecção ocorre pela multiplicação da bactéria dentro do corpo do indivíduo, mas a doença só irá ocorrer quando o organismo humano apresentar manifestações clínicas dessa infecção.

Algumas condições são favoráveis para a infecção bacteriana, como pacientes imunocomprometidos, uso de antibióticos, procedimentos cirúrgicos, presença de doenças crônicas como diabetes ou câncer, ou uso de dispositivos invasivos em ambiente hospitalar, como sondas e cateteres.

A propagação de uma bactéria de caráter infeccioso ou não pode ocorrer de forma direta, mediante contato físico como beijo, sexo, secreções e saliva. Outra forma de propagação é a indireta, quando a bactéria pode ser transmitida via superfície de um objeto, pela água, pelos alimentos ou via aerossóis.

O corpo humano consegue reagir aos microrganismos infecciosos graças aos mecanismos relacionados ao sistema imunológico. Esse sistema é um conjunto de órgãos, tecidos e células, cuja função é proteger corpo humano de qualquer tipo de agressão, sobretudo as infecciosas, causadas por diferentes tipos de microrganismos. Essa proteção garantida pelo sistema imunológico pode ocorrer tanto pela imunidade inata quanto pela imunidade adquirida.

A **imunidade inata**, também conhecida como *imunidade natural*, está no corpo desde o nascimento, e seus mecanismos fisiológicos de ação são iguais para todos os agentes infecciosos que entram em contato com o organismo. Isso significa que ela não tem memória, ou seja, não oferece proteção ao longo do tempo diante de determinados microrganismos. Já a **imunidade adquirida**, também denominada *adaptativa* ou *específica*, consegue produzir uma memória imunológica dos microrganismos agressores graças à informação deixada por seus antígenos. Essa forma de imunidade conta com a capacidade do corpo humano de aprender, se adaptar e lembrar, sendo essa memória sua principal arma contra o ataque de microrganismos.

1.4 Diagnóstico laboratorial[5]

Sem dúvida, o microscópio é o equipamento laboratorial mais utilizado na identificação da morfologia de muitos microrganismos. O microscópio óptico funciona com um sistema de lentes que manipula um feixe de luz que atravessa o objeto e chega ao olho do analista clínico. As imagens visualizadas podem ser aumentadas em até 2 mil vezes.

5 Esta seção foi escrita com base em: Salvatierra (2014); Trabulsi e Alterthum (2015); e Madigan et al. (2016).

Figura 1.9 – Pesquisadores utilizando microscópio óptico

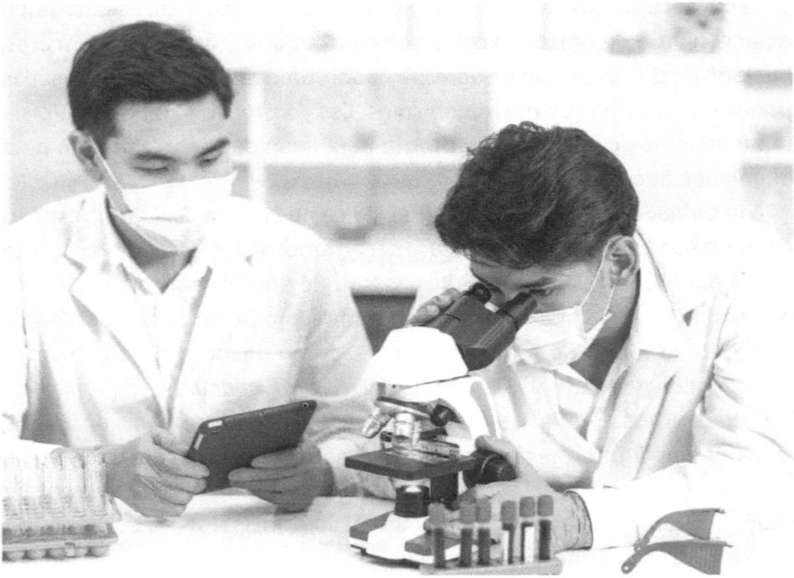

woracnanphoto/Shutterstock

O material clínico utilizado pelo laboratório é coletado diretamente do local da infecção com o auxílio de um *swab* estéril, por exemplo. Para visualizar o microrganismo presente na amostra, pode ser realizado um exame direto com montagem de material a fresco entre lâminas e lamínula. Como a maior parte dos microrganismos é transparente, é possível observar a composição celular, a morfologia do microrganismo e sua motilidade, ou seja, sua capacidade de movimentação.

Para uma visualização mais detalhada dos microrganismos, são empregadas soluções corantes, principalmente o azul-de-metileno e a coloração de Gram. Esta é o teste mais utilizado em laboratório clínico, pois consiste no tratamento de um esfregaço bacteriano previamente fixado e tratado com os seguintes corantes: cristal violeta, lugol, álcool-acetona e fucsina. A coloração de Gram, conforme já indicamos, permite a diferenciação das bactérias em dois grandes grupos: as bactérias Gram-positivas e as Gram-negativas.

Após esse primeiro contato com a amostra clínica – a identificação da bactéria ao microscópio óptico observando sua morfologia (coco, bacilo e afins) e sua coloração, se Gram-positiva ou Gram-negativa –, é necessário realizar o isolamento do microrganismo presente na amostra clínica através de procedimentos como centrifugação, homogeneização, conservação. Depois, faz-se sua cultura com o auxílio de meios específicos para cada bactéria, considerando a escolha de tempo *versus* temperatura para o crescimento das unidades formadoras de colônias (UFC), e a escolha de uma atmosfera de crescimento ideal, ou seja, com O_2 ou rica em CO_2.

Os **meios de cultura** devem simular o ambiente onde as bactérias vivem, ofertando a quantidade ideal de nutrientes, água e pH. Eles podem ter em sua composição peptonas, extrato de leveduras, extratos de órgãos de animais como fígado, coração, extratos de vegetais como soja, arroz, ou outras substâncias como sangue, soro. São selecionados de acordo com a exigência da bactéria e por seu estado físico, podendo ser: líquido, quando composto de uma solução aquosa rica em nutrientes; ou sólido também rico em nutrientes, porém com aspecto de gelatina, conferido pelo agente solidificador, como o ágar.

Os **meios de cultura líquidos** são utilizados em primeiro momento para favorecer o crescimento de microrganismos colhidos de materiais clínicos; esse meio proporciona um rápido crescimento de todos os microrganismos presentes na amostra coletada, ou seja (cocos, bacilos, Gram-positivos, Gram-negativos). Contudo, em laboratório clínico, é preciso separar a bactéria que está causando a infecção de outras possivelmente presentes na amostra. Para esse fim, é necessário selecionar a bactéria específica, procedimento chamado de *cultura pura*; nesse caso, é utilizado um **meio de cultura sólido** com as características ideais. A **cultura pura** é composta de células genética e morfologicamente idênticas.

Os meios de cultura também podem ser classificados conforme sua finalidade, havendo os seletivo e os diferenciais. Nos primeiros, seus nutrientes/componentes impedem o crescimento de certas bactérias; por isso, ali crescem somente bactérias Gram-positivas ou Gram-negativas. Já os meios diferenciais permitem distinguir colônias, por exemplo, por sua coloração, como ocorre com bactérias fermentadoras de lactose, também conhecidas como *lactose-positiva* ou *lactose-negativa*. Alguns meios de cultura dão a essas colônias bacterianas a coloração em tons de rosa, como é o caso do meio de cultura ágar MacConkey, por exemplo, conforme mostra a Figura 1.10.

Figura 1.10 – Meio de cultura

Chthong/Shutterstock

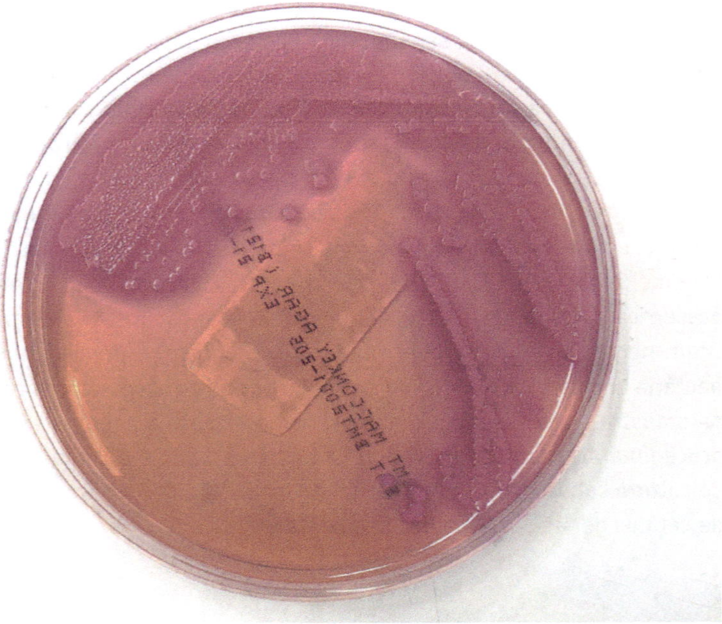

Após as bactérias serem devidamente semeadas em seus meios de cultura, o passo seguinte é definir a atmosfera ideal para seu crescimento, se aeróbica ou anaeróbica. Na sequência, deve-se colocar as placas de Petri contendo o meio de cultura na estufa bacteriológica em temperatura ideal, e depender do microrganismo. A maioria das bactérias patogênicas é mesófila e cresce em temperatura de 35 a 37 °C, sendo necessário avaliar o tempo que a bactéria precisa para crescer e formar as colônias, em média, entre 24 e 48 horas, conforme microrganismo estudado.

Após o crescimento e a formação das UFC, inicia-se o procedimento de identificação do microrganismo isolado do sítio de infecção. As principais características utilizadas nesse processo são as fenotípicas, baseadas no emprego de uma série de testes bioquímicos, e as genotípicas, relacionadas às características genéticas do microrganismo.

A **identificação fenotípica** é a mais empregada em laboratórios clínicos e envolve procedimentos mais simples, como provas bioquímicas que pesquisam enzimas estruturais importantes no metabolismo da bactéria, produtos metabólicos e catabólicos, e a sensibilidade a diferentes compostos.

Atualmente, a identificação de grande parte das bactérias é realizada por testes de automação em miniatura com as provas bioquímicas. Isso promove mais agilidade em todas as etapas do processo, diminuindo a quantidade de insumos e, principalmente, o tempo de incubação. Todavia, a escolha do teste deve levar em conta a acurácia que este oferece.

Um teste bastante utilizado em laboratório clínico é o **antibiograma**, também conhecido como *teste de sensibilidade*, que, após a identificação do microrganismo isolado do sítio da infecção, é exposto a classes de fármacos antimicrobianos para testar sua sensibilidade. Um dos métodos mais utilizados para esse fim é o **teste de disco-difusão**, no qual diversos tipos de antimicrobianos a serem testados são impregnados em pequenos discos de papel-filtro e, na sequência, distribuídos em uma placa de Petri sobre a superfície do gel de ágar; o meio mais utilizado para esse fim é o ágar Mueller Hinton.

Figura 1.11 – Teste de disco-difusão

Microspectacular/Shutterstock

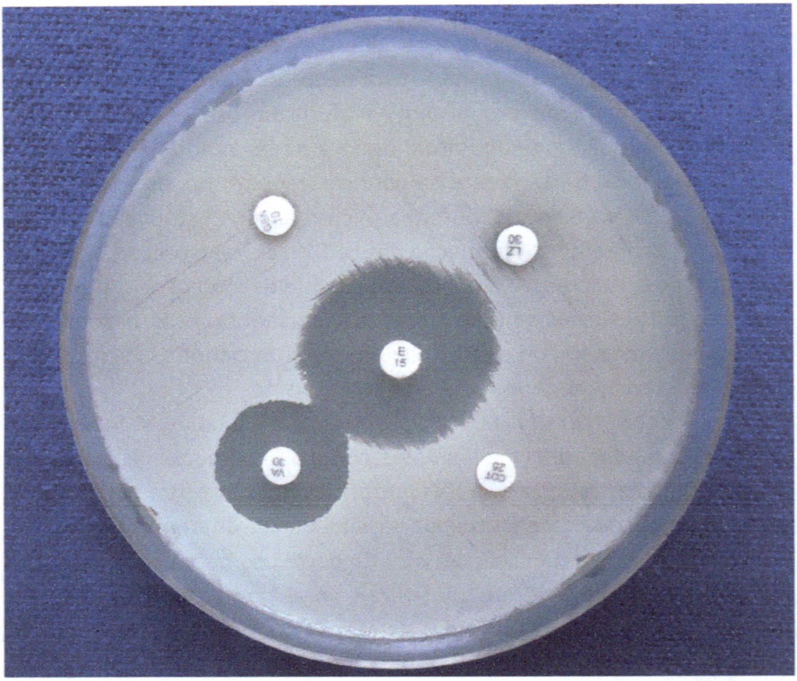

A interpretação do resultado do teste de disco-difusão pode ser realizada da seguinte forma: **sensível**, quando a bactéria em questão não consegue crescer e se multiplicar na presença daquele antibiótico utilizado, sendo este recomendado para o tratamento da infecção; **intermediário**, quando a bactéria pode ser controlada e erradicada se doses maiores do antibiótico puderem ser administradas, e **resistente**, quando a bactéria não sofre nenhum dano sob a influência do antibiótico testado.

1.5 Fatores de resistência e vacinas bacterianas[6]

Conforme abordamos na seção anterior, o principal teste utilizado em laboratório clínico para avaliar se uma bactéria é ou não resistente a um antibiótico é o de disco-difusão, também conhecido como *antibiograma*.

6 Esta seção foi escrita com base em: Trabulsi e Alterthum (2015); Tortora, Funke e Case (2017); e Engelkirk e Duben-Engelkirk (2017).

Contudo, testes genéticos também podem ser realizados, pois são mais precisos, principalmente para monitorar estudos epidemiológicos de disseminação de genes de resistência. Entretanto, estes são de alto custo e dependem de laboratórios clínicos específicos para sua execução.

O uso de **antibióticos** para o combate de bactérias, de modo geral, ocorre por sua alta capacidade tóxica seletiva, ou seja, o fármaco atua diretamente na bactéria, matando ou inibindo seu crescimento, isso sem causar dano algum ao indivíduo. Existem várias classes de antibacterianos, cada uma com sítio de ação (conforme simplificado no Quadro 1.1), a saber: os que atuam na parede celular, como os β-lactâmicos; os que agem no nível da membrana citoplasmática, como as polimixinas; os que interferem na síntese de proteínas, como os aminoglicosídeos; e os que afetam a síntese de DNA, como o metronidazol.

Quadro 1.1 – Sítio de ação dos antibacterianos

Estrutura celular bacteriana	Antimicrobiano
Parede celular	β-lactâmicos
Membrana citoplasmática	Polimixinas
Síntese de proteínas	Aminoglicosídeos
Síntese de DNA	Metronidazol

A **resistência bacteriana** a um fármaco pode ser natural, por uma característica própria da bactéria, ou adquirida, quando uma bactéria sensível entra em contato com outra resistente. A resistência acontece em razão de uma alteração genética que se expressa bioquimicamente, ou seja, essas alterações genéticas podem ocorrer graças a mutações no cromossomo da célula, proporcionando a resistência a um único antibacteriano.

A resistência bacteriana também pode ocorrer pela aquisição/transferência de plasmídeos de resistência ou transposons. Nesse caso, a resistência mediada pelo fator R (plasmídeo) pode ser simples, atingindo um único fármaco antibacteriano, ou múltipla, quando esse fator de resistência perpassa por dois ou mais antibacterianos.

Para se proteger do antibacteriano, a bactéria pode produzir enzimas que modificam sua molécula, tornando-a inativa pela diminuição de sua permeabilidade na membrana, alteração do alvo de ação, síntese de novas enzimas que não sofrem ação e até mesmo a expulsão da substância tóxica da célula.

Diante dessa realidade, são comuns as campanhas do Ministério da Saúde (MS) sobre o uso racional de antibióticos para alertar a população quanto ao risco do consumo desses medicamentos sem prescrição médica e orientação farmacológica. Seu uso indiscriminado pode favorecer o aumento da resistência a esses fármacos por vários gêneros bacterianos de importância clínica. Essa resistência pode levar o indivíduo a óbito, caso a bactéria em questão não seja contida.

Com o avanço tecnológico da ciência, foi possível desenvolver várias vacinas para o combate de microrganismos patogênicos ao longo das últimas décadas. No entanto, o desenvolvimento de uma vacina passa por etapas rigorosas de alto controle e que demandam alto investimento financeiro e risco elevado, conforme expresso no Quadro 1.2.

A produção de uma vacina ocorre por etapas, sendo a primeira a **pesquisa básica**, em que se conhecem os mecanismos morfofisiológicos do microrganismo em questão, bem como seu metabolismo, processos de defesa, perfil de resistência a fármacos. Em suma, nessa etapa, todos as informações relacionadas ao microrganismo em questão precisam estar claras e concretas.

A segunda etapa é caracterizada pelo desenvolvimento dos chamados ***testes pré-clínicos, in vitro ou in vivo***; nesse momento, o objetivo é demonstrar se a vacina tem a capacidade de produzir uma imunidade e se ela é segura para o indivíduo.

A terceira etapa é a mais demorada de todo o processo, correspondendo aos **ensaios clínicos**, quando de fato a vacina começa a ser testada em seres humanos. Essa etapa é subdivida em quatro fases. A fase I engloba aos testes iniciais em seres humanos, com objetivo de verificar a segurança da vacina; na sequência, na fase II, verifica-se sua capacidade de gerar uma resposta imune no corpo do indivíduo, ou seja, a imunogenicidade; na fase III, testa-se a eficácia da vacina, e, após sua verificação, é solicitada a obtenção do registro sanitário; por fim, na fase IV, disponibiliza-se o imunizante à população.

Quadro 1.2 – Etapas para produção de uma vacina

Etapa I	Conhecimento do microrganismo		
Etapa II	Testes pré-clínicos (*in vitro/in vivo*)		
Etapa III	Ensaios clínicos	Fase I	Segurança
		Fase II	Imunogenicidade
		Fase III	Eficácia
		Fase IV	Disponibilização à população

As vacinas podem ser classificadas como: **inativas**, quando utilizam microrganismos íntegros, mortos ou inativados; **atenuadas**, em que o microrganismo está vivo, porém sua capacidade de virulência é reduzida; **acelulares** ou de **subunidades** de antígenos purificados do patógeno. Existem, também, vacinas que utilizam proteínas carregadoras conjugadas aos polissacarídeos capsulares de bactérias patogênicas e vacinas contra toxinas que utilizam toxóides ou anatoxinas, que contêm toxinas inativadas como antígeno. Outras vacinas ainda estão sendo testadas, como aquelas produzidas a partir de DNA, com sua administração nasal e oral.

1.6 Formação de biofilme: esterilização e desinfecção[7]

Muitas bactérias têm a habilidade de aderir a uma superfície e se multiplicar formando uma comunidade, ou seja, um biofilme. A grande preocupação, em nível clínico e laboratorial, é conseguir romper a barreira formada pelo biofilme em determinada superfície e inviabilizar as bactérias presentes. Em ambiente hospitalar e laboratorial, é de extrema importância seguir todos os padrões preconizados para esterilização de materiais, desinfecção de instrumentais e equipamentos, desinfecção terminal de superfícies, desinfecção concorrente de superfícies, a fim de evitar o surgimento e a formação de biofilme.

A formação de um biofilme em determinada superfície ocorre pela adsorção de moléculas orgânicas (sangue, secreções) antes da colonização bacteriana. Por isso, em ambiente hospitalar e laboratorial, as normas técnicas devem ser seguidas com relação à composição dos materiais

7 Esta seção foi escrita com base em: Forsythe (2013); Trabulsi e Alterthum (2015); Tortora, Funke e Case (2017); e Engelkirk e Duben-Engelkirk (2017).

utilizados para produção dos equipamentos, bem como das superfícies (bancadas, macas, paredes etc.). Superfícies ásperas proporcionam áreas ideais para a instalação e a colonização de bactérias, uma vez que formam locais de proteção, dificultando a remoção mecânica durante os processos de desinfecção.

O biofilme é formado por bactérias viáveis e não viáveis, as quais se fixam na superfície de equipamentos e objetos utilizados em hospitais e laboratórios por meio de substâncias poliméricas extracelulares (EPS, do inglês *extracellular polymeric substances*). As EPS abrangem polissacarídeos, proteínas, fosfolipídeos, ácidos teicóicos e nucleicos. A principal função da EPS é proteger a bactéria dentro desse biofilme de agentes biocidas, antibacterianos e da dissecação, além de contribuir para sua persistência no ambiente. A presença de biofilmes bacterianos em ambientes hospitalares e laboratoriais, como superfícies e equipamentos, é um indicativo de graves problemas de higiene.

O biofilme forma-se em determinada superfície seguindo uma sequência de cinco etapas. Na primeira, substâncias orgânicas como sangue e secreções corporais são adsorvidas pela superfície, favorecendo o crescimento de bactérias pela alta concentração de nutrientes e dando condições ideais à colonização bacteriana. A segunda etapa é caracterizada pela adesão das bactérias à superfície, tanto de célula a célula quanto de célula a superfície, favorecida pela formação do EPS. Na terceira etapa, as bactérias ali presentes começam a se multiplicar, formando microcolônias, as quais aumentam e se juntam para formar uma camada de célula que cobre toda a superfície. Na quarta etapa, as bactérias continuam sua proliferação e aumentam a espessura do biofilme em poucos dias. A quinta e última etapa se dá pelo rompimento de parte do biofilme, possibilitando a descamação de partículas relativamente grandes de biomassa que podem contaminar mais superfícies e iniciar a formação de um novo biofilme.

Figura 1.12 – Etapas de formação de biofilme

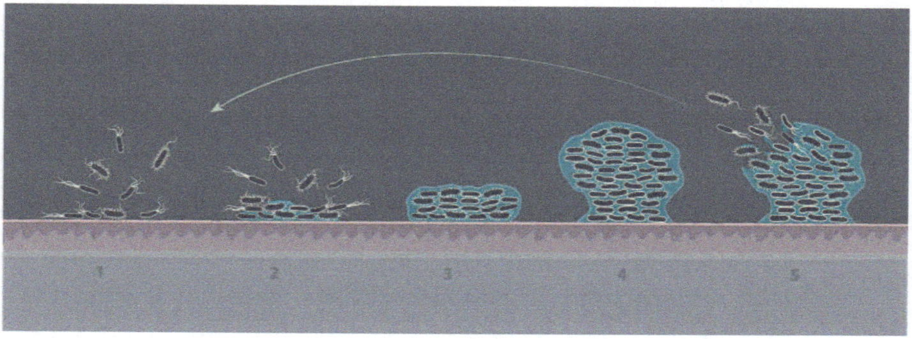

struna/Shutterstock

A grande preocupação em ambientes hospitalares e laboratoriais é que, em sua maioria, os biofilmes são formados por bactérias patogênicas muitas vezes resistentes a algum antimicrobiano. Diante disso, é de extrema importância um programa eficaz de limpeza e desinfecção para um ambiente seguro ao trabalho, reduzindo o número de microrganismos no ambiente com a finalidade de diminuir o potencial de contaminação. Algumas substâncias são utilizadas a fim de garantir limpeza e desinfecção adequadas do ambiente hospitalar e laboratorial, como detergentes e desinfetantes, cada uma com uma propriedade química específica.

Uma substância bactericida é composta de um agente químico que tem propriedades de eliminar células vegetativas bacterianas, contudo, não é eficaz contra os esporos/endósporos bacterianos. Já uma substância bacteriostática é composta por um agente químico que tem em sua formulação substâncias capazes de prevenir a multiplicação das bactérias por um tempo determinado.

O processo de desinfecção de um ambiente hospitalar e/ou laboratorial está relacionado à destruição da maioria dos microrganismos, mas não necessariamente dos esporos/endósporos bacterianos presentes na superfície e nos equipamentos. Assim, a quantidade de microrganismos remanescente do processo de desinfecção reduz o risco de promover uma contaminação. Em ambiente hospitalar e laboratorial, é muito comum a utilização dos termos *desinfecção de instrumentais e equipamentos*, *desinfecção terminal de superfícies*, *desinfecção concorrente de superfícies e equipamentos*; já o termo *esterilização* é utilizado para definir o processo de destruição de todas as formas de vida, incluindo esporos/endósporos.

Síntese

No decorrer deste capítulo, apresentamos o que é a bacteriologia, ciência que estuda os diferentes tipos de bactérias, incluindo aquelas patogênicas de importância clínica capazes de desencadear doenças que, quando não tratadas adequadamente, expõem o indivíduo ao risco de morte.

Nesse contexto, abordamos as formas das bactérias, seu funcionamento, sua genética, sua bioquímica e sua interação com outros seres vivos. As bactérias são células procariotas cujos aparatos evoluíram para sua sobrevivência; estes estão localizados acima da membrana plasmática, correspondendo a fímbrias, pili, flagelo, parede celular e cápsula.

As bactérias têm diferentes formas e arranjos, sendo classificadas como cocos, cocobacilos, bacilos, vibriões, espirilos e espiroquetas. São divididas em dois importantes grupos de acordo com a espessura de sua parede celular, a saber, Gram-positivas e Gram-negativas. Essa divisão ocorre em razão da famosa coloração desenvolvida pelo cientista Christian Gram. As bactérias Gram-positivas têm coloração roxa/azul, e as bactérias Gram-negativas, rosa/vermelho.

As bactérias podem crescer e se desenvolver em variados tipos de atmosferas, ou seja, em diferentes concentrações de O_2 ou em sua ausência. Existem bactérias aeróbicas, microaerófilas, anaeróbias estritas, anaeróbicas não estritas e facultativas. As bactérias mesófilas apresentam uma temperatura ideal para seu crescimento e metabolismo, entre 35±37 °C. No grupo das mesófilas são encontradas algumas das principais bactérias patogênicas.

O corpo humano contém uma grande quantidade de bactérias vivendo em perfeito equilíbrio em seus órgãos e sistemas, formando a microbiota normal. No entanto, quando o equilíbrio é quebrado e ocorre uma queda ou crescimento dessa microbiota normal, constitui-se contexto favorável para o surgimento de doença, ou seja, uma infecção. Contudo, o corpo humano é dotado de um sistema imunológico capaz de promover sua defesa em diferentes formas de imunidade.

A identificação de uma bactéria que está relacionada ao processo infeccioso ocorre em âmbito laboratorial. O diagnóstico laboratorial se dá em diferentes fases, desde a coleta do material clínico no local da infecção à identificação da bactéria por testes bioquímicos de alta precisão.

Vale ressaltar que algumas bactérias de importância clínica adquiriram resistência a uma grande quantidade de antibióticos; por isso, é de extrema importância a consciência da população para o uso racional de antibióticos.

Em ambientes hospitalares e laboratoriais, a higiene de bancadas, superfícies, salas e equipamentos é fundamental, principalmente para evitar a formação de biofilmes de bactérias que possam ser resistentes a algum antibacteriano. O uso de substâncias bactericidas e bacteriostáticas, em conjunto com os processos de desinfecção e esterilização, garantem um ambiente com baixo risco de infecção.

Para saber mais

HENRIQUES, A.; VASCONCELOS, C.; CERCA, N. A Importância dos biofilmes nas infecções nosocomiais: o estado da arte. **Arquivos de Medicina**, v. 27, n. 1, p. 27-36, 2013. Disponível em: <http://www.scielo.mec.pt/pdf/am/v27n1/v27n1a04.pdf>. Acesso em: 21 abr. 2022.

Para aprofundar sua compreensão sobre o risco da formação do biofilme em ambientes hospitalares e a relação desta com as infecções nosocomiais, sugerimos a leitura desse artigo.

Questões para revisão

1. Ao descrever a estrutura celular e as principais características morfofisiológicas das bactérias, é de extrema importância identificar a qual tipo celular se faz referência. Existem duas categorias de células, e a diferença entre elas é bem simples de compreender: nas células procariotas, seu material genético não é limitado por uma membrana nuclear, ou seja, ele fica livre dentro do citoplasma da célula, outra característica predominante nesse grupo celular é que o interior da célula é pobre em organelas. Já nas células eucariotas ocorre o inverso, ela é rica em organelas, cada uma tendo uma função específica no processo fisiológico celular, e seu material genético é delimitado por uma membrana nuclear.

   Considerando as diferenças entre esses grupos celulares, assinale a alternativa que indica corretamente em que grupo as bactérias se enquadram:

a. Procariotas com material genético limitado por uma membrana nuclear.
b. Procariotas com material genético não limitado por uma membrana nuclear.
c. Eucariotas com material genético não limitado por uma membrana nuclear.
d. Eucariotas com material genético limitado por uma membrana nuclear.
e. Procariotas com material genético não limitado por uma membrana nuclear, porém rica em organelas.

2. Um dos pontos-chave para a compreensão da classificação e da diferenciação das bactérias é a possibilidade de visualizá-las ao microscópio óptico, com o auxílio de corantes, para assim identificar sua forma e seus tipos de arranjos. O principal método em microbiologia para visualizar as bactérias é a coloração de Gram, ou método de Gram, descoberto em 1884 pelo pesquisador e cientista Christian Gram. Essa coloração divide as bactérias em dois grandes grupos: as bactérias Gram-positivas e as bactérias Gram-negativas, o que permite dar os primeiros passos na classificação e identificação das formas bacterianas.

   Com base no texto apresentado, avalie as asserções a seguir e a relação proposta entre elas.

   I. As bactérias Gram-positivas têm uma camada maior de peptidoglicano, variando de 15 a 50%.

   PORQUE

   II. A camada de peptidoglicano permite que, após o procedimento de coloração de Gram, as bactérias adquiram uma cor em tons de rosa/vermelho.

   A respeito dessas asserções, assinale a opção correta:

   a. As asserções I e II são proposições verdadeiras, e a II é uma justificativa correta da I.
   b. As asserções I e II são proposições verdadeiras, mas a II não é uma justificativa correta da I.

c. A asserção I é uma proposição verdadeira, e a II é uma proposição falsa.
d. A asserção I é uma proposição falsa, e a II é uma proposição verdadeira.
e. As asserções I e II são proposições falsas.

3. As bactérias são capazes de sobreviver em diferentes atmosferas, como em meio a oxigênio (O_2) ou em uma atmosfera rica em dióxido de carbono (CO_2). Há bactérias que necessitam de pouca quantidade de oxigênio livre. Essas bactérias são classificadas como:
   a. aeróbicas.
   b. facultativas.
   c. microaerófilas.
   d. anaeróbicas estritas.
   e. anaeróbicas não estritas.

4. Considerando que, para proceder à identificação de uma bactéria em laboratório clínico, os meios de cultura devem apresentar algumas características:
   I. Os meios de cultura devem simular o ambiente onde as bactérias vivem, ofertando a quantidade ideal de nutrientes, água e pH.
   II. Os meios de cultura podem apresentar em sua composição peptonas, extrato de leveduras, extratos de órgãos de animais como fígado, coração, extratos de vegetais como soja, arroz ou outras substâncias como sangue ou soro.
   III. Os meios de cultura são selecionados de acordo com a exigência da bactéria, mas também por seu estado físico, havendo meio de cultura líquido, composto de uma solução aquosa rica em nutrientes, e meios de cultura sólidos, também ricos em nutrientes, porém com aspecto de gelatina, conferido pelo agente solidificador, como o ágar

   É correto o que se afirma em:

   a. I, apenas.
   b. II, apenas.
   c. I e II, apenas.
   d. II e III, apenas.
   e. I, II e III.

5. O uso dos antibióticos para combate de bactérias, de modo geral, ocorre graças a sua alta capacidade tóxica seletiva, ou seja, o fármaco atua diretamente na bactéria, matando ou inibindo seu crescimento, sem causar dano algum ao indivíduo. Existem várias classes de antibacterianos, cada uma com sítio de ação. Os que atuam na parede celular são:
   a. polimixinas.
   b. β-lactâmicos.
   c. aminoglicosídeos.
   d. polimixinas + metronidazol.
   e. metronidazol + aminoglicosídeos.

Questões para reflexão

1. O principal corante utilizado em microbiologia para visualizar as bactérias é conhecido como *coloração de Gram*, ou *método de Gram*, descoberto em 1884 pelo pesquisador e cientista Christian Gram. Qual é a função de cada corante utilizado nessa coloração? E quais são as principais interações químicas dos corantes com a parede celular?
2. Muitas bactérias têm a habilidade de aderir a uma superfície e se multiplicar, formando uma comunidade, ou seja, formando o que conhecemos como *biofilme*. O biofilme é formado por bactérias viáveis e não viáveis, as quais se fixam na superfície de equipamentos e objetos que podem ser utilizados em hospitais e laboratórios por meio de substâncias poliméricas extracelulares (EPS). A presença de biofilmes bacterianos em ambientes hospitalares e laboratoriais como superfícies e equipamentos é um indicativo de graves problemas de higiene. Crie um mapa conceitual das etapas para formação do biofilme.

Capítulo 2

Bacteriologia clínica

Profª. Gisele Aparecida Bernardi

Conteúdos do capítulo

- Visão geral dos principais patógenos.
- Introdução às bactérias anaeróbias.
- Cocos Gram-positivos e cocos Gram-negativos facultativos.
- Bacilos Gram-positivos e bacilos Gram-negativos.
- Micobactérias e espiroquetas.
- Micoplasmas, clamídias, riquétsias e patógenos bacterianos menos frequentes.

Após o estudo deste capítulo, você será capaz de:

1. reconhecer os patógenos bacterianos em humanos;
2. descrever as características de cada grupo bacteriano;
3. identificar as principais doenças relacionadas a cada bactéria;
4. detalhar como é realizado o diagnóstico e tratamento de cada doença.

2.1 Visão geral dos principais patógenos

As bactérias são organismos essenciais para o corpo humano, pois desenvolvem uma interação comensal ou mutualística com ele. Algumas espécies ou linhagens de determinadas espécies, porém, têm um impacto negativo no hospedeiro, sendo capazes de desenvolver inúmeras doenças (Gama et al., 2012).

Muitos estudos foram dedicados a entender os mecanismos usados por bactérias patogênicas para explorar hospedeiros humanos. Todo patógeno é único e utiliza combinações distintas de mecanismos específicos, o que chamamos de *fatores de virulência*, como cápsula, exotoxinas, endotoxinas e pili (Gama et al., 2012).

Pesquisas demonstram que a dose infecciosa de determinados patógenos é muito menor quando eles são capazes de destruir fagócitos ou sobreviver em seu interior (ex: *Mycobacterium tuberculosis, Neisseria gonorrhoeae*). Por outro lado, as bactérias de crescimento rápido geralmente requerem maior dose infecciosa e regulam a expressão de fatores de virulência quando a população é suficiente para dar início a uma infecção (ex: *Staphylococcus aureus, Escherichia coli, Vibrio cholerae*). Isso sugere que a **dose infecciosa** resulta de uma combinação entre crescimento coordenado rápido e capacidade de subverter o sistema imunológico. É de extrema importância salientar que o estado imune do hospedeiro é determinante para que ocorra a doença, ou seja, o **inóculo de exposição** necessário é variável de indivíduo a indivíduo (Gama et al., 2012).

As bactérias podem ser veiculadas pelo ar, por alimentos, pela água, por animais, por pessoas infectadas ou mesmo pela própria microbiota quando da translocação de seu hábitat. Existem muitas barreiras físicas, químicas e anatômicas no corpo humano que se prestam a impedir essa invasão: pele, membranas mucosas, canais tortuosos do nariz, cílios pulmonares, tosse, ácido gástrico, secreções intestinais, peristaltismo, comprimento da uretra masculina (cerca de 20 cm), acidez vaginal, esvaziamento da bexiga etc.

Todavia, esses mecanismos de defesa podem ser ultrapassados, caso em que podem ocorrer inúmeras doenças, algumas relacionadas a espécies bem definidas, e outras causadas por diversas espécies. O Quadro 2.1 apresenta alguns exemplos de doenças infecciosas e bactérias correlacionadas mais frequentes.

Quadro 2.1 – Exemplos de doenças bacterianas e principais espécies causadoras

Doença	Bactéria
Coqueluche	*Bordetella pertussis*
Difteria	*Corinebacterium diphtheriae*
Tétano	*Clostridium tetani*
Sífilis	*Treponema pallidum*
Gonorreia	*Neisseria gonorrhoeae*
Tuberculose	*Mycobacterium tuberculosis*
Hanseníase	*Mycobacterium leprae*
Cólera	*Vibrio cholerae*
Febre tifoide	*Salmonella typhi*
Meningite	*Streptococcus pneumoniae* *Neisseria meningitidis* *Haemophilus influenzae* *Streptococcus agalactiae*
Pneumonia	*Streptococcus pneumoniae* *Klebsiella pneumoniae* *Haemopilus influenzae* *Staphylococcus aureus*
Gastroenterites	*Salmonella* sp. *Shigella* sp. *Campylobacter* sp. *Escherichia coli* (cepas enteropatogênicas)
Infecção urinária	*Escherichia coli* *Staphylococcus saprophyticus*

As diferentes bactérias implicadas em infecções humanas podem ser agrupadas, de modo geral, da seguinte forma:

» Organismos corados pelo método de Gram, de acordo com sua morfologia e propriedades tintoriais: cocos Gram-positivos, cocos Gram-negativos, bacilos Gram-positivos (BGP) e bacilos Gram-negativos (BGN).

» Organismos não visualizados pelo método de Gram e que apresentam características bem peculiares:

  » *Mycobacterium* spp.: bacilos álcool-ácido resistentes (BAAR), visualizados pelo método de Ziehl-Neelsen;

» *Mycoplasma* spp.: único grupo bacteriano sem parede celular, invisíveis na microscopia direta;

» *Treponema* spp. e *Leptospira* spp.: espiroquetas muito delgadas para serem visualizados quando coradas pelo método de Gram;

» *Chlamydia* spp. e *Rickettsia* spp.: parasitas intracelulares obrigatórios que se coram pelo método de Giemsa ou outros, mas que se coram fracamente pelo método de Gram (Levinson, 2016).

Figura 2.1 – Método de Gram: bacilos Gram-positivos (a), bacilos Gram-negativos (b) e cocos Gram-positivos (c); e método de Ziehl-Neelsen: bacilos álcool-ácido resistentes (*Mycobacterium tuberculosis*) (d)

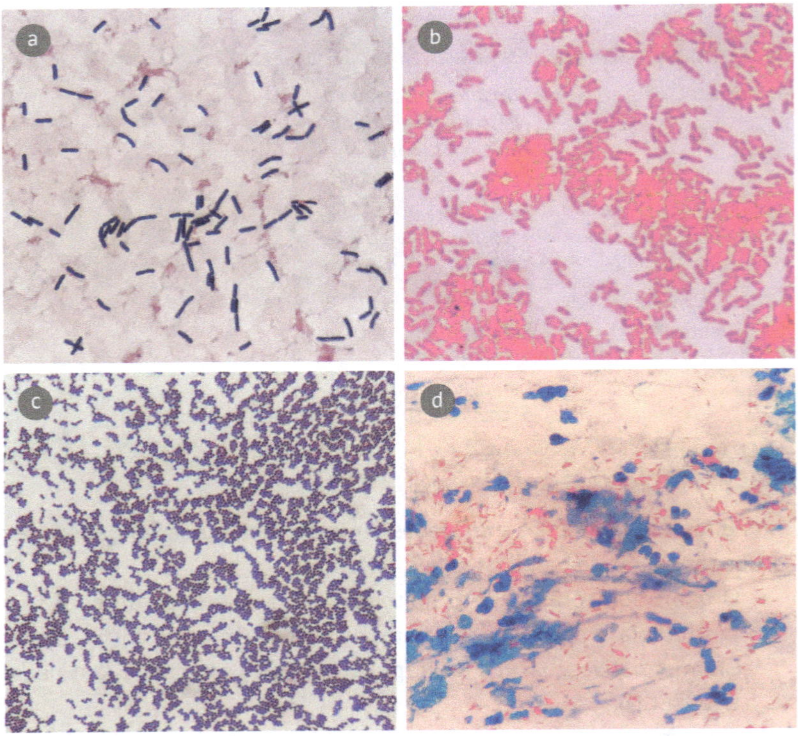

Schira, SIRIKWAN DOKUTA e aoya/Shutterstock

A resposta ao oxigênio é outro critério bastante importante para a classificação das bactérias. Sendo assim, elas podem ser classificadas em:

» **Aeróbias obrigatórias**: requerem oxigênio para o crescimento, pois seu sistema de geração de adenosina trifosfato (ATP) depende dele como aceptor de hidrogênio. Ex.: *Pseudomonas aeruginosa, M. tuberculosis.*

» **Anaeróbias facultativas**: utilizam o oxigênio para gerar energia por meio da respiração; contudo, em sua ausência, são capazes de utilizar a via fermentativa para sintetizar ATP. Ex: *E. coli, S. aureus.*

» **Anaeróbias obrigatórias**: são incapazes de crescer na presença de oxigênio (Levinson, 2016).

2.2 Introdução às bactérias anaeróbias

Bactérias anaeróbias são aquelas que crescem somente em atmosferas com ausência ou baixa concentração de oxigênio livre. A toxicidade do oxigênio varia para as diferentes espécies, sendo elas classificadas em:

» **Anaeróbias obrigatórias**, divididas em dois grupos:

1. **Estritas**: incapazes de crescer em atmosfera superior a 0,5% de O_2. Ex.: *Treponema denticola.*
2. **Moderadas**: capazes de crescer em atmosferas entre 2% e 8% de O_2. Ex.: *Bacteroides fragilis.*

» **Anaeróbias aerotolerantes**: demonstram crescimento escasso em atmosfera com 5% a 10% de CO_2, mas bom crescimento em condições anaeróbias. Correspondem à maioria dos anaeróbios patogênicos. Ex.: *Clostridium* sp. (Koneman et al., 2008).

Bactérias anaeróbias realizam suas funções metabólicas vitais utilizando compostos diferentes do O_2, como sulfatos, carbonatos e nitratos. O oxigênio é letal ao anaeróbio porque na sua redução são formadas substâncias intermediárias tóxicas (radical hidroxila, ânion superóxido, peróxido de hidrogênio), que são removidas, eventualmente, por enzimas da família das superóxido dismutases (SOD) e peroxidases (POD), presentes em quantidades variáveis em algumas espécies, que assim garantem certa tolerância ao O_2. Os anaeróbios exigem, além da ausência de O_2, um ambiente com potencial de oxidorredução (redox-Eh) baixo que pode também variar em função do potencial hidrogeniônico (pH) estabelecido (Brasil, 2013).

As bactérias anaeróbias são bastante numerosas na microbiota normal, prevalecendo na cavidade oral ao redor dos dentes e no trato gastrointestinal, particularmente no cólon, onde ultrapassam os coliformes na proporção em torno de 1.000:1; no trato geniturinário e na pele também são frequentes. A atmosfera anaeróbia nestes hábitats é atingida graças ao metabolismo de microrganismos facultativos e aeróbios; o consumo do oxigênio por estes leva à diminuição do potencial redox. Alguns microrganismos são capazes de produzir fatores de crescimento como substâncias secundárias de seu metabolismo (por exemplo, *Staphylococcus* sp. produz vitamina K) favorecendo o crescimento de anaeróbios. Esses fatos explicam por que a maioria das infecções por bactérias anaeróbias são mistas (Brasil, 2013).

Os anaeróbios incluem praticamente todos os tipos morfológicos e tintoriais de bactérias: BGNs, com formas curvas e espiraladas, cocos Gram-positivos e Gram-negativos, BGPs formadores e não formadores de esporos (Koneman et al., 2008).

Os mais diferentes tipos de infecções podem ter bactérias anaeróbias envolvidas, sendo muito frequentemente, polimicrobianas. As principais condições clínicas observadas são abscessos em geral, infecções torácicas, intra-abdominais e obstétrico-ginecológicas. A origem dessas infecções, na maioria das vezes, é endógena, mas pode ser exógena, como no caso do botulismo, do tétano e de algumas intoxicações alimentares (Trabulsi; Alterthum, 2015).

Muitas condições são predisponentes para o desenvolvimento de infecção por anaeróbios; porém, a causa clínica mais comum é a anóxia dos tecidos resultante normalmente de lesões vasculares, compressão, hipotermia, choque, edema, entre outros. Secreções fétidas, presença de gás e necrose tecidual são achados importantes no exame físico, assim como infecções associadas à aspiração pulmonar, à cirurgia intestinal, a aborto, a neoplasias ou a mordidas de seres humanos ou animais (Brasil, 2013; Levinson, 2016).

O tratamento varia de acordo com o tipo de infecção e espécie envolvida, mas, em geral, realiza-se a drenagem cirúrgica de abscessos e administram-se antimicrobianos, sendo os mais utilizados penicilina G, cefoxitina, cloranfenicol, clindamicina e metronidazol. Em casos graves em que ocorre necrose, o tecido deve ser excisado (Levinson, 2016).

2.2.1 Características de algumas doenças causadas por anaeróbios

- **Doenças que envolvem *Clostridium perfringens***: esse microrganismo é a principal causa de gangrena gasosa, uma infecção agressiva da musculatura com mionecrose e toxemia ocasionadas por toxinas produzidas pela bactéria. O quadro é rapidamente progressivo e grave, podendo ter origem na contaminação de uma ferida traumática. A infecção pode ficar restrita à fáscia, sendo então denominada *celulite anaeróbia*. Outra manifestação clínica é intoxicação alimentar resultante da ingestão de grande quantidade da bactéria na forma vegetativa presente, principalmente, em carnes aquecidas. A doença manifesta-se com a esporulação das bactérias no intestino levando a diarreia espumosa e fétida. A doença tende a ser leve e autolimitada durando de 2 a 3 dias (Koneman et al., 2008; Levinson, 2016; Oplustil et al., 2020).
- **Doença intestinal associada à *Clostridioides* (anteriormente *Clostridium difficile*)**: é a causa mais frequente de diarreia associada ao uso de antimicrobianos e colite pseudomembranosa. Normalmente, verifica-se uma diarreia benigna e autolimitada em pacientes hospitalizados tratados com antimicrobianos, que desaparece após interrupção do tratamento. Em alguns pacientes, a diarreia pode persistir, com possibilidade de desenvolver colite pseudomembranosa potencialmente fatal. Os fatores envolvidos nessa diarreia incluem toxina A, toxina B e um fator de alteração de motilidade que estimula as contrações intestinais. *C. difficile* também já foi envolvida em outros contextos clínicos, como diarreia associada ao tratamento com metotrexato e outros antineoplásicos, recidiva de doença inflamatória intestinal (doença de Crohn, colite ulcerativa) e obstrução ou estrangulamento intestinal. O diagnóstico é feito pela detecção das enterotoxinas A e B por testes imunológicos (Koneman et al., 2008).
- **Botulismo**: doença associada à ingestão de toxinas de *Clostridium botulinum*. Os principais tipos de toxinas associadas a casos em humanos são A, B, E e F. As toxinas são termolábeis, sendo destruídas em 5 minutos de fervura. O botulismo clássico envolve a ingestão da toxina pré-formada em alimentos contaminados, mais

frequentemente em enlatados e compotas caseiras. A toxina é absorvida no intestino e se espalha pela corrente sanguínea para as sinapses dos nervos colinérgicos periféricos, bloqueando irreversivelmente a liberação de acetilcolina e levando à paralisia flácida. O paciente pode morrer de paralisia respiratória se não receber cuidados respiratórios intensivos apropriados, incluindo ventilação mecânica (Koneman et al., 2008; Schaechter, 2004).

» **Tétano**: doença causada por *Clostridium tetani,* rara; graças à vacinação, afeta apenas pessoas não imunizadas. A doença é caracterizada por contrações espasmódicas dos músculos voluntários provocadas por uma forte toxina chamada *tetanospasmina*. Os esporos de *C. tetani* encontram-se no solo e ambientes aquáticos, contaminando o homem por meio de uma ferida penetrante mínima. Após a lesão, o microrganismo pode encontrar condições favoráveis à germinação dos esporos e liberação da tetanospasmina. Essa toxina liga-se a gangliosídeos no sistema nervoso central (SNC) e bloqueia os impulsos inibitórios para os neurônios motores. Os pacientes apresentam espasmos prolongados dos músculos pela inibição da liberação de acetilcolina (Kayser et al., 2005; Koneman et al., 2008).

» **Doenças associadas ao grupo *Bacteroides fragilis:*** Trata-se do grupo de anaeróbios mais isolado em material clínico. Constituem parte da microbiota normal do trato intestinal da maioria das pessoas, sendo, portanto, causadoras de infecções endógenas, geralmente devido à ruptura na superfície mucosa. Estão envolvidas em diversos tipos de infecções, principalmente aquelas relacionadas ao trato digestivo (peritonites, abscessos hepáticos, apendicites supuradas), ao trato genital feminino e a bacteremias (Koneman et al., 2008; Levinson, 2016; Trabulsi; Alterthum, 2015).

2.2.2 Diagnóstico laboratorial

Certas infecções por anaeróbios são diagnosticadas clinicamente, por não haver indicação de cultura (tétano, botulismo e gangrena gasosa) ou porque certamente já é esperada sua presença (muitas infecções de pele e tecidos moles). Em geral, as culturas são indicadas nos casos de infecções graves, infecções em pacientes debilitados ou muito idosos, quando se necessita antibioticoterapia prolongada ou quando o tratamento empírico falhou. Muitas vezes, a identificação do grupo já é suficiente para o sucesso terapêutico, uma vez que métodos convencionais para identificação minuciosa envolvem trabalho intensivo, muito tempo e insumos. Logo, poucos laboratórios estão habilitados a realizar esse tipo de cultura (Trabulsi; Alterthum, 2015).

A coleta deve ser realizada, sempre que possível, por aspiração (seringa e agulha), e o envio e processamento da amostra devem ser imediatos (Koneman et al., 2008; Oplustil et al., 2020).

Na investigação de infecções de corrente sanguínea, é importante a utilização de frasco para anaeróbios. As diversas formulações de caldos tradicionais disponíveis em frascos fechados a vácuo com CO_2 demonstram bons resultados (Koneman et al., 2008).

A coloração de Gram fornece uma avaliação direta dos microrganismos presentes e deve sempre ser realizada, porque pode orientar a terapia inicial e auxiliar no processamento e na interpretação da cultura, além de avaliar a qualidade da amostra (Koneman et al., 2008; Oplustil et al., 2020).

Os meios de cultura utilizados para o isolamento de anaeróbios devem ser uma combinação de meios enriquecidos, diferenciais, seletivos e não seletivos, favorecendo o isolamento e a identificação da maioria dos anaeróbios de importância clínica. Os meios comumente utilizados são: ágar sangue anaeróbio (Asana), ágar bacteroides bile-esculina (BBE), ágar sangue lisado com kanamicina e vancomicina (KVLB), ágar feniletanol (FEA), ágar gema de ovo (EYA) e caldo tioglicolato (Oplustil et al., 2020).

Na prática, é, frequentemente, essencial utilizar inóculos densos para semear ou repicar meios de cultura a fim de minimizar os efeitos prejudiciais de crescimento, em especial a possível exposição do material ao oxigênio (Koneman et al., 2008).

Os meios devem ser incubados a 35-37 °C por, pelo menos, 48 horas e reincubados por mais 2 a 4 dias para permitir o isolamento de bactérias de crescimento lento, como certas espécies de *Actinomyces* e *Eubacterium* (Koneman et al., 2008).

São diversos os sistemas disponíveis para geração de atmosfera anaeróbica. O mais empregado é o **sistema de jarras de anaerobiose** com geradores químicos, que consiste na remoção do oxigênio da jarra por reação com o hidrogênio adicionado ao sistema, na presença do catalisador (envelope descartável com gerador de hidrogênio e dióxido de carbono) formando água. Nesse sistema, o conteúdo de O_2 da jarra cai a 0,4%. Outros sistemas disponíveis são: **sistema evacuação/reposição**, em que o ar da jarra é removido e substituído por uma mistura de N_2, H_2 e CO_2, e uso de **câmara de anaerobiose** com luvas e bolsas de plástico descartáveis (Anvisa, 2013).

Figura 2.2 – Jarra de anaerobiose

Pakpoom Nunjui/Shutterstock

Após incubação, as placas devem ser examinadas quanto a vários aspectos coloniais. Além disso, correlacionar o crescimento bacteriano com o Gram realizado no material original fornece informações importantes para a identificação, uma vez que certos anaeróbios apresentam características bastante peculiares (Oplustil et al., 2020).

No laboratório de microbiologia clínica, nem sempre é possível identificar anaeróbios por métodos fenotípicos; porém, alguns testes podem ser realizados facilmente para caracterização dos mais frequentes (Oplustil et al., 2020).

Os microbiologistas devem limitar a amplitude de identificação dos anaeróbios com base em seus níveis de capacidade, reconhecendo casos importantes que devem ser encaminhados a laboratórios de referência para o auxílio na identificação definitiva ou confirmação de isolados, bem como nos testes de sensibilidade a antimicrobianos e testes adicionais que se façam necessários (Koneman et al., 2008).

2.3 Cocos Gram-positivos e cocos Gram-negativos facultativos

2.3.1 Cocos Gram-positivos

Há dois gêneros principais de cocos Gram-positivos de importância clínica: (i) *Staphylococcus*, pertencente à família *Micrococcaceae;* e (ii) *Streptococcus*, pertencente à família *Streptococcaceae*. A ubiquidade da maioria deles no ambiente e na microbiota normal torna-os importantes patógenos, mas também gera dificuldade na interpretação de culturas, sendo necessário sempre correlacionar seu isolamento com o quadro clínico do paciente e a amostra analisada (Brasil, 2013).

Os principais critérios de diferenciação desses dois gêneros de cocos são: *Staphylococcus* são arranjados em cachos, ao passo que *Streptococcus*, em cadeias; *Staphylococcus* produzem a enzima catalase, e *Streptococcus*, não. Como características comuns, ambos são anaeróbios facultativos, imóveis e não formadores de esporos (Levinson, 2016).

Nesta seção, abordaremos, de forma sucinta, as principais características das espécies mais relevantes dos grupos supracitados.

Figura 2.3 – Cocos Gram-positivos em cachos (a) e catalase positiva (estafilococos) (b), à direita; e cocos Gram-positivos em cadeia (c) e catalase negativa (estreptococos) (d), à esquerda

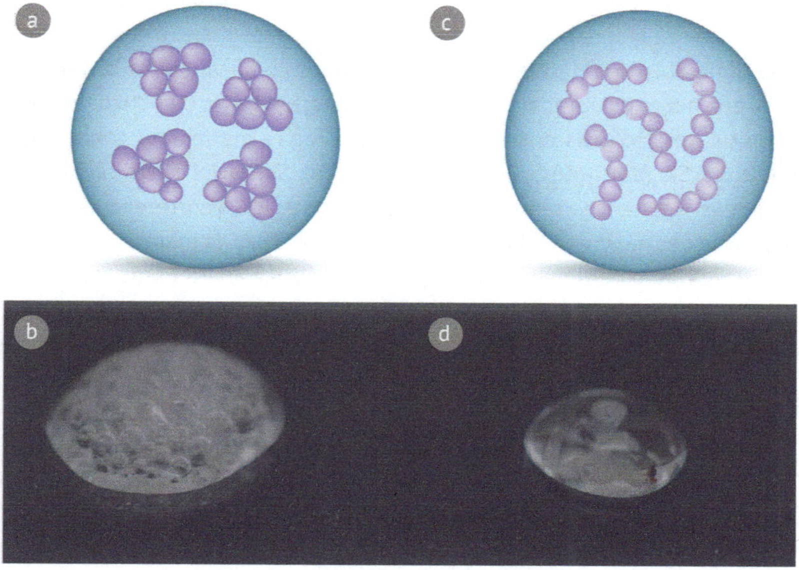

2.3.1.1 *STAPHYLOCOCCUS*

O gênero inclui mais de 30 espécies e subespécies, sendo que a mais patogênica e mais isolada do grupo é *S. aureus*. As outras espécies mais frequentes são *S. epidermidis* e *S. saprophyticus* (Koneman et al., 2008).

S. aureus podem ser colonizantes na nasofaringe, ocasionalmente na pele e raramente na vagina. A partir desses sítios, podem contaminar pele e mucosas, objetos inanimados ou outros pacientes por contato direto ou aerossóis, ocasionando diversos tipos de infecção. As principais infecções envolvendo a espécie são abscessos, várias infecções piogênicas (endocardite, artrite séptica e osteomielite), intoxicação alimentar, conjuntivite, síndrome da pele escaldada e síndrome do choque tóxico. São causas importantes de infecção hospitalar, incluindo pneumonia, septicemia e infecções de sítio cirúrgico. Estão envolvidos também em infecções cutâneas como foliculite, celulite e impetigo (Brasil, 2013, Levinson, 2016).

A gravidade das infecções estafilocócicas envolvendo a espécie está relacionada a seu arsenal de fatores de virulência e à resistência desenvolvida a antimicrobianos. Mais de 90% das linhagens codificam beta-lactamase, uma enzima que degrada diversas penicilinas. Em torno de 50% das cepas hospitalares são resistentes à oxacilina (análoga à meticilina), conhecidas como MRSA (do inglês, Methicillin-resistant *Staphylococcus aureus*, ou *S. aureus* resistentes à meticilina). Essa resistência ocorre em razão de modificações na proteína ligadora de penicilina (PBP) na membrana celular codificada pelo gene *mec*A. As opções terapêuticas para essas cepas são bastante limitadas, sendo a vancomicina o antimicrobiano mais utilizado. Cepas MRSA comunitárias são emergentes e cepas com resistência intermediária e até completa à vancomicina também têm sido relatadas (Brasil, 2013; Levinson, 2016).

Os demais estafilococos são genericamente chamados de *Staphylococcus* coagulase negativa (SCN), pois muitos laboratórios não são capazes de diferenciar as espécies por serem necessárias muitas provas bioquímicas. Os SCNs são microrganismos da microbiota normal da pele e das mucosas e são clássicos oportunistas. Se tiverem acesso ao tecido hospedeiro por meio de traumas da barreira cutânea (inoculação por agulhas, implantes de materiais médicos etc.), podem desenvolver infecção; porém, por serem bactérias pouco virulentas, costumam atingir principalmente imunodeprimidos. Outra dificuldade encontrada com os SCNs é distinguir isolados patogênicos de contaminantes, já que o principal contaminante dos frascos de hemocultura é também o principal patógeno em infecções envolvendo cateteres e materiais médicos implantados. A emergência da multirresistência aos antimicrobianos em SCN exige grande atenção em ambiente hospitalar. Estão também frequentemente associados à formação de biofilmes em cateteres, próteses, válvulas cardíacas, entre outras superfícies, impedindo a ação de antimicrobianos. *S. epidermidis* é o mais frequente entre eles. *S. saprophyticus* é responsável por 10% a 20% das infecções urinárias agudas, em particular em mulheres jovens sexualmente ativas. Embora muitas outras espécies de SCN tenham sido descritas e muitas tenham sido isoladas de amostras humanas, um número pequeno é observado com regularidade na prática clínica (Brasil, 2013; Kayser et al., 2005).

Diagnóstico laboratorial

A visualização de cocos Gram-positivos em cachos na bacterioscopia, frequentemente solicitada, pode ser liberada como "cocos Gram-positivos semelhantes a estafilococos, aguardando confirmação por cultura". No entanto, deve-se ter cautela, pois esfregaços mal executados podem comprometer os arranjos típicos em cachos de uva.

Toda amostra sujeita ao isolamento de bactérias Gram-positivas deve ser semeada em ágar sangue de carneiro. O ágar manitol salgado é o meio seletivo e diferencial mais utilizado para a pesquisa de *S. aureus*, principalmente em culturas de vigilância de MRSA (Oplustil et al., 2020) em secreções nasais. Muitos meios cromogênicos (Perry, 2017) estão disponíveis para isolamento e identificação presuntiva de *S aureus*, prometendo resultados mais rápidos e para determinação simultânea de MRSA ao incorporar o antimicrobiano à formulação (Koneman et al., 2008).

As colônias de estafilococos apresentam coloração de branco-porcelana a amarelo-dourado e diâmetro de 1 a 3 mm após 24 h de incubação.

As colônias de *S. aureus* são habitualmente grandes (4-6 mm), com pigmento amarelo e beta-hemólise que, muitas vezes, evidencia-se apenas após incubação prolongada (Brasil, 2013).

Figura 2.4 – *Staphylococcus aureus* em ágar sangue (a), ágar manitol salgado (b) e prova da coagulase em tubo (c)

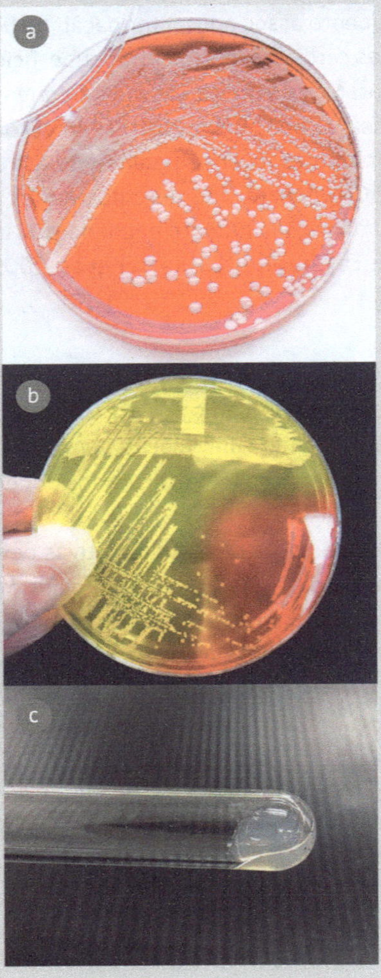

AnaLysiSStudiO, Alina Cardiae Photography e OneMashi/Shutterstock

O teste de catalase, que diferencia estafilococos de estreptococos, detecta a presença da enzima citocromo-oxidase utilizando peróxido de hidrogênio a 3%. A produção imediata de bolhas indica a conversão de H_2O_2 em H_2O e O_2.

A forma mais simples de identificar *S. aureus* é pela **prova da coagulase**, podendo ser realizada em lâmina ou em tubo, utilizando plasma de coelho com ácido etilenodiamino tetra-acético (EDTA, do inglês *ethylenediaminetetraacetic acid*). A coagulase em lâmina detecta a presença de coagulase ligada ou "fator de agregação" na superfície da parede celular, que reage com o fibrinogênio do plasma, produzindo rápida aglutinação. Todo resultado negativo deve ser testado em tubo, visto que as cepas com deficiência de fator de aglutinação produzem habitualmente coagulase livre. O teste de coagulase em tubo baseia-se na presença de coagulase livre que reage com um fator plasmático formando um complexo que reagirá com o fibrinogênio, o que gera fibrina (coágulo) (Koneman et al., 2008).

Alguns testes alternativos para identificação de *S. aureus* são: aglutinação com látex (detecção de proteína A presente no *S. aureus*), DNAse (detecção da enzima em ágar DNAse), fermentação do manitol (crescimento e fermentação em meio com manitol e alta concentração de sal) (Koneman et al., 2008).

No caso de prova de coagulase negativa, pode-se caracterizar o microrganismo como SCN. Para isolados de urina, pode-se realizar o teste da sensibilidade à novobiocina para identificação presuntiva de *S. saprophyticus*. Os procedimentos convencionais para diferenciação dos SCNs exigem uma grande bateria de testes bioquímicos, sendo inviáveis para implementação como procedimento de rotina. Entretanto, com o avanço dos sistemas automatizados e disponibilidade de *kits* comerciais, essa identificação tem se tornado mais acessível (Koneman et al., 2008).

2.3.1.2 *STREPTOCOCCUS* SPP. *E ENTEROCOCCUS* SPP.

Estreptococos podem provocar doenças graves e muitas vezes letais, mesmo em pacientes imunocompetentes, o que torna imprescindível seu rápido diagnóstico. Entretanto, não são atualmente importantes em infecção hospitalar, com exceção dos enterococos. Os principais representantes do grupo estão apresentados sucintamente a seguir.

» ***Streptococcus pneumoniae:*** conhecido simplesmente como *pneumococo* é o principal causador de infecções respiratórias comunitárias (otites, sinusites e pneumonias). As pneumonias podem ser acompanhadas de bacteremias, principalmente em idosos e crianças. Também é associado a outras infecções graves, como meningite, endocardite, peritonites, osteomielite e artrite séptica.

» ***Streptococcus pyogenes*** **(estreptococo β-hemolítico do grupo A)**: é a causa mais frequente de faringite bacteriana e causa comum de infecções de pele (impetigo e erisipela). Pneumonia, meningite, fasceíte e sepse são outros acometimentos, podendo ser bastante fatais. Infecções por cepas produtoras de toxinas podem causar febre escarlatina e choque tóxico. Febre reumática e glomerulonefrite aguda, consideradas doenças não supurativas, podem ocorrer como sequela da faringite por *S. pyogenes*.

- » ***Streptococcus agalactiae* (estreptococo β-hemolítico do grupo B)**: pode causar doenças neonatais precoces como pneumonia, meningite e sepse. Sua detecção no trato genital e/ou gastrointestinal de parturientes (exame conhecido como cultura para GBS) pode prevenir a infecção dos recém-nascidos por indicação de terapia antimicrobiana intraparto. A doença neonatal tardia pode ocorrer com infecção hospitalar, sendo adquirida no berçário ou da própria mãe. Diversas outras infecções podem ocorrer, porém, mais relacionadas a pacientes imunocomprometidos.
- » ***Estreptococos* do grupo *viridans***: presentes na microbiota oral, gastrointestinal e genital. Seu isolamento em hemoculturas pode indicar contaminação; entretanto, sua presença pode estar associada a endocardite subaguda, especialmente em portadores de próteses valvares. *S. sanguis, S. mitis, S. oralis* e *S. gordonii* são os agentes mais encontrados. As espécies *S. mutans e S. sobrinus* causam placas dentárias e cáries.
- » ***Enterococcus* spp.**: são importantes causas de infecção hospitalar em razão da disseminação de cepas multirresistentes. São normalmente encontrados no intestino e no trato genital feminino. As principais espécies são *E. faecalis* e *E. faecium,* correspondendo o primeiro a 80%-90% dos isolados. *E. faecium* é o menos prevalente, mas apresenta maior propensão ao desenvolvimento de resistência. Enterococos resistentes à vancomicina (VRE) são importantes causas de infecção hospitalar. A emergência desses patógenos nas últimas décadas deve-se, em parte, à resistência intrínseca que apresenta aos antimicrobianos comumente utilizados como aminoglicosídeos, aztreonam, cefalosporinas, clindamicina e oxacilina (Koneman et al., 2008; Levinson, 2016).

Diagnóstico laboratorial

Os esfregaços de amostras clínicas corados pelo Gram geralmente revelam cocos Gram-positivos dispostos aos pares ou em cadeias. *S. pneumoniae* apresenta característica típica: cocos Gram-positivos lanceolados (ovais com pontas afiladas) aos pares com área clara ao redor (cápsula) (Levinson, 2016).

Figura 2.5 – *Streptococcus pneumoniae* (à esquerda) e outras espécies de estreptococos (à direita) ao Gram

Schira e TheBlueHydrangea/Shutterstock

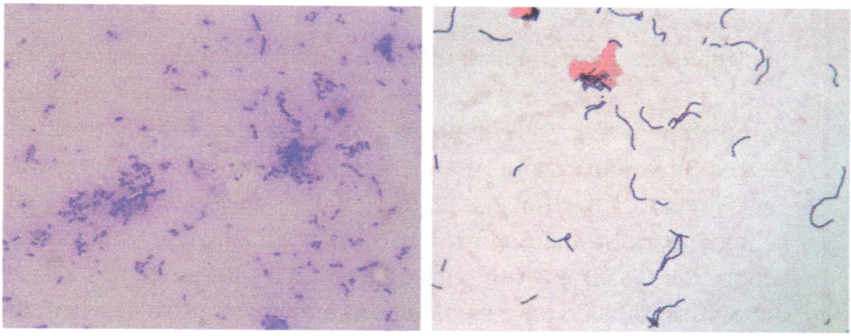

A avaliação da placa de ágar sangue após incubação a 35 °C, em presença de 5% de CO_2, revela, geralmente, colônias puntiformes, com halos de hemólise total (beta), parcial (alfa, de cor esverdeada), podendo também estar ausente (gama). A observação e interpretação corretas das propriedades hemolíticas é muito importante, visto que os testes subsequentes dependem dessa avaliação preliminar (Brasil, 2013).

Figura 2.6 – β-hemólise (S. *pyogenes*) (a), α-hemólise (S. *pneumoniae*) (b) e γ- hemólise (*Enterococcus* sp.) (c) em ágar sangue

Chansom Pantip e OneMashi/Shutterstock

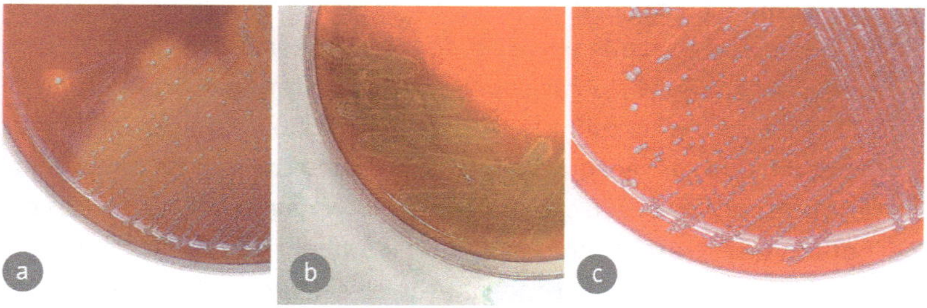

Algumas espécies podem ser classificadas sorologicamente com base nos carboidratos antigênicos de superfície celular, pelo sistema de Lancefield. Os antígenos detectados nesse sistema consistem em polissacarídeos (grupo A, B C, F e G) ou em ácidos lipoteicoicos (grupo D e enterococos) da parede celular. Trata-se de uma prova rápida, porém não acessível a todos os laboratórios em virtude do elevado custo (Brasil, 2013; Koneman et al., 2008).

Muitos laboratórios recorrem a testes presuntivos que exibem boa correlação com os métodos sorológicos e cuja execução é menos dispendiosa. São eles:

» **Sensibilidade a bacitracina**: identifica estreptococos β-hemolítico do grupo A (*S. pyogenes*). O teste é feito em ágar sangue com disco de bacitracina. Qualquer halo de inibição é considerado positivo. Outros β-hemolíticos (grupo B, C e G) também podem apresentar sensibilidade à bacitracina. Logo, testar a sensibilidade frente ao sulfametoxazol-trimetoprim (SXT-TMP) pode auxiliar nessa distinção. Grupos C e G são sensíveis, e os grupos A e B são resistentes a esse antibiótico. O laudo deve ser liberado como "presuntivo de estreptococos β-hemolítico do grupo A (*S. pyogenes*)".

» **Teste de CAMP (Christie Atkins e Munch-Petersen)**: identifica estreptococos do grupo B (*S. agalactiae*). Para esse teste, utiliza-se a cepa de *S. aureus* produtora de β-hemolisina semeada formando um ângulo reto com a cepa teste, sem se tocar. Esses estreptococos secretam uma proteína que provoca maior hemólise quando combinada à β-hemolisina do *S. aureus*. Esse efeito aparece como uma área de hemólise aumentada em forma de cabeça de seta na área em que as duas estrias de crescimento estão mais próximas. O laudo deve ser liberado como "presuntivo de estreptococos β-hemolítico do grupo B (*S. agalactiae*)".

» **Teste da bile-esculina e teste de tolerância ao sal (NaCl a 6,5%)**: diferenciam *Enterococcus* spp. de outros estreptococos do grupo D. O teste da bile-esculina é realizado em tubo com ágar inclinado; crescimento com enegrecimento do meio indica hidrólise da esculina na presença de bile, o que indica presuntivamente estreptococos do grupo D. O crescimento em caldo MTS (meio de tolerância ao sal) indica tolerância a alta concentração de sal, presuntivo de enterococos. As espécies de enterococos são positivas para ambos os testes, ao passo que os estreptococos do grupo D apenas para bile esculina.

» **Sensibilidade a optoquina**: Diferencia *S. pneumoniae* de estreptococos do grupo viridans. Um halo de inibição de 14 mm ou mais indica sensibilidade, caracterizando *S. pneumoniae*. Halos menores de 14 mm exigem métodos adicionais.

» **Outros testes**: hidrólise do hipurato de sódio, leucina aminopeptidase (LAP), pirrolidonil-arilamidase (PYR), entre outros (Brasil, 2013; Koneman et al., 2008; Levinson, 2016).

Quadro 2.2 – Testes presuntivos para identificação das principais espécies de Estreptococos

Principais espécies	Hemólise	Bacitracina	SXT-TMP
S. pyogenes	β	S	R
S. agalactiae		R	R

Principais espécies	Hemólise	Optoquina	Bile esculina	MTS
S. pneumoniae	α	S	neg.	neg
S. grupo *viridans*		R	neg.	neg
Enterococcus spp	α / γ	R	pos.	pos
S. grupo D		R	pos.	neg

Figura 2.7 – Teste de bacitracina sensível (S. *pyogenes*) e optoquina sensível (S. *pneumoniae*); bile esculina negativa e positiva

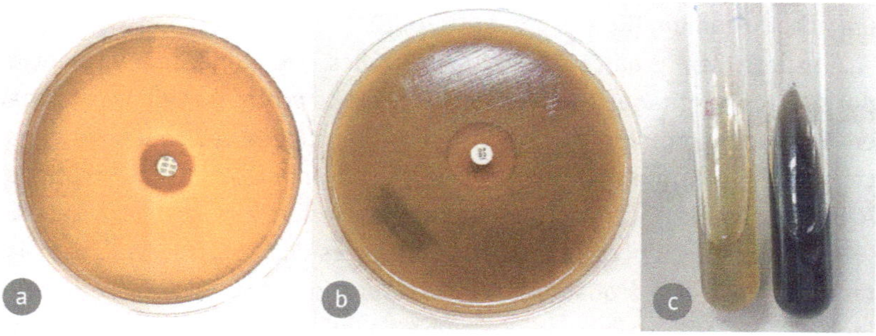

OneMashi/Shutterstock

2.3.2 Cocos Gram-negativos

Os cocos Gram-negativos que apresentaremos nesta seção são as duas principais espécies do gênero *Neisseria*: *N. meningitidis* e *N. gonorrhoeae*. Existem muitos outros cocos Gram-negativos, porém menos frequentes e de menor importância clínica. A maioria das espécies do gênero é habitante normal nas vias respiratórias superiores e não é considerada patógena, embora ocasionalmente sejam isolados de processos infecciosos. As espécies patogênicas exigem maiores demandas nutricionais que as pertencentes à microbiota normal (principalmente *N. gonorrhoeae*) e apresentam vários fatores de virulência como cápsula, antígenos proteicos de membrana e proteases de imunoglobulina A (IgA) (Koneman et al., 2008).

2.3.2.1 *NEISSERIA MENINGITIDIS*

Também conhecido como *meningococo*, causa principalmente meningite e meningococcemia. Estas podem aparecer simultaneamente, porém, é mais frequente a presença isolada de meningite. A espécie pode colonizar a nasofaringe sem causar doença. A transmissão se faz por aerossóis ou contato com secreções respiratórias de doentes ou portadores assintomáticos.

A maior incidência da doença ocorre em crianças menores de 5 anos. Da nasofaringe, penetram na corrente sanguínea e se disseminam para sítios específicos. O SNC é, sem dúvida, o compartimento preferido para infecções secundárias, embora tais microrganismos possam infectar pulmões, endocárdio ou articulações. Na meningite, os sintomas típicos são: febre, dor de cabeça, rigidez de nuca e aumento nos níveis de polimorfonucleares (PMNs) no líquido cefalorraquiano (LCR). O aparecimento de petéquias é um achado comum (Koneman et al., 2008).

A espécie tem uma cápsula polissacarídica que aumenta a virulência por sua ação antifagocitária e induz anticorpos protetores. É classificada em 13 grupos sorológicos com base na antigenicidade dos polissacarídeos capsulares, porém a maioria das infecções é provocada pelos sorotipos A, B, C, Y e W135. Os três primeiros são responsáveis por 90% dos casos.

As vacinas disponíveis são as monovalentes dos sorotipos A, C e, mais recentemente, B; e a quadrivalente dos sorotipos A, C, W e Y. A monovalente C é utilizada no **Programa Nacional de Imunizações** por ser o sorotipo mais comum. As demais são apenas encontradas em clínicas particulares.

O tratamento da meningite meningocócica deve iniciar o mais breve possível. O antimicrobiano de escolha é a penicilina G, porém cefalosporinas de terceira geração como cefotaxima ou ceftriaxona são mais utilizadas, pois são também efetivas contra outras bactérias causadoras de meningite, com exceção de *Listeria monocytogenes* (Kayser et al., 2005).

2.3.2.2 *NEISSERIA GONORRHOEAE*

Também conhecido como *gonococo*, é o agente etiológico da gonorreia, uma doença sexualmente transmissível. Os patógenos são transmitidos pelo contato íntimo das mucosas. Pode infectar a uretra, a vagina e o ânus, podendo se propagar para as articulações.

O risco de contrair a doença está relacionado a fatores comportamentais mediante contato com paciente infectado, sintomático ou não. Pessoas sexualmente ativas, com múltiplos parceiros, são consideradas grupo de risco (Brasil, 2013).

No homem, a doença provoca uretrite aguda associada à disúria e secreção uretral purulenta. Pode levar a complicações como epididimite, prostatite e estenose uretral. Na mulher, a infecção desenvolve corrimento vaginal, endocervicite, uretrite, abscesso vestibular, salpingo-oforite e doença inflamatória pélvica. Recém-nascidos de mulheres infectadas podem desenvolver conjuntivite, faringite e sepse (Anvisa, 2013; Koneman et al., 2008).

O antimicrobiano de escolha para tratamento de infecções por *N. gonorrhoeae* é a penicilina G; porém, cepas resistentes estão aumentando consideravelmente; por esta razão, cefalosporinas de terceira geração e quinolonas têm sido utilizadas com sucesso (Kayser et al., 2005).

Diagnóstico laboratorial

A meningite meningocócica pode ser presuntivamente caracterizada pela coloração da amostra de LCR ao Gram. Os meningococos aparecem como diplococos Gram-negativos (DGN) de morfologia semelhante a dois grãos de feijão dentro e fora de neutrófilos. Testes de aglutinação em látex para detecção direta de antígenos capsulares podem ser utilizados para uma resposta rápida, porém, um resultado negativo não descarta positividade (Koneman et al., 2008).

A cultura é o teste padrão-ouro para o diagnóstico. A semeadura do LCR deve ser feita em ágar chocolate e em ágar sangue. As placas devem ser incubadas por até 72 horas a 35-37 °C, em atmosfera úmida com 5%-7% de CO_2. Para aumentar a sensibilidade do Gram e da cultura, recomenda-se centrifugação do LCR. A amostra nunca deve ser refrigerada antes da semeadura. As colônias de *Neisseria* tendem a ser pequenas, brilhantes e acinzentadas. Podem ser mucoides quando intensamente encapsuladas. Colônias suspeitas devem ser submetidas ao teste da catalase e da oxidase.

O diagnóstico de uretrite gonocócica nos homens é relativamente simples. O esfregaço da secreção uretral corado ao Gram que demonstre as mesmas características supracitadas para meningococo apresenta elevada sensibilidade e especificidade. Em mulheres, porém, a coloração de Gram de esfregaços endocervicais apresentam sensibilidade reduzida (50%-70%) graças à rica microbiota dessa região.

Amostras encaminhadas para cultura devem ser coletadas em *swab* com meio de transporte (Stuart, Amies ou Amies com carvão). Por se tratar de uma bactéria bastante exigente e sensível, deve ser processada o mais breve possível, mesmo nessas condições.

Thayer-Martin modificado é o meio mais utilizado como seletivo e enriquecido para cultura de *N. gonorrhoeae*. Esse meio tem como base ágar chocolate suplementado com fatores de crescimento e agentes antimicrobianos. Deve-se utilizar semeadura de amostras genitais femininas e masculinas também em ágar chocolate, a fim de permitir isolamento de outros possíveis patógenos e cepas de *N. gonorrhoeae* sensíveis aos antimicrobianos incorporados ao meio seletivo. As placas devem ser incubadas nas mesmas condições apresentadas para *N. meningitidis;* as colônias de *N. gonorrhoeae* são idênticas às de *N. meningitidis* e são identificadas presuntivamente da mesma forma (Koneman et al., 2008).

Figura 2.8 – Secreção uretral masculina corada ao Gram demonstrando diplococos Gram-negativos intracelulares (à esquerda) e aspecto colonial após crescimento em ágar chocolate, característico de *Neisseria* sp. (à direita)

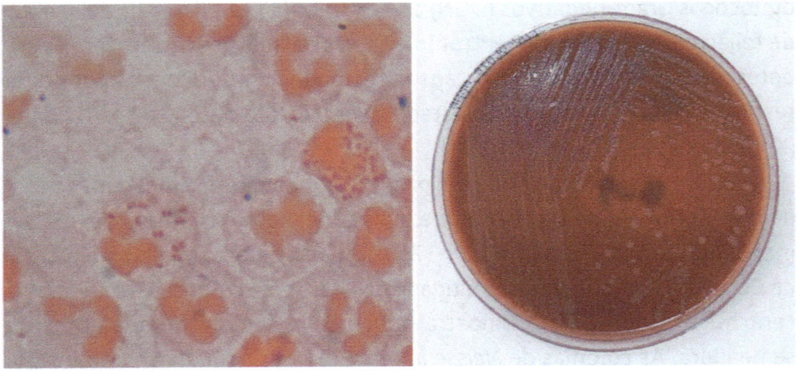

Sureerat niukoonchitt e SIVANEE JOY-BAI/Shutterstock

A técnica convencional para identificação de espécies de *Neisseria* utiliza meio à base de ágar cistina-tríptico semissólido (CTA) contendo carboidratos específicos a 1% (glicose, maltose, lactose, sacarose e frutose) e indicador de pH vermelho de fenol. Os meios são inoculados com uma suspensão densa de colônias do microrganismo-teste e incubados em estufa a 35 °C por até 72 horas. A *N. gonorrhoeae* produz ácido a partir de glicose, e a *N. meningitidis*, com glicose e maltose (Koneman et al., 2008).

2.4 Bacilos Gram-positivos e bacilos Gram-negativos

2.4.1 Bacilos Gram-positivos

Existem quatro principais gêneros de BGPs de importância clínica: *Clostridium, Listeria, Corynebacterium* e *Bacillus*. As principais espécies do gênero *Clostridium* já foram mencionadas na seção dedicada a anaeróbios; por essa razão, ora abordaremos apenas as principais espécies dos demais gêneros: *Listeria monocytogenes, Corynebacterium diphtheriae, Bacillus cereus* e *Bacillus anthracis*.

2.4.1.1 *LISTERIA MONOCYTOGENES*

L. monocytogenes é a espécie mais importante do gênero formado por mais seis espécies; as doenças causadas por quaisquer delas são denominadas *listerioses*. Trata-se de um patógeno oportunista, que acomete principalmente gestantes, crianças, idosos e imunossuprimidos (Levinson, 2016).

A principal forma de transmissão é a ingestão de alimentos de origem animal, em especial, produtos lácteos não pasteurizados e carnes malcozidas. A partir do trato gastrointestinal, *L. monocytogenes* pode desencadear infecção invasiva ou não invasiva (limitada ao intestino). Nos casos de infecção invasiva, apresenta-se, principalmente, em uma das três síndromes clínicas: (i) listeriose materno-fetal – podendo levar ao aborto ou a nascimento prematuro; (ii) infecção de corrente sanguínea; e (iii) meningoencefalite tanto em recém-nascidos quanto em indivíduos imunodeprimidos. A infecção não invasiva caracteriza-se por gastroenterite cujos sintomas comuns incluem febre, diarreia aquosa, náusea, dor de cabeça e dor articular e muscular (Bernardi, 2014).

O diagnóstico laboratorial é realizado principalmente pela coloração de Gram e cultura. *L. monocytogenes* pode ser isolada de amostras de sangue, LCR, trato genital, líquido amniótico e amostras de biópsias de tecido materno-fetal. No Gram, apresentam-se como BGPs curtos, geralmente arranjados em paliçada. São anaeróbios facultativos, apresentam bom crescimento em ágar sangue com colônias β-hemolíticas pequenas e circulares. São móveis à temperatura de 20-25 °C, e imóveis a 35 °C. A motilidade pode ser observada em ágar semissólido, em que desenvolve uma migração típica na parte superior do meio, mantendo-se restrita à picada no fundo do tubo, dando a aparência de um guarda-chuva. A diferenciação das demais espécies pode ser feita pela fermentação de açúcares (Bernardi, 2014).

O tratamento da doença invasiva consiste de SXT-TMP ou ampicilina associada a um aminoglicosídeo (Levinson, 2016).

Figura 2.9 – *Listeria monocytogenes* em ágar sangue (à esquerda) e ágar semissólido com indicador demonstrando motilidade guarda-chuva (à direita)

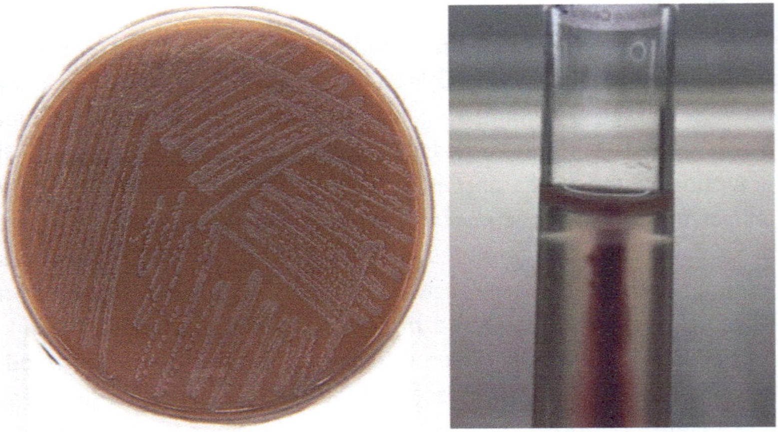

Neykor Chonrossainatee/Shutterstock

Gisele Aparecida Bernardi

2.4.1.2 *CORYNEBACTERIUM DIPHTHERIAE*

A espécie é o agente etiológico da difteria, uma infecção aguda faríngea ou cutânea causada principalmente por cepas toxigênicas. Seres humanos são os únicos hospedeiros naturais de *C. diphtheriae,* e a disseminação pode ocorrer por gotículas respiratórias ou lesões de pele infectadas, tanto de doentes quanto em portadores assintomáticos (Bush; Vazquez-Pertejo, 2021).

A maioria das infecções respiratórias é causada por cepas toxigênicas que desenvolvem um processo infeccioso agudo, muitas vezes fatal, caracterizado pela formação de pseudomembrana na orofaringe que pode se estender até a laringe e a traqueia, causando obstrução da via aérea. A grande produção da toxina diftérica e sua liberação na corrente sanguínea pode levar à morte. A difteria cutânea causa lesões ulcerativas geralmente indolentes, recobertas por uma membrana cinza. Pode ser causada por cepas toxigênicas ou não toxigênicas (Brasil, 2013; Bush; Vazquez-Pertejo, 2021; Levinson, 2016).

A doença é rara em razão da vacinação compulsória (vacina conjugada difteria-tétano-coqueluche acelular – DTPa). O ressurgimento de casos na população adulta pode ser parcialmente justificado pela queda dos níveis de imunoglobulina G (IgG) antitoxina diftérica entre esses indivíduos. Quadros clínicos atípicos, com ausência de formação de pseudomembrana, podem ocorrer nestes casos (Brasil, 2013).

Os esfregaços das lesões da orofaringe, da nasofaringe ou cutâneas devem ser corados pelo Gram e pela técnica de Albert-Laybourn. O Gram pode revelar BGPs dispostos em paliçada, e a coloração de Albert-Laybourn evidencia as granulações metacromáticas características do gênero. O cultivo, essencial para o diagnóstico, deve ocorrer em meios específicos, entre eles, meios de enriquecimento como Loeffler e meio seletivo contendo telurito de potássio. O teste de Elek modificado é feito para identificar cepas toxigênicas. A detecção do gene da toxina por reação em cadeia de polimerase (PCR, do inglês *polymerase chain reaction*) também pode ser utilizado (Bush; Vazquez-Pertejo, 2021; Levinson, 2016).

O tratamento é feito com administração imediata de antitoxina diftérica e penicilina ou eritromicina. Para a forma cutânea, recomenda-se a limpeza das lesões com água e sabão e a administração de antimicrobianos sistêmicos (Bush; Vazquez-Pertejo, 2021).

2.4.1.3 GÊNERO *BACILLUS*

O gênero *Bacillus* compreende diversas espécies, sendo a maioria saprófita. Alguns são oportunistas, e outros, patógenos obrigatórios. As duas espécies de maior relevância clínica são *B. anthracis e B. cereus*. A patogênese de ambas está relacionada à produção de toxinas (Brasil, 2013).

O *B. anthracis* causa antraz, doença comum em animais, mas rara em humanos. Existem três formas clínicas da infecção humana: (i) cutânea (contato direto com mucosa de animais infectados ou produtos desses animais); (ii) pulmonar (inalação de endosporos); e (iii) gastrointestinal (ingestão da carne contaminada dos animais infectados). Na **forma cutânea**, uma pequena mancha ou pápula surge no local da inoculação, sendo posteriormente circundada por vesículas, evoluindo para ulcerações. Com o tempo, a úlcera necrosa, e os linfonodos podem inchar. É fatal em torno de 20% dos casos. A **forma pulmonar** inicia-se com sintomas semelhantes a um resfriado comum, especialmente tosse seca e pressão subesternal. O quadro progride rapidamente para mediastinite hemorrágica, efusões pleurais sanguinolentas, choque séptico e óbito. Na **forma gastrointestinal**, surge uma inflamação aguda no intestino levando a náuseas, perda de apetite, vômito com sangue, febre, dores abdominais e diarreia. O exame bacterioscópico exibe BGPs em cadeias, e, na cultura, desenvolvem colônias não hemolíticas em ágar sangue incubado em condições aeróbicas. Testes imunológicos e PCR são utilizados para diagnóstico rápido. Ciprofloxacino é o tratamento de escolha. Em virtude da virulência dos esporos quando inalados e à alta mortalidade, é considerado arma biológica (Brasil, 2013; Fiocruz, 2022; Levinson, 2016; Negré, 2010).

B. cereus causa intoxicação alimentar, geralmente relacionada à ingestão de molhos, sopas, assados, arroz, massas e saladas. A contaminação dos alimentos pode ocorrer durante o manuseio, processamento ou distribuição. O microrganismo pode levar a doenças que se manifestam sob a forma de duas síndromes: diarreica e emética. A primeira é de surgimento tardio em decorrência da ingestão de alimentos contaminados com esporos; estes germinam no intestino e produzem as toxinas que desenvolverão dor abdominal e diarreia. A segunda é de início imediato (1 a 5 horas) pela ingestão de alimentos que contêm a toxina pré-formada. O diagnóstico laboratorial geralmente não é realizado. As intoxicações associadas a esse microrganismo são normalmente de curta duração e pouco severas, sendo autolimitadas, e não requerem tratamento (Brasil, 2013; Frechaut, 2014; Levinson, 2016).

2.4.2 Bacilos Gram-negativos

Os BGNs englobam as principais bactérias de importância clínica, constituindo um grande grupo de microrganismos. Neste tópico, abordaremos os dois principais grupos, enterobactérias e não fermentadores de glicose; incluímos também *Haemophilus* spp.

2.4.2.1 ENTEROBACTÉRIAS (ORDEM *ENTEROBACTERALES*)

As enterobactérias são a maior e mais heterogênea ordem de bactérias de importância clínica. Com o avanço dos métodos moleculares e estudos filogenéticos, a família, anteriormente denominada *Enterobacteriaceae*, foi segmentada em sete novas famílias: *Enterobacteriaceae*, *Erwiniaceae*, *Pectobacteriaceae*, *Yersiniaceae*, *Hafniaceae*, *Morganellaceae* e *Budviciaceae*. Estas foram então agrupadas na ordem *Enterobacterales*, e novas espécies e reclassificações vêm ocorrendo, sendo considerados atualmente mais de 40 gêneros e mais de 170 espécies, porém, apenas 25 espécies são responsáveis por mais de 95% dos casos clínicos. O Quadro 2.3 apresenta as principais famílias e gêneros de importância clínica da ordem *Enterobacterales* (Adeolu et al., 2016).

Quadro 2.3 – Principais famílias e gêneros de importância clínica da ordem *Enterobacterales*

Enterobacteriaceae	*Escherichia coli*
	Citrobacter
	Enterobacter
	Klebsiella
	Salmonella
	Shigella
Yersiniaceae	*Yersinia*
	Serratia
Morganellaceae	*Morganella*
	Proteus
	Providencia

As enterobactérias compreendem os principais microrganismos causadores de infecções, sejam comunitárias, sejam hospitalares. Podem estar envolvidas em praticamente qualquer doença infecciosa; logo, podem ser isoladas de qualquer amostra clínica analisada em laboratório. A maioria das enterobactérias é encontrada no trato gastrointestinal de humanos e de animais, além da água, solo e vegetais. A translocação dessas bactérias para algum sítio estéril pode desencadear doenças (Trabulsi; Alterthum, 2015).

As infecções urinárias são as mais frequentes na comunidade e causadas principalmente por *E. coli*, *Proteus* spp. e *Klebsiella* spp. Infecções gastrointestinais também se destacam, sendo causadas pelas espécies consideradas enteropatogênicas, entre elas: *Salmonella* spp., *Shigella* spp., *Yersinia enterocolitica* e sorotipos diarreiogênicos de *E. coli* (Brasil, 2013; Levinson, 2016; Trabulsi; Alterthum, 2015).

Nas infecções hospitalares, as espécies predominantes são: *Escherichia coli*, *Klebsiella* spp. e *Enterobacter* spp. Outros gêneros comuns são: *Proteus* spp., *Providencia* spp., *Morganella* spp. e *Citrobacter* spp. Essas cepas hospitalares muito frequentemente apresentam perfil de resistência a múltiplos antimicrobianos, problema emergente e de grande preocupação em todo o mundo, pois limita as opções farmacoterapêuticas (Brasil, 2013; Levinson, 2016).

Entre as principais características das enterobactérias, podemos citar: são BGNs, não esporulados, com motilidade variável, anaeróbios facultativos; crescem bem em meios comuns e meios seletivos para bactérias Gram-negativas (por exemplo, ágar MacConkey); fermentam a glicose com ou sem formação de gás; a maioria é catalase positiva, oxidase negativa e reduz nitrato a nitrito (Brasil, 2013; Levinson, 2016; Trabulsi; Alterthum, 2015).

E. coli é a enterobactéria mais frequente como patógeno em humanos, sendo responsável por 70%-80% das infecções urinárias. É altamente prevalente na microbiota intestinal de humanos e animais sendo um indicador de contaminação fecal em água e alimentos. Certas linhagens são consideradas diarreiogênicas em razão de elementos genéticos móveis que podem transformá-las em um patógeno altamente adaptado. A patogênese varia em virtude de mecanismos de virulência específicos. Listamos as principais linhagens no Quadro 2.4.

Quadro 2.4 – Principais linhagens de *E. coli* diarreiogênicas e principais características

ETEC	*E. coli* enterotoxigênica	Produz enterotoxinas termolábeis e termoestáveis que provocam alteração nos níveis intracelulares de nucleotídeos cíclicos que levam à secreção de eletrólitos e consequente redução da absorção de água.
EIEC	*E. coli* enteroinvasiva	Penetram na mucosa intestinal, causando lesão inflamatória muito semelhante à *Shigella*.
EPEC	*E. coli* enteropatogênica	Destrói as microvilosidades do epitélio intestinal.
EHEC	*E. coli* enterohemorrágica	Produz toxina semelhante à Shiga ou verotoxina. Pode levar à colite hemorrágica ou síndrome hemolítico-urêmica. O sorotipo O157:H7 é o mais frequente.
EAEC	*E. coli* enteroagregativa	Formam emaranhados no intestino em uma espessa camada de biofilme levando à má absorção de nutrientes.

O gênero *Salmonella* é dividido em duas espécies: *S. enterica* e *S. bongori*. Cerca de 99,5% dos isolados pertencem à subespécie I de *S. enterica*, que compreende os sorotipos mais conhecidos: *S. typhi*, *S. paratyphi* e *S. typhimurium*. O gênero pode desencadear duas síndromes clínicas, a salmonelose e a febre tifoide. A salmonelose é uma infecção aguda limitada ao intestino, causada por salmonelas não tifoides. Sua transmissão ocorre pelo consumo de frango, ovos e carnes malcozidos. Os sintomas frequentes são febre, cólicas, dor abdominal, náuseas, vômito e diarreia. O período de incubação é, em média, de 48 h, e, após o término dos sintomas, o paciente torna-se portador durante quatro a cinco semanas. A febre tifoide é uma doença sistêmica invasiva causada exclusivamente por *S. typhi* e *S. paratyphi* A e B, que só acomete o homem. Normalmente, a transmissão é interpessoal e por meio de água e alimentos contaminados com material fecal humano. Pode ser uma doença severa e uma possível complicação consiste na perfuração do intestino delgado (Trabulsi; Alterthum, 2015).

O gênero *Shigella* é constituído das seguintes espécies: *S. sonnei*, *S. dysenteriae*, *S. flexneri* e *S. boydii*. A doença causada por elas é denominada *shigelose* ou *disenteria bacilar*. *S. sonnei* é a mais frequente e causa uma disenteria relativamente leve, já a *S. dysenteriae* é a mais rara e resulta em disenteria grave. A toxina que causa sintomas é bastante virulenta, sendo conhecida como *toxina Shiga*. A dose infecciosa é pequena (10 a 100 unidades) graças à sua boa resistência ao pH estomacal. As manifestações clínicas mais comumente relatadas são: febre, mal-estar generalizado, cólicas abdominais e diarreia aquosa seguida de disenteria (fezes com muco e sangue). A disseminação ocorre principalmente de pessoa a pessoa, levando a surtos em ambientes institucionais como creches e hospitais psiquiátricos (Tortora; Funke; Case, 2017; Trabulsi; Alterthum, 2015).

O grupo *Klebsiella, Enterobacter* e *Serratia* (KES) compreende organismos oportunistas, causadores de infecções hospitalares, em especial pneumonias e infecções urinárias. O gênero *Klebsiella* tem três espécies principais, *K. pneumoniae, K. oxytoca* e *K. aerogenes* (anteriormente *Enterobacter aerogenes)*, sendo a primeira a mais isolada. A disseminação de cepas produtoras de carbapenemases (principalmente KPC – *K. pneumoniae* carbapenemase) que ocorre entre as enterobactérias, em especial em *K. pneumoniae*, é bastante preocupante, pois confere resistência a todos os carbapenêmicos, cefalosporinas e aztreonam. *Enterobacter* e *Serratia* estão estreitamente envolvidas em procedimentos invasivos como cateterismo e intubação, sendo *E. cloacae* e *S. marcescens* as espécies mais frequentes (Brasil, 2020; Levinson, 2016).

O grupo *Proteus*, *Providencia* e *Morganella* causa principalmente infecções urinárias, sejam comunitárias, sejam hospitalares. Diferencia-se das demais enterobactérias por produzir as enzimas fenilalanina-desaminase e urease. As principais espécies são *Proteus mirabilis, Proteus vulgaris, Providencia rettgeri* e *Morganella morgannii* (Levinson, 2016).

Na maioria dos laboratórios de microbiologia clínica, a identificação de enterobactérias baseia-se em características fenotípicas. Para a identificação das espécies, são utilizados testes convencionais, *kits* comerciais, métodos automatizados ou métodos rápidos com substratos cromogênicos. Algumas das principais provas de identificação são: fermentação da lactose, motilidade, descarboxilação da lisina, produção de H_2S, produção de gás, utilização de citrato, produção de indol e produção de fenilalanina-desaminase (Brasil, 2013).

Quadro 2.5 – Características bioquímicas das enterobactérias mais frequentes

Enterobactéria	Fermentação da lactose	Outras características
Escherichia coli	pos.	móvel / indol pos. / gás pos. / lisina pos.
Citrobacter sp.	pos.	móvel / H_2S pos. / fenilalanina neg. / lisina neg.
Salmonella sp.	neg.	móvel / H_2S pos. / citrato pos. / fenilalanina neg.
Shigella sp.	neg.	imóvel / negativa para a maioria das provas bioquímicas
Klebsiella pneumoniae	pos.	imóvel / citrato pos. / gás pos. / colônia mucoide
Enterobacter cloacae	pos.	móvel / citrato pos. / gás pos.
Serratia marcescens	neg.	colônia com pigmento vermelho (pode confundir com fermentação da lactose em MacConkey)
Proteus mirabilis	neg.	móvel / H_2S pos. / fenilalanina pos. / *swarmming* em ágar sangue
Providencia rettgeri	neg.	móvel / fenilalanina pos / indol pos. / citrato pos.
Morganella morgannii	neg.	motilidade variável / fenilalanina pos. / indol pos. / gás pos.

Obs: as características citadas correspondem a 80% ou mais das cepas

Figura 2.10 – Ágar MacConkey: colônias lactose pos. de *Escherichia coli* (a); ágar MacConkey: colônias mucoides de *Klebsiella pneumoniae* (b); ágar SS (Salmonella-Shigella): colônias H_2S pos. de *Salmonella* sp. (c); agar SS (Salmonella-Shigella): colônias lactose neg. de *Shigella* sp. (d); ágar simples: colônias pigmentadas de vermelho a alaranjado, características de *Serratia marcescens* (e); ágar sangue: colônias de *Proteus* sp. com *swarmming* típico do gênero (f)

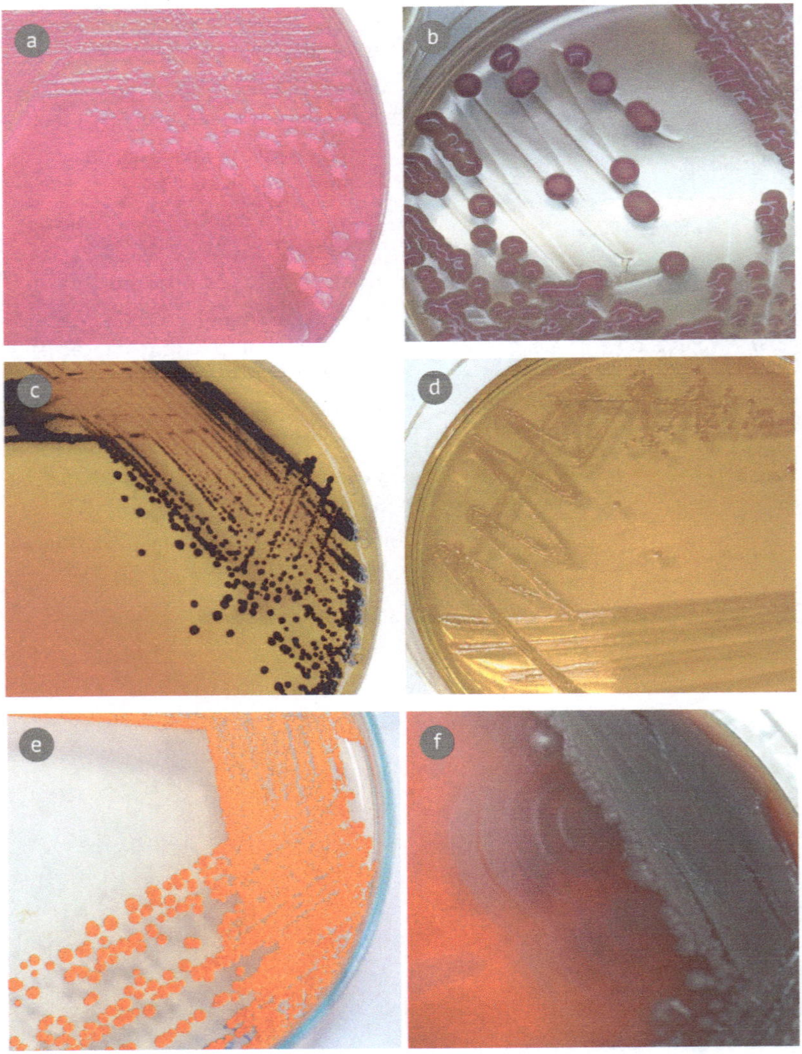

Chansom Pantip, MyFavoriteTime, Rattiya Thongdumhyu, OneMashi e AnaLysiSStudiO/Shutterstock

2.4.2.2 BACILOS GRAM-NEGATIVOS NÃO FERMENTADORES

O termo *não fermentador* (NF) é aplicado a esse grupo de bactérias pelo fato de serem incapazes de utilizar carboidratos como fonte de energia através de fermentação, degradando-os pela via oxidativa. São bactérias Gram-negativas aeróbias obrigatórias, não esporuladas, classificadas em diferentes famílias com base na presença de flagelos e na morfologia celular, podendo ser bacilos, cocobacilos ou diplococos. Apesar de apresentarem diferenças morfológicas entre si, apresentaremos todo o grupo nesta seção por razões didáticas (Brasil, 2103).

A caracterização desse grupo é de grande importância nos casos de infecção hospitalar. Embora sua incidência, mesmo em hospitais, seja pequena comparada a enterobactérias, geralmente esses microrganismos apresentam resistência elevada a vários antimicrobianos e são capazes de causar infecções graves. Essas bactérias colonizam e causam infecções, em especial, em pacientes internados em unidades de terapia intensiva (UTIs) e submetidos a procedimentos invasivos (Brasil, 2013).

O número de NFs conhecidos é muito grande; porém, as espécies que aqui apresentaremos representam cerca de 70% do total de NFs isolados em amostras humanas.

Pseudomonas aeruginosa é a espécie mais isolada, sendo um importante agente de infecção hospitalar, responsável por 20% dos casos. A produção de dois pigmentos – piocianina e pioverdina – é peculiar da espécie, o que confere coloração azul-esverdeada para suas colônias. Estudos apontam *P. aeruginosa* como o principal agente de infecção nosocomial do trato respiratório inferior com elevado perfil de resistência, até mesmo a carbapenêmicos. Pacientes com fibrose cística são candidatos importantes a desenvolver infecção pulmonar crônica por *P. aeruginosa*. A presença de cepas mucoides é indicativa de cronicidade; logo, é altamente recomendável que o laboratório relate quando as cepas apresentarem esse aspecto (Levinson, 2016; Oplustil et al., 2020; Trabulsi; Alterthum, 2015).

A segunda espécie mais isolada é *Acinetobacter baumannii*. Sua habilidade de adquirir resistência a múltiplos antimicrobianos e sua alta capacidade de sobreviver em superfícies torna-o um causador de infecção hospitalar que inspira atenção, apesar de apresentar baixa virulência. *A. baumannii* tornou-se uma ameaça principalmente para pacientes com doenças graves internados em UTIs, onde se observam surtos com comportamento cada vez mais endêmico (Medina, 2014).

O terceiro NF mais isolado, *Stenotrophomonas maltophilia*, é um patógeno hospitalar significativo, frequentemente associado a infecções do trato respiratório, apresentando altas taxas de mortalidade, particularmente em pacientes severamente debilitados ou imunodeprimidos. Tem como característica sua resistência intrínseca a carbapenêmicos e sensibilidade a SXT-TMP (Trabulsi; Alterthum, 2015).

O complexo *Burkhoderia cepacia*, apesar de menos frequente, tem um papel muito importante também em pacientes com fibrose cística. A espécie pode causar a chamada *síndrome cepácia*, caracterizada por rápido declínio da função pulmonar e, em alguns casos, bacteremia, culminando em morte precoce. Existem evidências de que um clone é particularmente capaz de ser transmitido facilmente de pessoa a pessoa; por essa razão, a separação de pacientes colonizados ou infectados por *B. cepacia* para prevenir a transmissão interpacientes tem sido adotada (Oplustil et al., 2020; Trabulsi; Alterthum, 2015).

A identificação dos NFs sempre foi um desafio para os laboratórios; aliás, a maioria deles não a realiza, ou a faz de maneira insuficiente em virtude da pouca incidência em amostras ambulatoriais, assim como pela complexidade e custo dos esquemas completos de identificação. No entanto, a introdução de métodos automatizados, cada vez mais acessíveis, tem auxiliado os laboratórios nessa tarefa. As principais características dos NFs são: a maioria cresce bem em meios simples; não fermentam a lactose (pode ser verificado em ágar MacConkey ou similar), alguns são oxidase positiva; e outros podem apresentar morfologia diferente de bacilos. Alguns dos testes necessários para identificação são: utilização de carboidratos (glicose, xilose, lactose, maltose, entre outros); metabolização de aminoácidos (lisina, arginina e ornitina); utilização de citrato; e crescimento a 42 °C (Brasil, 2013).

Quadro 2.6 – Características dos NFs mais isolados

NF	Morfologia ao Gram	Oxidase	Motilidade	Outras características
Pseudomonas aeruginosa	BGN	pos.	pos.	Pigmento esverdeado e odor de uvas, crescimento a 42 °C.
Complexo *Acinetobacter baumannii*	CBGN /DGN	neg.	neg.	Colônias levemente rosada, em MacConkey, cresce a 44 °C.
Stenothrophomonas maltophilia	BGN	pos. tardia	pos.	Resistente a imipenem, sensavel a polimixina, pigmento amarelo pálido.
Burkholderia cepacia	BGN	pos. tardia	pos.	Sensível a imipanem, resistente a polimixina, pode ter pigmento amarelo.

Figura 2.11 – Pigmentação característica da *Pseudomonas aeruginosa* em ágar cetrimide (à esquerda) e Mueller Hinton com produção de piocianina (à direita)

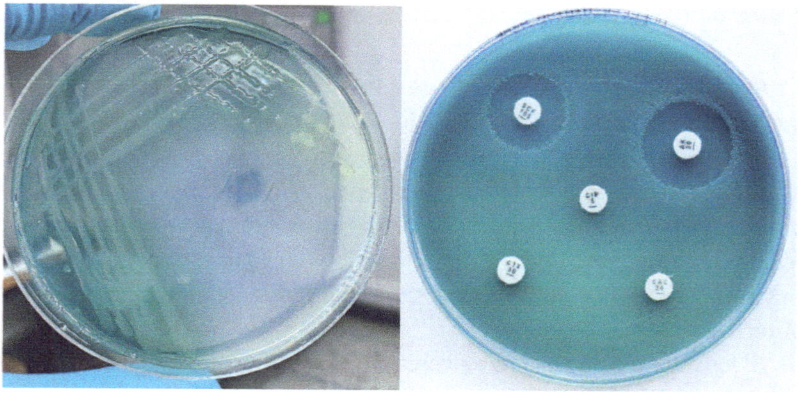

Pattikky, Jun MT/Shutterstock

1 BGN = bacilo Gram-negativo; CBGN = cocobacilo Gram-negativo; DGN = diplococo Gram-negativo

2.4.2.3 *HAEMOPHILUS INFLUENZAE*

São BGNs pequenos pleomórficos exigentes nutricionalmente, crescendo apenas em ágar chocolate em razão da presença dos fatores X (hemina) e V (nicotinamida adenina dinucleotídeo – NAD) e ainda necessitam de atmosfera microaerófila. O sorotipo b capsular é considerado o mais patogênico como causador de diversas doenças, sendo meningite a mais fatal, principalmente em crianças menores de 5 anos. Após introdução de vacinas contra o sorotipo b, na década de 1990, essas infecções reduziram drasticamente (Trabulsi; Alterthum, 2015).

Figura 2.12 – Gram (à esquerda) e colônias (à direita)de *Haemophilus influenzae*

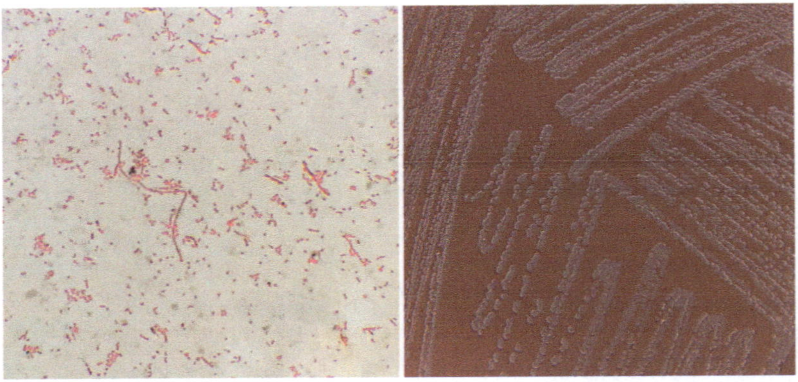

OneMashi e Elisabeth Kasumi/Shutterstock

As principais doenças do trato respiratório envolvendo esse microrganismo são epiglotite, otite média, sinusite e pneumonia.

A **epiglotite** caracteriza-se por um quadro agudo de faringite grave, disfagia, febre e edema da epiglote, sendo mais frequente em crianças. A evolução da doença leva à dificuldade de deglutição e da respiração, podendo causar obstrução respiratória. A intubação nasotraqueal e a administração de antimicrobianos são os tratamentos recomendados (Trabulsi; Alterthum, 2015).

H. influenzae é causadora de cerca de 25% das **otites médias**. Os sintomas são dor, perda auditiva e, algumas vezes, secreção no canal auditivo externo. A cultura não é realizada rotineiramente, pois requer aspiração do líquido do ouvido médio (timpanocentese). Caso haja drenagem, pode-se realizar cultura desse material (Trabulsi; Alterthum, 2015).

Estudos apontam que *H. influenzae* é a causa de 20%-30% das **sinusites**. Para a coleta do material de cultura, é necessária aspiração dos espaços dos seios maxilares, o que dificulta sua obtenção. A sinusite é caracterizada por secreção nasal, tosse, febre e cefaleia, sendo geralmente diagnosticada clinicamente e, ocasionalmente, por radiografia dos seios esfenoidal e etmoidal (Trabulsi; Alterthum, 2015).

A **pneumonia** por *H. influenzae* é mais frequente em idosos, imunodeficientes, diabéticos, alcoolistas, pessoas com doenças neoplásicas e doença pulmonar obstrutiva crônica (DPOC). As melhores amostras para diagnóstico laboratorial são lavado brônquico e lavado broncoalveolar (Trabulsi; Alterthum, 2015).

2.5. Micobactérias e espiroquetas

2.5.1 Micobactérias (família *Mycobacteriaceae*)

A família é formada por apenas um gênero (*Mycobacterium*), sendo descritas mais de 160 espécies, a maioria saprófita de solo (Trabulsi; Alterthum, 2015).

As micobactérias são bacilos delgados imóveis, aeróbios, retos ou levemente curvos. Não produzem toxinas, não apresentam cápsula e não formam esporos; no entanto, têm uma parede celular muito característica, rica em lipídios, que lhe confere propriedades importantes (Trabulsi; Alterthum, 2015).

A parede celular é constituída por quatro camadas: (i) peptideoglicano, (ii) arabinogalactano, (iii) ácido micólico e (iv) outros lipídeos livres. O ácido micólico, que representa 60% da parede celular, o que gera resistência à dessecação, permitindo a sobrevivência por períodos prolongados em condições desfavoráveis (Trabulsi; Alterthum, 2015).

Embora estruturalmente sejam classificadas como Gram-positivas, as micobactérias não são coradas pelo método de Gram. Para sua coloração, são usadas, geralmente, as técnicas de Ziehl-Neelsen ou de Kinyoun. Ambas utilizam carbolfucsina, que confere coloração vermelha a elas. Por resistirem ao descoramento subsequente com solução álcool-ácido, receberam a designação *bacilos álcool-ácido resistentes* (BAAR). De forma geral, as micobactérias apresentam crescimento lento, provavelmente em razão da composição lipídica da parede celular que leva à absorção demorada de nutrientes (Riello, 2015, Trabulsi; Alterthum, 2015).

Entre as espécies que merecem destaque, estão as que causam tuberculose – *M. tuberculosis, M. bovis* e *M. africanum* – e hanseníase – *M. leprae*. Outras espécies, denominadas *micobactérias não tuberculosas* (MNTs), foram descritas mais recentemente e se tornaram mais conhecidas graças a um aumento significativo nas taxas de infecções causadas por micobactérias de crescimento rápido (MCRs) relacionadas a casos de contaminações hospitalares (Riello, 2015; Trabulsi; Alterthum, 2015).

2.5.1.1 COMPLEXO *MYCOBACTERIUM TUBERCULOSIS*

O complexo *M. tuberculosis* é composto de algumas espécies, incluindo *M. bovis, M. africanum* e, principalmente, *M. tuberculosis*. Todas as bactérias do complexo podem causar tuberculose (TB), uma doença infectocontagiosa que afeta prioritariamente os pulmões (Trabulsi; Alterthum, 2015).

A transmissão é interpessoal por meio de partículas infectantes expelidas por tosse, espirro ou perdigotos de pacientes com a doença ativa. Ao alcançarem os pulmões, os bacilos são geralmente fagocitados por macrófagos alveolares, sendo destruídos em pessoas imunocompetentes. Alguns bacilos podem sobreviver e se multiplicar no interior dos macrófagos, atraindo mais macrófagos da corrente sanguínea e formando tubérculos. Esses tubérculos podem calcificar, interrompendo o avanço da doença, porém, 5% a 10% das pessoas desenvolvem uma infecção latente que pode tornar-se ativa ao longo da vida. Com a morte dos macrófagos, ocorre liberação dos bacilos, formando um centro caseoso no tubérculo. A progressão da doença ocorre à medida que o centro caseoso aumenta em um processo chamado *liquefação*. A liquefação continua até que o tubérculo se rompe, e permitindo que os bacilos liberados atinjam um bronquíolo, disseminando-se, assim, por todo o pulmão e, em seguida, para os sistemas circulatório e linfático, como ilustra a Figura 2.13 (Tortora; Funke; Case, 2017).

Figura 2.13 – Progressão da tuberculose

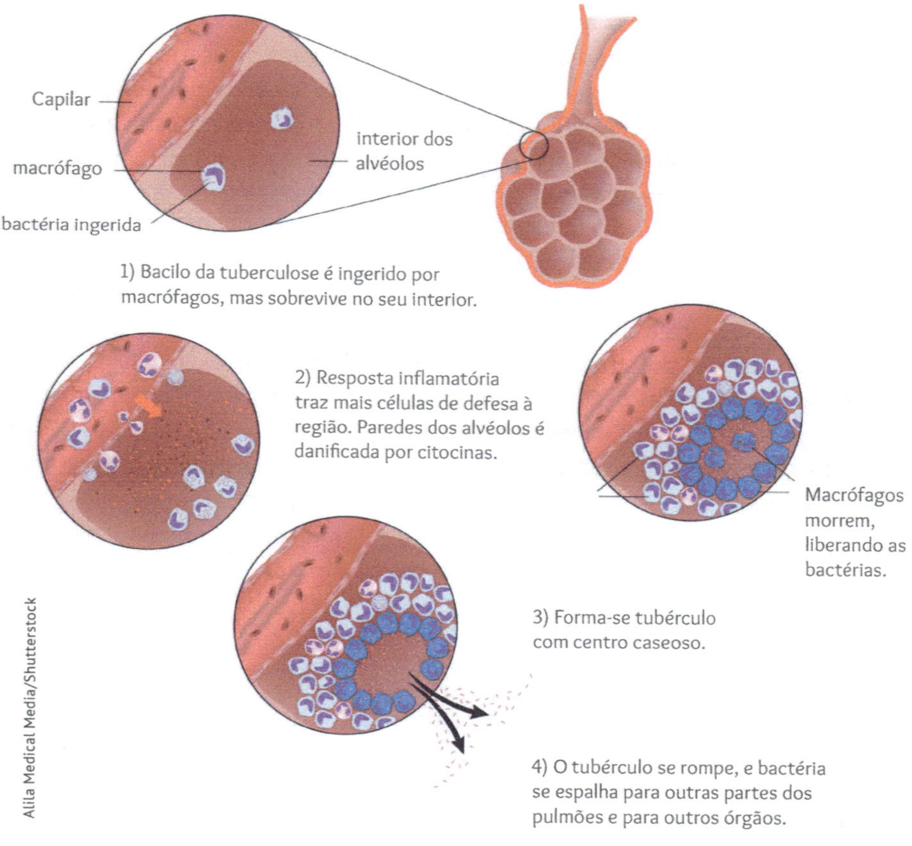

Alila Medical Media/Shutterstock

Febre, fadiga, sudorese noturna e perda de peso são sintomas comuns. A tuberculose pulmonar provoca tosse e pode causar hemoptise (expectoração de sangue). Vários órgãos podem estar envolvidos, levando a vários achados clínicos (Levinson, 2016).

A tuberculose continua sendo uma das doenças transmissíveis mais mortais do mundo. A coinfecção com o vírus HIV se tornou um fator importante na suscetibilidade e na rápida progressão para doença ativa.

A baciloscopia, ou pesquisa de BAAR em esfregaço de escarro, apesar de ser uma técnica bastante antiga, ainda é muito utilizada, pois é rápida, fácil e de baixo custo. A cultura permite identificar a espécie e testar a suscetibilidade aos antimicrobianos, porém exige meios específicos (Löwenstein-Jensen ou Ogawa-Kudoh) e incubação prolongada de até oito semanas. O teste da tuberculina (derivado proteico purificado – PPD, do inglês *purified protein derivative*), reação de hipersensibilidade contra antígenos de *M. tuberculosis*, permite detectar infecção antiga, latente ou bem recente. Métodos moleculares estão sendo desenvolvidos para detecção direta do complexo *M. tuberculosis*, aumentando a sensibilidade e diminuindo o tempo de diagnóstico. O mais conhecido é o utilizado pelo equipamento GeneXpert MTB/RIF (Cepheid)® que detecta o DNA da bactéria e a resistência à rifampicina direto da amostra clínica em 2 horas (Oplustil et al., 2020).

O tratamento recomendado pela Organização Mundial da Saúde (OMS) é a combinação de isoniazida, rifampicina, pirazinamida e etambutol nos dois primeiros meses, seguida por uma combinação de isoniazida e rifampicina por pelo menos mais quatro meses.

2.5.1.2 *MYCOBACTERIUM LEPRAE*

O *M. leprae* é o agente etiológico da hanseníase – historicamente conhecida como *lepra* –, uma doença infectocontagiosa, crônica, granulomatosa e de evolução lenta. Esse bacilo é capaz de infectar grande número de pessoas (alta infectividade), porém poucos adoecem (baixa patogenicidade). A infecção é adquirida por meio do contato direto e prolongado com a pessoa doente que elimina os bacilos pelas vias aéreas superiores ou por lesões cutâneas (Levinson, 2016; Brasil, 2010a).

O bacilo tem preferência por regiões mais frias e externas do corpo, pois se desenvolve melhor a 30 °C. Sobrevive à ingestão pelos macrófagos e invade as células da bainha de mielina do sistema nervoso periférico (SNP), causando danos aos nervos em virtude da resposta imune celular; no entanto, esses danos podem se manifestar apenas após dois a sete anos. O tempo de geração de 12 dias justifica esse longo período de incubação (Tortora; Funke; Case, 2017).

As manifestações clínicas são graduais e podem aparecer de formas diferentes. Na **forma tuberculoide**, observam-se lesões cutâneas em placas geralmente hipocrômicas, nervos superficiais espessados e perda de sensibilidade na região. Na **forma lepromatosa**, ocorre disseminação de lesões da pele, podendo formar pápulas, tubérculos, nódulos e placas chamadas de *hansenomas*. Pode haver infiltração difusa da face e de pavilhões auriculares com perda de cílios. Na maioria dos pacientes que desenvolvem lesões cutâneas simples, a doença regride espontaneamente (Levinson, 2016; Brasil, 2010a).

Para fins terapêuticos, a doença é classificada de acordo com o número de lesões cutâneas. Casos com até cinco lesões são considerados paucibacilares, e com mais de cinco, multibacilares. Apenas os pacientes multibacilares transmitem a doença (Brasil, 2010a).

O diagnóstico laboratorial é realizado pela baciloscopia de raspado intradérmico dos lóbulos auriculares direito e esquerdo e cotovelos direito e esquerdo, podendo-se coletar material de lesões de pele e raspados nasais. A lâmina deve ser corada pelo método de Ziehl-Neelsen a frio. Apenas pacientes com a forma lepromatosa apresentam resultado positivo. O *M. leprae* não cresce em meios de cultura (Levinson, 2016; Brasil, 2010a).

O tratamento é feito principalmente com combinação de dapsona, rifampicina e clofazimina por seis meses, podendo estender-se por um ano. Logo após o início do tratamento, o paciente já deixa de ser transmissor da doença (Tortora; Funke; Case, 2017).

2.5.2 Micobactérias não tuberculosas

As doenças causadas por micobactérias não tuberculosas (MNTs) são genericamente designadas micobacterioses. As MNTs são divididas em micobactérias de crescimento rápido (MCRs), que formam colônias em meio sólido em menos de sete dias; e micobactérias de crescimento lento (MCLs), cujas colônias só se formam após mais de sete dias. Infecções pulmonares e de linfonodos são causadas principalmente por MCL, e infecções de pele, ossos e articulações são causadas mais frequentemente por MCR (Riello, 2015; Trabulsi; Alterthum, 2015).

As micobacterioses têm apresentações clínicas muito diversas e afetam principalmente pulmões, linfonodos, pele e tecido subcutâneo, e podem ser disseminadas em pacientes imunocomprometidos.

Infecções por MCR relacionadas a procedimentos invasivos ganharam importância nos últimos anos, sendo relacionadas a cirurgias estéticas, laparoscopia, artroscopia, cirurgias de troca de válvulas cardíacas etc. As causas são atribuídas à contaminação de equipamentos médicos, água e soluções por falhas de desinfecção e esterilização (Trabulsi; Alterthum, 2015).

As espécies de MNT mais frequentes são: *M. fortuitum, M. abscessus* subsp. *abscessus, M. abscessus* subsp *bolletii, M. chelonae, M. abscessus* sbsp. *masseliense* e *M. avium* (Oplustil et al., 2020).

2.5.3 Espiroquetas

As espiroquetas são bactérias Gram-negativas helicoidais que se movem com o auxílio de filamentos axiais (endoflagelos), envoltos por uma membrana denominada *bainha externa*. Movimentam-se por rotação semelhante ao saca-rolhas, em meios líquidos. Os gêneros de maior importância clínica são: *Treponema, Borrelia* e *Leptospira*.

2.5.3.1 TREPONEMA

O principal patógeno do grupo é *T. pallidum*, subespécie *pallidum,* agente etiológico da sífilis, doença transmitida por contato sexual, uso de agulhas compartilhadas ou transfusões, contato cutâneo direto com lesões infecciosas ou transferência transplacentária (Koneman, 2008).

O período de incubação varia de 10 a 90 dias, podendo apresentar várias manifestações clínicas e diferentes estágios (sífilis primária, secundária, latente e terciária). Na **sífilis primária**, surge uma lesão no local da inoculação, geralmente na genitália, denominada *cancro*, que cicatriza em três a oito semanas. Na **sífilis secundária**, observam-se muitas lesões distribuídas pelo corpo, e é o período no qual os microrganismos são mais numerosos; inicia-se após duas a oito semanas do aparecimento do cancro e é caracterizada por linfadenopatia generalizada, febre e mal-estar. Na **sífilis latente**, a doença torna-se subclínica, podendo ocorrer recidivas no primeiro ano. A **sífilis terciária ou tardia** leva a complicações que incluem doença do SNC, anormalidades cardiovasculares e tumores em qualquer órgão, podendo ocorrer após 5 a 30 anos. A **sífilis congênita** pode causar aborto ou levar o feto a hepatoesplenomegalia, meningite, trombocitopenia, anemia e lesões ósseas (Koneman, 2008; Brasil, 2010b).

O diagnóstico da sífilis pode ser feito por exames diretos e testes imunológicos. O exame direto consiste na detecção do *T. pallidum* em amostras coletadas das lesões, tradicionalmente por microscopia de campo escuro. Os testes imunológicos são os mais utilizados, sendo subdivididos em treponêmicos (FTA-Abs – sigla inglesa para *fluorescent treponemal antibody absorption test*, anticorpo treponêmico fluorescente com absorção –, teste rápido etc.) e não treponêmicos (VDRL – do inglês, Venereal Disease Research Laboratory –, RPR etc.). Os testes treponêmicos são os primeiros a se tornarem reagentes, e os testes não treponêmicos são utilizados para diagnóstico e monitoramento da resposta ao tratamento. A benzilpenicilina benzatina é o medicamento de escolha (Brasil, 2010b).

2.5.3.2 BORRELIA

As infecções causadas por espécies de *Borrelia* são transmitidas por artrópodes e compreendem duas doenças importantes, doença de Lyme e febre recorrente (Levinson, 2016).

A **doença de Lyme** é causada pela espécie *B. burgdorferi,* transmitida por carrapatos mais comumente encontrados nos Estados Unidos. Alguns roedores são reservatórios naturais da bactéria. Para transmitir a doença, é preciso que o carrapato fique grudado à pele por pelo menos 24 horas. O período de incubação é de 3 a 32 dias, porém existem casos em que os sintomas aparecem até anos mais tarde. No estágio 1, o achado mais comum é um eritema migratório crônico, ou seja, surge um eritema ao redor da picada, que evolui se espalhando por todo o corpo. Podem surgir sintomas inespecíficos similares à gripe, podendo durar várias semanas. No estágio 2, após semanas ou meses, predomina o envolvimento cardíaco e neurológico. No estágio 3, a artrite de grandes articulações e doença progressiva do SNC são achados comuns. O diagnóstico geralmente é clínico, corroborado por sorologia na fase aguda e na convalescência. O tratamento normalmente inclui amoxicilina, doxiciclina ou ceftriaxona (Bush, 2020a; Fiocruz, 2020; Levinson, 2016).

A **febre recorrente** é causada principalmente pelas espécies *B. recurrentis* e *B. hermsii.* A primeira é transmitida pelo piolho corporal humano, e a segunda, por carrapatos moles (*Ornithodoros*). As manifestações clínicas de ambas são semelhantes: febre alta, calafrios, delírios, dores musculares, ósseas e articulares. Pode ocorrer hepatoesplenomegalia, hipersensibilidade e icterícia. O tratamento de escolha é tetraciclina ou eritromicina. O diagnóstico consiste na demonstração de espiroquetas nos líquidos corporais, em geral em esfregaços de sangue periférico, sendo feito muitas vezes acidentalmente na hematologia durante a realização do hemograma, pois coram-se bem ao Giemsa, como mostra a Figura 2.14 (Koneman, 2008).

Figura 2.14 – Espiroquetas de Borrelia em esfregaço de sangue periférico corado com Giemsa

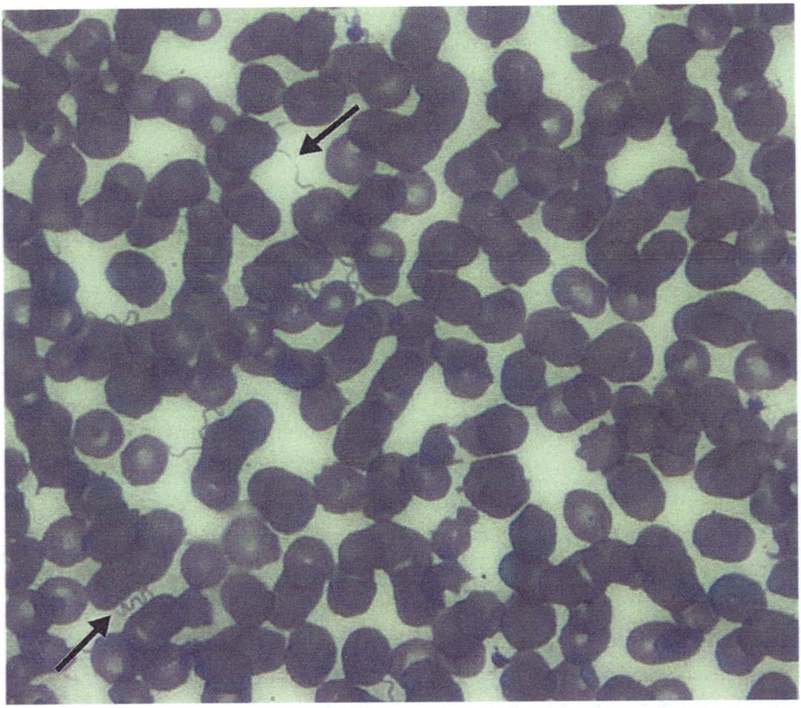

2.5.3.3 LEPTOSPIRA

A espécie, reconhecida classicamente como patógeno humano, corresponde ao *L. interrogans,* agente etiológico da leptospirose (Koneman et al., 2008).

Leptospira sobrevive na natureza pela infecção renal crônica dos animais portadores, principalmente ratos, que a eliminam na urina. Infecções humanas são adquiridas por meio do contato direto com urina ou tecidos infectados ou indiretamente, por contato com água ou solo contaminado. Pele lesionada e mucosas expostas (conjuntiva, nasal, oral) são as portas de entrada habituais. A leptospirose pode ser uma doença ocupacional (trabalhadores rurais, que fazem a limpeza de esgoto ou que atuam em matadouro), mas a maioria dos pacientes é exposta acidentalmente durante atividades recreativas (por exemplo, ao nadar em água doce contaminada). Surtos são frequentes após fortes chuvas ou inundações. Os casos ocorrem principalmente no final do verão e no início do outono (Bush, 2020b).

O período de incubação da doença varia de 2 a 20 dias e tem característica bifásica. A fase septicêmica começa abruptamente com cefaleia, mialgia intensa, calafrios, febre, tosse, faringite, dor no peito e, em alguns pacientes, hemoptise. Essa fase se estende de 4 a 9 dias, com calafrios e febre recorrentes. A segunda fase, ou imunitária, ocorre entre o 6º e o 12º dia da doença, correlacionando-se com o aparecimento de anticorpos no soro. A febre e os sintomas iniciais reaparecem e pode desenvolver meningite. Se adquirida durante a gestação, a leptospirose pode provocar aborto, até mesmo durante o período de convalescência (Bush, 2020a).

A síndrome de Weil (leptospirose ictérica) é uma forma grave, com icterícia causada por hemólise intravascular. O início é semelhante às formas mais leves, porém manifestações hemorrágicas aparecem seguidas de sinais de disfunção hepatocelular e renal do terceiro ao sexto dia.

O diagnóstico baseia-se no histórico de exposição, sinais clínicos e testes sorológicos. Pode-se realizar cultura das espiroquetas (meios específicos e incubação prolongada), detecção direta (campo escuro), detecção de antígenos ou PCR. A penicilina G é o tratamento de escolha (Koneman et al., 2008; Levinson, 2016).

2.6 Micoplasmas, clamídias, riquétsias e patógenos bacterianos menos frequentes

2.6.1 Micoplasmas

Os micoplasmas são as únicas bactérias desprovidas de parede celular. Isso confere características importantes ao grupo: não se coram ao Gram, apresentam morfologia pleomórfica, são extremamente sensíveis à desidratação e resistentes aos antimicrobianos que interferem na síntese de parede celular, como as penicilinas e as cefalosporinas, o que diminui bastante o arsenal terapêutico. Além disso, o genoma desses microrganismos é muito pequeno, o que lhe dá limitada capacidade de biossíntese. Em consequência, o cultivo exige meios contendo precursores para a biossíntese de ácidos nucleicos, proteínas e lipídios (Koneman et al., 2008).

M. pneumoniae é a principal espécie, sendo considerada causa da denominada *pneumonia atípica*. Estima-se que cerca de 20% das pneumonias comunitárias sejam causadas por micoplasmas, correspondendo à causa mais frequente de pneumonia em jovens. A transmissão ocorre pelo contato com gotículas respiratórias de pessoas infectadas (Koneman et al., 2008; Trabulsi; Alterthum, 2015).

Após a exposição, as bactérias fixam-se às células epiteliais do trato respiratório e multiplicam-se danificando o tecido pulmonar. Não penetram nas células e mantêm-se localizadas. Depois de duas a três semanas aparecem sintomas semelhantes aos da gripe. A síndrome clínica mais observada é a traqueobronquite, frequentemente acompanhada de sintomas no trato respiratório superior. Em geral, a pneumonia é autolimitada, e a maioria dos sintomas regride entre três e dez dias sem terapia antimicrobiana, porém quinolonas e eritromicinas ajudam no controle da doença (Koneman et al., 2008; Trabulsi; Alterthum, 2015).

Outros micoplasmas de importância clínica, como *M. hominis* e *U. urealyticum*, podem ser isolados do trato genital de homens e mulheres assintomáticos. O primeiro foi implicado como causa pouco frequente de doença pélvica inflamatória, e o segundo está relacionado a aproximadamente 20% dos casos de uretrite não gonocócica (Levinson, 2016).

2.6.2 Clamídias

As clamídias são bactérias intracelulares obrigatórias, muito pequenas (0,2 a 0,8 μm), que apresentam parede celular rígida, porém sem peptideoglicano. Por apresentarem membrana externa, são consideradas Gram-negativas apesar de não se corarem ao Gram (Trabulsi; Alterthum, 2015).

O ciclo replicativo das clamídias é bem peculiar. Inicia com o corpo elementar, semelhante a um esporo (forma infecciosa). Quando este penetra a célula, reorganiza-se formando o corpo reticular, maior e metabolicamente ativo. Ao se proliferar, o corpo reticular se transforma em corpos elementares-filhos, sendo liberados da célula para iniciar novos ciclos. No interior da célula, o sítio de replicação apresenta-se como corpos inclusão, que podem ser visualizados ao microscópio quando corados (Levinson, 2016).

Figura 2.15 – Ciclo replicativo da clamídia

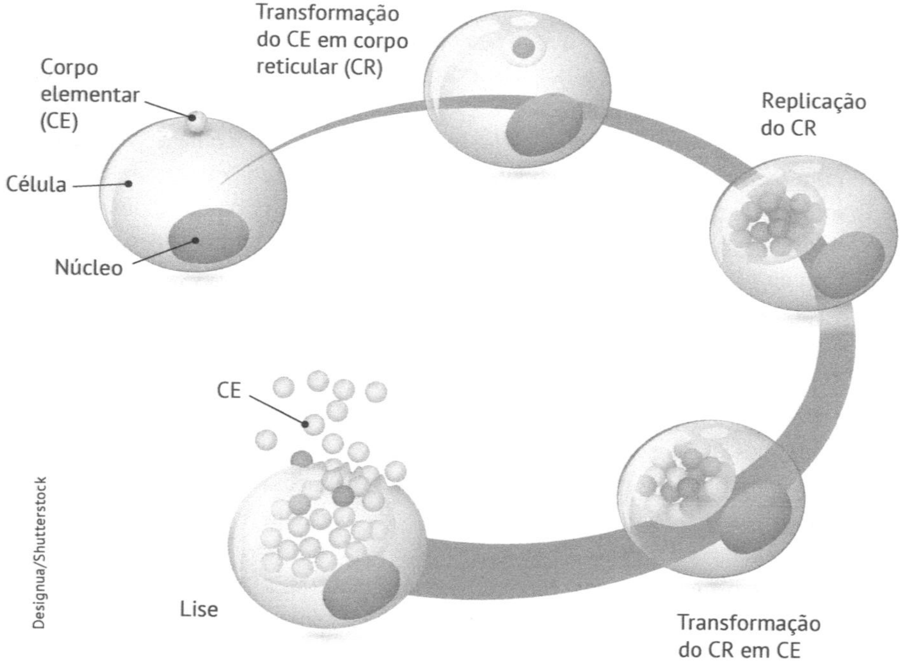

Recentemente, a família *Chlamydiaceae* foi dividida em dois gêneros: *Chlamydia* e *Chlamydophila*, sendo as principais espécies *Chlamydia trachomatis, Chlamydophila pneumoniae* e *Chlamydophila psittaci.* As infecções mais frequentes envolvendo essas espécies são tracoma, uretrite, pneumonia, linfogranuloma venéreo, psitacose e aterosclerose (Trabulsi; Alterthum, 2015).

Existem mais de 15 imunotipos (A a L) de *C. trachomatis;* os tipos A, B e C acometem o tecido ocular, e os tipos D a K causam infecções do trato genitourinário. A infecção sexualmente transmissível (IST) por *C. tracomatis* é considerada a mais comum em todo o mundo e atinge principalmente mulheres. Como a maioria das pessoas acometidas é assintomática, não busca tratamento, o que leva à cronicidade com consequentes complicações. Alguns exemplos são a **doença inflamatória pélvica** (DIP), que pode resultar em infertilidade, gravidez ectópica e dor pélvica crônica; grávidas infectadas podem transmitir a bactéria para seus bebês durante o parto, levando a oftalmia e pneumonia neonatal (Freitas, 2012).

As infecções do tecido ocular são ocasionadas principalmente por transmissão direta (olho a olho), ou indireta (toalhas, lenços, fronhas etc.). A resposta inflamatória desencadeia um quadro brando e autolimitado, denominado ***conjuntivite de inclusão***. No entanto, o tracoma é causado pela recorrência da infecção pelo fato de o indivíduo viver em um meio em que a doença é endêmica, o que favorece a possibilidade de contínua reinfecção da conjuntiva. Ao longo dos anos, o quadro pode levar à cegueira (Brasil, 2001).

Chlamydophila pneumoniae causa infecções do trato respiratório superior e inferior, especialmente **bronquite** e **pneumonia**, em jovens. Estima-se que 10% das pneumonias sejam causadas por essa bactéria, porém, raramente exigem internação e de 2%-5% dos casos são assintomáticos (Levinson, 2016).

Chlamydophila psittaci, agente etiológico da **psitacose** ou **ornitose**, é transmitida pela inalação de fezes ressecadas de aves, em especial periquitos e papagaios (psitacídeos). Nos seres humanos, o pulmão é o principal alvo, resultando em pneumonia subaguda ou crônica (Trabulsi; Alterthum, 2015).

O diagnóstico é mais frequentemente realizado por métodos imunológicos como ensaio de imunoabsorção enzimática (Elisa, do inglês *enzyme linked immuno sorbent assay*) e imunofluorescência, no entanto, técnicas de PCR são bastante promissoras na substituição das demais formas de diagnóstico. De maneira geral, o tratamento dessas infecções é feito com tetraciclinas ou macrolídeos (Trabulsi; Alterthum, 2015; Koneman et al., 2008).

2.6.3 Riquétsias

O gênero *Rickettsia* compreende bacilos diminutos, intracelulares obrigatórios. São considerados Gram-negativos pela estrutura da parede celular, mas coram-se fracamente ao Gram. Sua característica marcante é o fato de serem zoonoses, causadas pela picada de artrópodes como carrapatos, pulgas, piolhos e ácaros (Koneman et al., 2008).

A lesão típica causada por todas as riquetsioses é uma **vasculite**, particularmente envolvendo o revestimento endotelial da parede do vaso em que o organismo se encontra. O dano endotelial progressivo resulta na erupção característica, bem como em edema e hemorragia causados pelo aumento da permeabilidade capilar. Comprometimento de órgãos vitais, tais como coração, pulmão e rins, pode ser observado nos casos graves.

O gênero *Rickettsia* pode ser subdividido de acordo com as doenças que causa nos grupos, a saber, tifo e febre maculosa. O grupo **tifo** é composto de *R. prowazekii*, transmitida por piolhos (tifo epidêmico), e *R. typhi*, veiculada por pulgas (tifo murino). No grupo **febre maculosa** são reconhecidas 13 espécies patogênicas ao homem, entre estas, 11 são transmitidas por carrapatos (Koneman et al., 2008; Trabulsi; Alterthum, 2015).

O **tifo epidêmico**, historicamente, causou milhares de mortes entre soldados na Primeira e na Segunda Guerra Mundial. Atualmente, está associado à pobreza e à escassez de higiene. O piolho corporal humano (*Pediculus*) se contamina ao ingerir sangue de um indivíduo infectado e passa a eliminar as bactérias nas fezes. A transmissão ao homem ocorre pelas fezes que penetram no local da picada ou por abrasão cutânea provocada pelo prurido. Após uma a três semanas, o paciente apresenta febre alta, dor de cabeça repentina, dores musculares e erupções cutâneas. Pode levar a complicações no SNC, no pulmão, nos rins e no coração. A taxa de mortalidade pode chegar a 60% sem tratamento e 6% com tratamento.

O **tifo murino ou endêmico** é transmitido pela pulga do rato. Ela adquire a bactéria ao se alimentar de ratos contaminados que se tornam transmissores entre si por meio da inoculação das fezes das pulgas. Dessa mesma forma ocorre a transmissão ao homem. Os sintomas são muito semelhantes ao tifo epidêmico, porém as manifestações são mais brandas e a taxa de mortalidade é menor (Trabulsi; Alterthum, 2015).

A **febre maculosa** é uma doença transmitida pela picada do carrapato infectado. *R. rickettsii* é a espécie mais patogênica e mais frequente, resultando, na maioria das vezes, em casos fatais. A doença, cujos vetores são o carrapato da madeira (*Dermacentor andersoni*) e carrapato do cão (*D. variabilis*), é chamada de *febre maculosa das Montanhas Rochosas*. Esse nome se deve ao fato de ter sido primeiramente observada na região das Montanhas Rochosas, nos Estados Unidos. No Brasil, a febre maculosa é a riquetsiose, mais comum e mais letal, diferindo apenas pelo vetor – carrapato do cavalo, *Amblyomma cajemnense*. Após 2 a 14 dias de contaminação, sintomas como febre alta repentina, dor de cabeça, calafrios e erupções aparecem, podendo ocorrer diarreia e vômito. A letalidade pode chegar a 50%, e ocorre principalmente pela dificuldade no diagnóstico precoce, retardando o tratamento com o antimicrobiano adequado (Trabulsi; Alterthum, 2015).

O diagnóstico das riquetsioses geralmente é clínico e epidemiológico. Testes laboratoriais geralmente baseiam-se em análises sorológicas, como Elisa e imunofluorescência indireta. Técnicas de PCR têm sido cada vez mais utilizadas. O sucesso do tratamento está relacionado ao diagnóstico precoce, sendo cloranfenicol e tetraciclina geralmente efetivos (Trabulsi; Alterthum, 2015).

2.6.4 Patógenos bacterianos menos frequentes

O arsenal de bactérias de importância clínica é muito amplo, sendo impossível citar todos neste capítulo. Nesta seção, apresentaremos de forma breve alguns patógenos menos frequentemente isolados que consideramos importantes.

2.6.4.1 BRUCELAS

São cocobacilos Gram-negativos (CBGN) exigentes nutricionalmente e requerem laboratório de biossegurança nível 3 para cultivo em razão de seu potencial para infectar seres humanos e animais pela exposição até mesmo por aerossol (Paraná, 2018).

Brucella abortus, *B. melitensis* e *B. suis* causam brucelose, uma zoonose que afeta cabras, gado e porcos, respectivamente. A principal forma de transmissão ao homem é o contato direto com esses animais doentes ou, ainda, indiretamente, por alimentos, em especial leite e produtos lácteos não pasteurizados (Kayser et al., 2005; Paraná, 2018).

O período médio de incubação é de algumas semanas, iniciando-se com febre de duração variável. Os sintomas mais frequentes são astenia, fadiga, mal-estar, cefaleia, debilidade, sudorese profusa, calafrios, artralgia, estado depressivo e perda de peso. Podem ocorrer quadros subclínicos, bem como quadros crônicos com duração de meses ou até anos, se não tratados. Complicações osteoarticulares, orquite, epididimite e endocardite têm sido relatadas (Paraná, 2018).

O diagnóstico laboratorial pode ser realizado por cultura de sangue, medula óssea ou LCR, sorologia e PCR. As hemoculturas detectam crescimento geralmente após sete dias e devem ser subcultivadas em meios especiais, podendo ser necessário de três a quatro semanas para crescimento. O laboratório deve ser notificado da suspeita de brucelose devido às particularidades de cultivo e à biossegurança (Bush; Vazquez-Pertejo, 2020; Paraná, 2018). Doxiciclina é administrada na fase aguda, geralmente em associação com gentamicina por três a quatro semanas (Kayser et al., 2005).

2.6.4.2 COXIELLA

C. burnetti é um CBGN intracelular obrigatório que pertencia à família *Rickettsiaceae*, porém foi reclassificada na família *Coxiellaceae* após estudos genéticos.

É causadora da **febre Q**, uma zoonose cuja transmissão está relacionada à aspiração de aerossóis de fezes, urina, placenta e leite de bovinos, caprinos e ovinos. Pela alta estabilidade no ambiente, sua dose infectante é extremamente baixa (Trabulsi; Alterthum, 2015).

Seu ciclo de desenvolvimento é semelhante ao das clamídias. A forma infectante, denominada *variante pequena*, é caracterizada por cromatina condensada e metabolismo basal, o que permite alta resistência ambiental. A forma intracelular, variante grande, é replicativa e se diferencia, tornando-se metabolicamente ativa nos fagolisossomos. Após a transmissão, a variante pequena é fagocitada por macrófagos alveolares e monócitos invadindo também células epiteliais e fibroblastos. O ciclo replicativo é lento, com tempo de geração em torno de 10 a 12 horas. Após sua fase estacionária (em torno de 6 dias), observam-se variantes pequenas no interior do vacúolo que serão liberadas para o meio extracelular, prontas para infectar outras células (Trabulsi; Alterthum, 2015).

A febre Q se manifesta subitamente com sintomas semelhantes aos da gripe. Em casos mais graves, ocorre pneumonia ou hepatite granulomatosa. A evolução para a fase crônica, apesar de rara (1-2% dos pacientes), apresenta-se na forma de endocardite severa e fatal, podendo ocorrer hepatite crônica (Levinson, 2016; Trabulsi; Alterthum, 2015).

O diagnóstico laboratorial pode ser realizado por testes sorológicos (ELISA ou imunofluorescência indireta) ou ainda moleculares (PCR). Na maioria dos pacientes, as infecções são autolimitadas. As opções terapêuticas são doxiciclina, tetraciclina e, às vezes, cloranfenicol.

2.6.4.3 ERLICHIA

As erlichias são BGNs diminutos intracelulares obrigatórios muito semelhantes às riquétsias. As doenças causadas por elas são denominadas *erlichioses*; afetam principalmente animais, e, mais recentemente, foram reconhecidos casos em humanos (Ramos, 2022; Trabulsi; Alterthum, 2015).

As espécies associadas à doença no homem são transmitidas no Brasil pelo carrapato marrom do cão, da espécie *Rhipicephalus sanguineus*. O período de incubação da doença é de dez dias (Ramos, 2022).

As principais espécies que causam doenças em humanos são *Ehrlichia chaffeensis*, causadora da **erlichiose monocítica humana**, na qual as células infectadas são monócitos e macrófagos; e *E. equi*, causadora da **erlichiose granulocítica humana**, em que as células-alvo são neutrófilos. Os sintomas de ambas são muito semelhantes aos da febre maculosa, inespecíficos com mal-estar geral, sendo menos intensos na forma granulocítica (Trabulsi; Alterthum, 2015).

Em geral, o diagnóstico é realizado sorologicamente, porém o método mais sensível e específico é a detecção do patógeno por PCR em amostras de sangue. Doxiciclina é o tratamento de escolha (Levinson, 2016; Trabulsi; Alterthum, 2015).

2.6.4.4 FRANCISELA

São BGNs intracelulares facultativos pleomórficos. A espécie mais importante é a *Francisella tularensis*, agente etiológico da tularemia ou febre do coelho (Bush, 2020c).

A **tularemia** é uma doença tipicamente rural, normalmente encontrada em coelhos, veados e em uma variedade de roedores, transmitida a eles principalmente por carrapatos. Entre os humanos, caçadores, açougueiros, fazendeiros e pessoas que manipulam peles são os mais comumente infectados. *F. tularensis* apresenta baixa dose infectante, apenas dez organismos contidos em aerossóis podem causar pneumonia grave. O período de incubação costuma ser de três a cinco dias, e os sintomas variam de acordo com a exposição. Os mais comuns são feridas que demoram a cicatrizar e aumento do volume dos gânglios. Na pneumonia, focos necróticos ocorrem nos pulmões (Bush, 2020c).

Raramente são realizadas culturas do organismo em laboratório em razão do risco de contaminação dos profissionais e à necessidade de meios de cultura especiais. Testes sorológicos de aglutinação são empregados com mais frequência. Estreptomicina é o tratamento de escolha (Bush, 2020c).

2.6.4.5 BARTONELA

As bartonelas são pequenos CBGNs de crescimento lento, microaerófilos da família *Bartonellaceae* e mantêm relação filogenética remota com as riquétsias (Trabulsi; Alterthum, 2015).

Bartonella henselae é o agente da **doença da arranhadura do gato** e da **angiomatose bacilar**. A primeira manifesta-se por febre e linfadenopatia, que surge em até duas semanas após arranhadura, lambida ou mordida do gato, desenvolvendo uma lesão cutânea primária. A segunda é uma forma de proliferação neovascular cuja manifestação mais frequente é a cutânea, apresentando características verrucosas, papulares ou pedunculadas.

B. quintana é o agente causador da febre das trincheiras e de alguns casos de angiomatose bacilar. A febre das trincheiras é transmitida por piolhos corporais (*Pediculus humanus*) e caracteriza-se pelo início abrupto de febre, cefaleia, tontura, mialgias, artralgias, hepatoesplenomegalia, erupção cutânea maculopapular transitória e albuminúria (Liles, 2016).

B. bacilliformis é o agente da febre de Oroya e da verruga peruana. A **febre de Oroya** (bartonelose clássica, ou doença de Carrión) é transmitida pela picada de flebotomíneos (mosquitos hematófagos, os mesmos que transmitem a leishmaniose no Brasil). A doença restringe-se ao Peru, ao Equador e à Colômbia e caracteriza-se como uma grave anemia infecciosa em consequência da destruição dos eritrócitos, do aumento do baço e fígado e hemorragia nos linfonodos. A **verruga peruana** consiste em lesões cutâneas vasculares, formando granulomas (Trabulsi; Alterthum, 2015).

O diagnóstico laboratorial pode ser feito por técnicas especiais de coloração de lesões cutâneas. O organismo deverá ser cultivado em meios especiais, exigindo incubação de até dez dias. Testes sorológicos não estão amplamente disponíveis. O tratamento geralmente é realizado com tetraciclinas ou macrolídeos (Liles, 2016).

2.6.4.6 *BORDETELLA PERTUSSIS*

Agente etiológico da coqueluche ou tosse comprida, é um pequeno CBGN aeróbio obrigatório. A transmissão ocorre por perdigotos da pessoa infectada. As bactérias fixam-se às células ciliadas da traqueia interferindo inicialmente na ação ciliar e progressivamente destruindo essas células, o que impede o movimento do muco. São produtoras de diversas toxinas. As principais são a citotoxina traqueal, que danifica as células, e a toxina pertussis, relacionada a sintomas sistêmicos. A doença ocorre principalmente na infância, podendo ser bastante grave. Divide-se em três fases:

1. **Catarral**: fase inicial, quando o paciente apresenta sintomas inespecíficos. É a mais contagiosa e dura de uma a duas semanas.
2. **Paroxística**: caracterizada por tosse intensa e espasmódica, muitas vezes com cianose e vômitos após as crises. Dura de três a seis semanas.
3. **Convalescência**: a tosse diminui progressivamente, podendo durar até seis meses (Cunegundes, 2016).

A cultura é feita com material coletado profundamente da nasofaringe com *swab*. A bactéria exige meios, tempo de incubação e atmosfera especiais. O ágar Regan-Lowe é o meio mais utilizado e deve ser incubado a 35 °C em aerobiose por até sete dias. PCR é o método de escolha para o diagnóstico (Oplustil et al., 2020).

Após a implementação da vacina conjugada DTPa, houve redução drástica da incidência da doença. No entanto, um aumento no número de casos aconteceu em 2014. Os fatores relacionados foram o declínio nas taxas de imunização, a mutação da bactéria levando a menor efetividade da vacina e a menor efetividade da nova formulação da vacina acelular (DTPa) em relação à formulação antiga (DTP). Em razão desse último fator, introduziu-se uma dose de reforço (Tortora; Funke; Case, 2017).

2.6.4.7 *LEGIONELLA PNEUMOPHILA*

É um BGN aeróbio causador da legionelose ou doença dos legionários. Tornou-se conhecida em 1976, em razão do famoso surto de pneumonia entre participantes da convenção da Legião Americana na Filadélfia. Imaginou-se, inicialmente, ser uma pneumonia viral; no entanto, investigações posteriores identificaram o agente etiológico até então desconhecido (Tortora; Funke; Case, 2017).

A infecção ocorre quando o paciente inala gotículas de água, geralmente formadas de fontes, umidificadores, chuveiros e sistemas de refrigeração, contendo bactérias ou amebas infectadas pela *Legionella*. A relação com amebas é essencial para sua sobrevivência, pois, dessa forma, protege-se dos efeitos do cloro da água potável. A transmissão pessoa-pessoa nunca foi descrita (Trabulsi; Alterthum, 2015).

Após inalação, a bactéria infecta macrófagos alveolares causando uma pneumonia aguda. As manifestações clínicas são sintomas gerais de pneumonia. Geralmente a doença se desenvolve em pacientes imunodeprimidos e muitos surtos ocorrem em hospitais, onde geralmente progride para formas mais graves. As pneumonias comunitárias muitas vezes não são diagnosticadas (Tortora; Funke; Case, 2017; Trabulsi; Alterthum, 2015).

A cultura geralmente é feita de escarro, aspirado traqueal e lavado brônquico. Os meios devem conter cisteína e pirofosfato de ferro, sendo o ágar extrato de levedura com carvão (BCYE, do inglês *buffered charcoal yeast extract*) o mais utilizado. As placas devem ser incubadas por até 14 dias em atmosfera aeróbia a 35 °C. Outros métodos disponíveis são: imunofluorescência direta, pesquisa de antígenos de *Legionella* em urina e PCR (Oplustil et al., 2020).

O tratamento de escolha é a azitromicina, e a prevenção deve ser feita por medidas eficazes de tratamento de água de reservatórios (Trabulsi; Alterthum, 2015).

2.6.4.8 *VIBRIO* SPP.

São BGNs curvos, em forma de vírgula. As principais espécies são *Vibrio cholerae*, *V. parahaemolyticus* e *V. vulnificus*. Apesar de bastante conhecidos, em especial *V. cholerae*, em virtude de surtos, o isolamento desses patógenos não é frequente (Levinson, 2016).

V. cholerae é o causador da **cólera**, cuja transmissão ocorre via fecal-oral desencadeando intensa diarreia aquosa causada pela enterotoxina que ativa a adenilato-ciclase, o que leva ao aumento de adenosina monofosfato (AMP) cíclico e causa efluxo de íons cloreto e água. A dose infectante é elevada, uma vez que a bactéria é bastante sensível à acidez estomacal. O diagnóstico pode ser feito por Gram e cultura em meios seletivos.

O tratamento consiste na reposição hidroeletrolítica. Trata-se de uma doença prevenível com medidas eficazes de saúde pública, como tratamento de esgotos e tratamento adequado da água (Levinson, 2016).

V. parahaemolyticus encontra-se em águas marinhas mornas, podendo causar **diarreia aquosa**. A forma de transmissão é pela ingestão de moluscos marinhos crus contaminados. A toxina produzida é semelhante à colérica (Levinson, 2016).

V. vulnificus também é encontrado em águas marinhas mornas e leva a infecções mais graves. Pode causar **celulite** e **sepsis** com risco de vida. É adquirido por trauma à pele, especialmente em manipuladores de moluscos marinhos, ou pela ingestão de tais moluscos (Levinson, 2016).

Para saber mais

Goreth Barberino Microbiologia. Disponível em: <https://instagram.com/gorethbarberino_microbiologia?igshid=9r5rnoznbc6e>. Acesso em: 15 abr. 2022.

O Instagram também pode ser uma ferramenta dinâmica e útil para se manter atualizado(a) nos assuntos sobre microbiologia clínica!

Síntese

A seguir, reunimos as principais informações prestadas ao longo deste capítulo, organizando-as em quadros para melhor visualização e fixação.

Quadro A – Bactérias anaeróbias

Principais espécies	Principais doenças	Características	Diagnóstico laboratoria
Clostridium perfringens	Gangrena gasosa, intoxicação alimentar	Crescem na ausência ou em baixa concentração de O_2; incluem praticamente todos os tipos morfotintoriais.	Coleta de material por aspiração; Gram geralmente demonstra mais de um tipo morfotintorial; cultura com meios enriquecidos, diferenciais e seletivos incubados em anaerobiose po pelo menos 48 h.
Clostridioides difficile	Colite pseudomembranosa		
Clostridium botulinum	Botulismo		
Clostridium tetani	Tétano		
Bacteroides fragilis	Abscessos, peritonite, apendicites		

Quadro B – Cocos Gram-positivos

Principais espécies	Principais doenças	Características	Diagnóstico laboratorial
Staphylococcus aureus	Praticamente qualquer tipo de infecção. intoxicação alimentar, síndrome da pele escaldada, síndrome do choque tóxico, importante causa de infecção hospitalar, foliculite, celulite e impetigo.	Colonizante de nasofaringe e, às vezes, de pele. Produz vários fatores de virulência e frequentemente resistência a antimicrobianos (MRSA).	Gram e cultura. CGP em cachos, catalase positiva, coagulase positiva, colônias amarelas e hemolíticas em ágar sangue, cresce e fermenta o manitol em ágar manitol salgado.
Staphylococcus epidermidis	Infecções em imunodeprimidos, biofilmes em cateteres, próteses e válvulas cardíacas.	Colonizante da pele e mucosas, sendo considerados oportunistas.	Gram e cultura. CGP em cachos, catalase positiva, coagulase negativa, colônias brancas em ágar sangue, cresce em ágar manitol salgado, mas não fermenta o manitol.
Staphylococcus saprophyticus	infecções urinárias em mulheres jovens sexualmente ativas.	Causador de 10% a 20% das infecções urinárias agudas comunitárias.	Gram e cultura. Idem *S. epidermidis*, resistente à novobiocina.
Streptococcus pneumoniae	Otites, sinusites, pneumonias, meningite.	Principal causa de infecções respiratórias comunitárias.	Gram e cultura. CGP lanceolado aos pares e capsulado, α-hemolítico, sensível à optoquina.
Streptococcus pyogenes	Faringite, impetigo, erisipela, febre escarlatina e choque tóxico.	Algumas cepas podem desenvolver infecções invasivas fatais.	Gram e cultura. CGP em cadeias, β-hemolítico do grupo A, sensível à bacitracina, resistente ao SXT-TMP.
Streptococcus agalactiae	Doença neonatal precoce como pneumonia, meningite e sepse.	Realiza-se pesquisa de GBS em gestantes para prevenir a infecção dos RN por guiar a terapia antimicrobiana intraparto.	Gram e cultura. CGP em cadeias, β-hemolítico do grupo B, resistente à bacitracina, CAMP positivo.

(continua)

(Quadro B – conclusão)

Principais espécies	Principais doenças	Características	Diagnóstico laboratorial
Estreptococos do grupo *viridans*	Endocardite, periodontite, cárie etc.	Presentes na microbiota oral, gastrointestinal e genital podendo ser contaminante em culturas.	Gram e cultura. CGP em cadeias. Geralmente são α, mas podem ser γ-hemolíticos.
Enterococcus faecalis	Infecção urinária, infecções hospitalares (VRE) etc.	Presentes na microbiota intestinal e genital, resistência intrínseca a muitos antimicrobianos.	Gram e cultura. CGP geralmente em cadeias curtas ou agrupados dois a dois. Geralmente γ-hemolíticos. Bile esculina e MTS positivos
Enterococcus faecium			

Quadro C – Cocos Gram-negativos

Principais espécies	Principais doenças	Características	Diagnóstico laboratorial
Neisseria meningitidis	Meningite	Os principais sorotipos são A, B, C, Y e W135, sendo os três primeiros responsáveis por 90% dos casos.	Gram e cultura de LCR. DGN de morfologia semelhante a dois grãos de feijão dentro e fora de neutrófilos. Cresce em ágar chocolate em tensão de CO_2.
Neisseria gonorrhoeae	Gonorreia	A principal manifestação clínica é a uretrite aguda associada à disúria e à secreção uretral purulenta no homem.	Gram e cultura de secreção uretral. Idem *N. meningitidis*. Thayer-Martin modificado é o meio seletivo.

Quadro D – Bacilos Gram-positivo

Principais espécies	Principais doenças	Características	Diagnóstico laboratorial
Listeria monocytogenes	Listeriose	Oportunista, doença transmitida por alimentos (produtos lácteos não pasteurizados e carnes as malcozidas).	Gram e cultura de sangue, LCR, secreções genitais etc. BGP curtos, β-hemolíticos, móveis a 22 °C e imóveis a 35 °C.
Corynebacterium diphtheriae	Difteria	Infecção respiratória grave e rara devido à vacinação (vacina conjugada DTPa).	Gram e cultura de secreções de naso e orofaringe. BGP em paliçada, cultivo em meio específicos, teste de Elek para identificar cepas toxigênicas; detecção do gene da toxina por PCR.
Bacillus anthracis	Antraz	Formas clínicas: cutânea, pulmonar e gastrointestinal. Pode desenvolver quadros fatais, sendo importante como arma biológica.	Gram e cultura de amostras de acordo com a forma clínica. BGP em cadeias, colônias γ-hemolíticos. Testes imunológicos e PCR.
Bacillus cereus	Intoxicação alimentar	Relacionada à ingestão de molhos, sopas, assados, arroz, massas e saladas, podendo levar à síndrome diarreica ou emética.	Geralmente não é realizado.

Quadro E – Bacilos Gram-negativos

Principais espécies	Principais doenças	Características	Diagnóstico laboratorial
Escherichia coli	Infecção urinária (70%-80%), gastroenterites, infecções cirúrgicas etc.	Principal microrganismo causador de infecções hospitalares e comunitárias.	Gram e cultura de diversos tipos de amostra. São enterobactérias: BGN, motilidade variável, fermentam a glicose com ou sem produção de gás, reduz nitrato a nitrito. » *E. coli*: lactose positiva, indol. positiva; » *Salmonella* sp.: lactose negativa, H_2S positiva. » *Shigella* sp.: lactose negativa, H_2S negativa, imóvel. » *Klebsiella* sp.: lactose positiva, geralmente colônia mucoide, imóvel. » *Proteus* sp.: lactose negativa, produz *swarmming*.
Salmonella sp.	Salmonelose	Salmonelas não tifoides causam infecção intestinal aguda; transmissão ocorre pelo consumo de frango, ovos e carnes malpassadas.	
	Febre tifoide	Doença sistêmica invasiva causada por *S. typhi* e *S. paratyphi* A e B, transmitida por água e alimentos contaminados com material fecal humano.	
Shigella sp.	Shigelose ou disenteria bacilar	Produz toxina Shiga, responsável pelos sintomas, baixa dose infecciosa devido à resistência ao pH estomacal, transmissão pessoa-pessoa.	
Klebsiella *Enterobacter* *Serratia*	Infecções hospitalares, pneumonias, infecções urinárias, infecções relacionadas a procedimentos invasivos.	Surtos hospitalares envolvendo cepas multirresistentes. *K. pneumoniae* é a mais isolada e mais resistente (cepas produtoras de carbapenemase, principalmente KPC).	
Proteus *Providencia* *Morganella*	Infecções urinárias comunitárias e hospitalares.	Diferenciam-se das demais enterobactérias por produzirem fenilalanina desaminase e urease.	

(continua)

(Quadro E – conclusão)

<table>
<tr><th>Principais espécies</th><th>Principais doenças</th><th>Características</th><th>Diagnóstico laboratorial</th></tr>
<tr><td>Pseudomonas aeruginosa</td><td>Infecções hospitalares, infecções em imunodeprimidos e pacientes com fibrose cística.</td><td>Não fermentador de glicose mais isolado, causador de muitas infecções hospitalares; geralmente elevado perfil de resistência.</td><td rowspan="4">Gram e cultura de diversos tipos de amostra. São não fermentadores de glicose: podem ser BGN, DGN ou CBGN.
» P. aeruginosa: BGN, oxidase positiva, pigmento verde e odor de uvas.
» A. baumannii: CBGN ou DGN, oxidase negativa, colônias levemente rosadas em MacConkey.
» S. maltophilia: mais isolada em amostras respiratórias, BGN, oxidase positiva tardia, resistente a imipenem e sensível a SXT-TMP.
» Complexo B. cepacia: BGN, mais isolada em amostras respiratórias, oxidase positiva tardia, sensível a imipenem.</td></tr>
<tr><td>Complexo Acinetobacter baumannii</td><td rowspan="2">Infecções hospitalares, infecções em imunodeprimidos.</td><td>Segundo NF mais isolado, responsável por muitas infecções hospitalares, geralmente elevado perfil de resistência.</td></tr>
<tr><td>Stenothrophomonas maltophilia</td><td>Terceiro NF mais isolado, importante patógeno hospitalar.</td></tr>
<tr><td>Complexo Burkholderia cepacia</td><td>Infecções em imunodeprimidos e pacientes com fibrose cística.</td><td>Síndrome cepácia em pacientes com fibrose cística com rápido declínio da função pulmonar.</td></tr>
<tr><td>Haemophilus influenzae</td><td>Meningite, epiglotite, otite média, sinusite e pneumonia.</td><td>A introdução de vacinas contra o sorotipo b reduziu essas doenças drasticamente.</td><td>Gram e cultura. BGNs pequenos exigentes nutricionalmente (crescem apenas em ágar chocolate devido aos fatores X e V e necessitam de atmosfera microaerófila).</td></tr>
</table>

Quadro F – Micobactérias

Principais espécies	Principais doenças	Características	Diagnóstico laboratorial
Mycobacterium tuberculosis	Tuberculose	Doença infectocontagiosa que afeta prioritariamente os pulmões, sendo transmitida por perdigotos. A coinfecção com o HIV se tornou bastante frequente.	Esfregaço de escarro corado por Ziehl-Neelsen: BAARs; cultura com meios específicos (Ogawa-Kudoh e Lowestein-Jensen); teste da tuberculina (PPD); testes moleculares (GeneXpert MTB/RIF).
Mycobacterium leprae	Hanseníase	Doença de alta infectividade, porém de baixa patogenicidade. Evolução muito lenta, podendo se manifestar entre dois e sete anos. Atinge células do SNP.	Raspado intradérmico de lóbulo direito e esquerdo e cotovelo direito e esquerdo corado por Ziehl-Neelsen a frio revelam BAARs.

Quadro G – Espiroquetas

Principais espécies	Principais doenças	Características	Diagnóstico laboratorial
Treponema pallidum	Sífilis	Doença transmitida principalmente por contato sexual. Evolui para duas fases: sífilis primária (aparecimento do cancro) e sífilis secundária (lesões distribuídas no corpo). Outras formas: sífilis latente e tardia (comprometimento do SNC, cardíaco etc.) e congênita.	Detecção direta do *T. pallidum* em amostras das lesões por microscopia de campo escuro; testes imunológicos são os mais utilizados: treponêmicos (FTA-Abs, teste rápido etc.) e não treponêmicos (VDRL, RPR etc.).
Borrelia burgdorferi	Doença de Lyme	Transmitida pelo carrapato, inicia-se com sintomas de gripe, que podem evoluir para comprometimentos cardíacos e neurológicos.	Diagnóstico geralmente clínico. Sorologia na fase aguda e convalescência.
Leptospira interrogans	Leptospirose	Transmitida pela urina do rato. Surtos são frequentes após fortes chuvas ou inundações. A síndrome de Weil é uma forma grave, com icterícia causada por hemólise intravascular podendo levar a disfunção hepatocelular e renal.	Cultura em meios específicos e incubação prolongada, detecção direta (campo escuro), detecção de antígenos ou PCR.

Quadro H – Micoplasmas, clamídias e riquétsias

Principais espécies	Principais doenças	Características	Diagnóstico laboratorial
Mycoplasma pneumoniae	Pneumonia atípica	Único grupo bacteriano sem parede celular. Causa de 20% das pneumonias comunitárias; transmissão por gotículas respiratórias.	Geralmente não é realizado por ser, na maioria das vezes, uma doença autolimitada.
Chlamydia trachomatis	Conjuntivite, infecções genitais	Bactérias intracelulares obrigatórias, muito pequenas com parede celular rígida sem peptidoglicano.	Testes sorológicos e PCR.
Chlamydophila pneumoniae	Infecções do trato respiratório		
Chlamydophila psittaci	Psitacose		
Rickettsia prowazekii	Tifo epidêmico	Bactérias intracelulares obrigatórias, muito pequenas. Causam zoonoses, transmissão por picada de artrópodes (carrapatos, pulgas, piolhos e ácaros). A lesão típica é uma vasculite. O dano endotelial progressivo pode resultar em comprometimento de órgãos vitais.	Diagnóstico geralmente clínico e epidemiológico. Testes sorológicos e PCR.
Rickettsia typhi	Tifo murino		
Rickettsia rickettsii	Febre maculosa		

Quadro I – Patógenos bacterianos menos frequentes

Principais espécies	Principais doenças	Características	Diagnóstico laboratorial
Brucella abortus	Brucelose	Zoonose que afeta cabras, gado e porcos. O homem se infecta pelo contato com esses animais doentes. Os sintomas são diversos, podendo ocorrer quadros subclínicos e/ou crônicos que podem levar a complicações.	Cultura de sangue, medula óssea ou LCR, sorologia e PCR.
Brucella melitensis			
Brucella suis			
Coxiella burnetti	Febre Q	Bactéria semelhante à *Rickettsia*. Zoonose transmitida por aerossóis com fezes, urina, placenta e leite de bovinos, caprinos e ovinos. Sintomas semelhantes aos da gripe.	Testes sorológicos e PCR.
Erhlichia chaffeensis	Erlichiose monocítica	Transmitida pelo carrapato marrom com sintomas muito semelhantes aos da febre maculosa.	Testes sorológicos e PCR.
Erhlichia equi	Erlichiose granulocítica		
Francisella tularensis	Tularemia ou febre do coelho	Doença encontrada em coelhos, veados e roedores, transmitida por carrapatos. O homem adquire a doença desses animais. Os sintomas são feridas que demoram a cicatrizar. Na pneumonia, aparecem focos necróticos.	Testes sorológicos de aglutinação.

(continua)

(Quadro I – conclusão)

Principais espécies	Principais doenças	Características	Diagnóstico laboratorial
Bartonella henselae	Arranhadura do gato e angiomatose bacilar	Pequenos CBGN de crescimento lento intracelulares facultativos que causam várias doenças incomuns.	Colorações especiais de lesões cutâneas, cultura em meios especiais e incubação de até dez dias.
Bartonella quintana	Febre das trincheiras e angiomatose bacilar		
Bartonella baciliformis	Febre de Oroya e verruga peruana		
Bordetella pertussis	Coqueluche ou tosse comprida	A transmissão ocorre por perdigotos. As bactérias fixam-se às células ciliadas da traqueia. A citotoxina traqueal danifica essas células e a toxina pertussis provoca os sintomas sistêmicos. Após a vacina DTPa houve redução drástica da doença.	Cultura de *swab* de nasofaringe em meios especiais (Regan-Lowe), tempo de incubação e atmosfera especiais. PCR é o método de escolha.
Legionella pneumophila	Legionelose ou doença dos legionários	Transmitida pela inalação de gotículas de água de fontes artificiais contendo bactérias. Os sintomas são de pneumonia e acomete, geralmente, imunodeprimidos.	Cultura, imunofluorescência direta, pesquisa de antígenos na urina e PCR.
Vibrio cholerae	Cólera	Transmissão via fecal-oral desencadeando intensa diarreia aquosa causada pela produção de enterotoxina.	Gram e cultura com meios seletivos.

Questões para revisão

1. Sobre os seguintes cocos Gram-positivos, assinale a alternativa que lista corretamente o microrganismo, as características morfotitoriais e características para identificação.
   a. *Staphylococcus aureus:* agrupados em cachos, facilmente distinguível das demais espécies do gênero pelo teste da catalase.
   b. *Streptococcus pneumoniae*: agrupados em cadeias, principal agente etiológico de pneumonia bacteriana.
   c. *Streptococcus pyogenes:* agrupados em cadeias, principal agente etiológico de faringo-amigdalites.
   d. *Enterococcus* spp.: agrupados em tétrades, importante agente de infecções hospitalares por cepas resistentes.
   e. Streptococcus pyogenes: agrupados em cachos, principal agente etiológico de pneumonia bacteriana, importante agente de infecções hospitalares por cepas resistentes.

2. Analise as seguintes afirmações:
   I. *Listeria monocytogenes* é um patógeno muito virulento que pode causar infecções graves mesmo em imunocompetentes.
   II. *Neisseria meningitidis* e *Neisseria gonorrhoeae* apresentam morfologia idêntica no esfregaço da amostra corada ao Gram, ou seja, DGNs intra e extracelulares.
   III. Leptospirose é uma doença transmitida pela urina de rato e seu agente etiológico é o espiroqueta *Leptospira interrogans.*
   IV. *Corynebacterium diphtheriae* é um BGP que leva a infecções respiratórias graves, chamada de *difteria*, que se tornaram raras após vacinação.
   V. A transmissão da Febre Q se dá pela ingestão de leite não pasteurizado e inalação de aerossóis gerados nos celeiros. O agente etiológico é a *Coxiella burnetii.*

   É correto afirmar que:

   a. II e III estão corretas.
   b. II, III e IV estão corretas.
   c. todas as alternativas estão corretas.
   d. apenas I está incorreta
   e. apenas III está correta.

3. Considerando os bacilos Gram-negativos, correlacione:
   I. *Klebsiella pneumoniae*
   II. *Escherichia coli*
   III. *Shigella* spp.
   IV. *Salmonella* spp.
   ( ) Bactéria mais isolada tanto em ambiente hospitalar quanto comunitário.
   ( ) Pode levar a formas graves de diarreia, sendo sua dose infectante bastante pequena.
   ( ) Pode desenvolver infecção intestinal aguda, porém alguns sorotipos causam infecção sistêmica.
   ( ) Bactéria muito prevalente em ambiente hospitalar, sendo uma importante disseminadora de genes de resistência.

   Assinale a alternativa que corresponde à sequência correta de preenchimento dos parênteses:
   a. III, I, IV, II.
   b. III, IV, I, II.
   c. II, IV, I, III.
   d. II, III, IV, I
   e. IV, I, III, II.

4. Riquétsias e clamídias apresentam características que as diferem da maioria das bactérias. Quais são essas características? Qual das doenças é causada por espécie do gênero?
   a. São bactérias que não têm parede celular. Tracoma.
   b. São bactérias intracelulares obrigatórias. Doença de Lyme.
   c. São bactérias intracelulares obrigatórias. Febre maculosa.
   d. São bactérias que não têm parede celular. Sífilis.
   e. São bactérias com parede celular. Leptospirose.

5. Com relação às bactérias anaeróbias, assinale a afirmativa correta:
   a. São bactérias de fácil isolamento em laboratório, uma vez que apresentam bom crescimento em meios de cultura comuns.
   b. São todas patógenas estritas, uma vez que não pertencem à microbiota normal.
   c. Pelo Gram, podem apresentar diferentes características morfotintoriais (BGP, BGN, CGP, CGN).

d. A presença de enzimas como a superóxido dismutase, catalase e peroxidase é o que as diferencia das bactérias aeróbias.
e. Os anaeróbios correspondem estritamente aos bacilos Gram-positivos não formadores de esporos.

6. A identificação de bactérias Gram-negativas não fermentadoras de glicose é um grande desafio para o laboratório de microbiologia, pois acrescido à dificuldade na identificação, há um aumento na prevalência desses agentes em infecções hospitalares e resistência aos antimicrobianos. Sobre esse grupo de bactérias, assinale a alternativa **incorreta**:
a. Esse grupo compreende várias famílias baseadas na presença e tipos de flagelos existentes.
b. *Acinetobacter baumanni,* apesar da baixa virulência intrínseca, é um importante patógeno hospitalar pela habilidade de desenvolver multirresistência e pela capacidade de sobreviver em superfícies úmidas e secas.
c. *Burkholderia cepacia* e *Pseudomonas aeruginosa* estão frequentemente relacionados a infecções pulmonares crônicas em pacientes com fibrose cística.
d. São exemplos de bactérias não fermentadoras de glicose: *Stenotrophomonas maltophilia*, *Proteus mirabilis*, *Morganella* sp., *Citrobacter* sp., *Shewanella putrefaciens.*
e. *Pseudomonas aeruginosa* é a espécie mais isolada, sendo um importante agente de infecção hospitalar, responsável por 20% dos casos.

Questões para reflexão

1. Neste capítulo, citamos algumas espécies de bactérias que são especialmente relacionadas ao elevado perfil de resistência a antimicrobianos (MRSA, VRE, KPC). Quais fatores você considera essenciais para o controle dessa disseminação de resistência? Quais os problemas relacionados à disseminação?
2. Maurício esteve acampando por uma semana em local com muitas capivaras. Logo nos primeiros dias após seu retorno, começou a ter sintomas de febre e mal-estar geral. Observou também inchaço, vermelhidão e coceira na nuca. Você, com pensamento de bacteriologista, pensaria em que doença? Ao descartar essa doença, quais outras você pensaria?

3. As vacinas foram determinantes na erradicação de muitas doenças bacterianas, porém muitas delas se tornaram tão raras que muitas mães têm considerado desnecessária a vacinação. Você ouve o seguinte comentário de uma mãe: "Eu não vou vacinar meu filho com essa vacina. Minha vizinha vacinou seu filho e ele teve febre e inchaço na coxa. Para quê? Nunca mais ouvi falar de alguém que teve essa doença!". Como profissional da saúde, você tem o dever de orientar a população leiga. Quais argumentos você usaria?
4. Lembre-se de alguma vez que tenha tomado um antimicrobiano, mesmo que tenha sido antes de iniciar seus estudos em microbiologia e tente recordar: Quais sintomas teve? Qual antimicrobiano tomou? (Caso não saiba, qual o provável antimicrobiano?) Por quanto tempo? Qual infecção foi? Qual foi a provável bactéria causadora dessa infecção?
5. É comum se dizer que prego enferrujado causa tétano. Qual é a origem dessa crença popular?

Capítulo 3

Virologia humana

Prof[a]. Suzana Carstensen

Conteúdos do capítulo

- » Propriedades gerais e estratégias de replicação dos vírus.
- » Classificação dos vírus e epidemiologia das infecções virais.
- » Virologia clínica.
- » Patogênese e defesas do hospedeiro.
- » Diagnóstico laboratorial.
- » Vacinas virais e antivirais.

Após o estudo deste capítulo, você será capaz de:

1. identificar as propriedades gerais e classificações dos vírus;
2. compreender as estratégias de replicação viral;
3. reconhecer as doenças causadas por vírus;
4. conhecer os testes diagnósticos utilizados em virologia;
5. refletir sobre a importância da utilização das vacinas e antivirais.

Durante muitas décadas, as doenças infecciosas, causadas por bactérias, fungos, protozoários e vírus acarretaram consequências econômicas, de saúde pública e comunitária, saúde mental, mudanças de comportamento, entre outras. Ainda que provavelmente tenham evoluído com os demais organismos que habitavam o planeta, foi somente no final do século XIX que o médico patologista Jacob Henle (1809-1885) identificou um fluído com agentes infecciosos não visíveis em microscopia óptica, posteriormente denominados *virus* (do latim *veneno*).

No decorrer deste capítulo, diferenciaremos os vírus de outros microrganismos e esclareceremos como, atualmente, nós, seres humanos, nos relacionamos com sua presença e como essas relações se alteraram com o passar do tempo.

3.1 Propriedades gerais e estratégias de replicação dos vírus

Os vírus demonstram uma simplicidade enganosa, pois, apesar de serem subcelulares, apresentam características complexas. Em alguns casos, podem desencadear mudanças comportamentais e sociais, bem como alterações no ecossistema, nas circunstâncias históricas, na evolução humana, no controle de doenças e no desenvolvimento de técnicas e de elucidação de processos dos mecanismos biológicos.

São considerados parasitas intracelulares obrigatórios, pois só conseguem se multiplicar utilizando o maquinário de uma célula hospedeira, podendo infectar todos os tipos de organismos vivos e até mesmo outros vírus; como exemplo, os recentemente descobertos **virófagos**. Por conta dessa característica, muitos consideram os vírus seres "não vivos", por não apresentarem metabolismo próprio e serem compostos somente de ácidos nucleicos, proteínas e lipídeos. Para outros, os vírus são seres vivos, pois, parasitando uma célula, eles são capazes de produzir energia e proteínas e realizar a replicação de seu genoma.

Além das características já citadas, os vírus têm outras particularidades, quais sejam:

- capacidade de serem filtrados;
- genoma constituído por um tipo de ácido nucleico (ácido desoxirribonucleico – DNA, sigla inglesa para *deoxyribonucleic acid*; ou ácido ribonucleico – RNA, do inglês *ribonucleic acid*);

- visualização somente em microscopia eletrônica;
- não podem ser cultivados em meios artificiais.

3.1.1 Histórico da virologia

Há evidências da presença dos vírus desde a Antiguidade. Contudo, apesar do desenvolvimento do processo de imunização pelo médico Edward Jenner (1749-1823), em 1798, com a vacina para o vírus da varíola, o avanço no estudo e na identificação dos vírus só foi possível após a evolução das técnicas de microbiologia.

Cabe destacar os estudos do cientista Louis Pasteur (1822-1895), que refutaram a geração espontânea e identificaram que cada espécie de microrganismo realiza a fermentação de maneira específica. Essas pesquisas influenciaram Robert Koch (1843-1910), aluno de Henle, que conseguiu cultivar e isolar as espécies de bacilos *Bacillus anthracis* e *Mycobacterium tuberculosis*. Com isso, ele estabeleceu os **postulados de Koch**, o modelo de definição da etiologia, com o conceito de que um microrganismo é causador de uma doença infecciosa específica. Também baseado nos estudos de Pasteur, Joseph Lister verificou a eficácia do processo de utilização de técnicas assépticas no controle de doenças baseado nos estudos de Ignaz Semmelweis (1818-1865), que demostrou a importância da assepsia no controle da transmissão de doenças.

Para saber mais

FRIEDMAN, M.; FRIEDLAND, G. W. **As dez maiores descobertas da medicina**. 2. ed. São Paulo: Companhia das Letras; Companhia de Bolso, 2006.

Nessa compilação histórica são apresentadas as dez maiores descobertas da medicina moderna, apresentando seus processos, impactos e os pesquisadores.

Esse período de progresso na microbiologia com o entendimento da natureza dos vírus culminou em algumas evidências, listadas no Quadro 3.1. Um dos elementos principais na descoberta dos vírus foi o **filtro de Chamberland**, utilizado pelos pesquisadores para evidenciar a presença de uma substância infectante nas folhas do tabaco, mais tarde conhecido como *vírus do mosaico do tabaco* (*tobacco mosaic virus* – TMV). Os experimentos e os estudos com o TMV foram a base na evolução das técnicas de virologia molecular nos anos seguintes.

Quadro 3.1 – Marcos históricos da virologia

Ano	Pesquisador(es)	Evidência(s)
1876	Adolf Mayer	Verificou a presença de pontos escuros e claros em plantas de tabaco. Mesmo tentando utilizar os postulados de Koch, não conseguiu identificar a bactéria ou fungo que causava a doença. Mais tarde, descreveu-a como doença do mosaico do tabaco.
1892	Dimitri Ivanovsky	Repetiu os experimentos de Mayer. Verificou que a seiva de plantas infectadas de tabaco mantinha as propriedades infectivas mesmo após a passagem pelo filtro de Chamberland. Contudo, falhou ao seguir os postulados de Koch.
1898	Martinus Beijerinck	Demonstrou que a seiva filtrada de plantas infectadas poderia ser diluída e recuperada após infecção em outros tecidos. Denominou-a de *líquido vivo contagioso*.
1898	Friedrich Loeffler e Paul Frosch	Identificaram o vírus da febre aftosa.
1901	Carlos Finlay e Walter Reed	Identificaram o vírus da febre amarela e sua transmissão aos homens por mosquitos.
1911	Peyton Rous	Identificou o vírus do sarcoma de Rous.
1915	Frederick Twort	Identificou que vírus infectam bactérias.
1915	Félix d'Herelle	Realizou o isolamento de bactérias em amostras fecais de pacientes com *Shigella*. Descobriu a presença de placas com o isolado bacteriano. Mais tarde, denominou esses vírus de *bacteriófagos* ou *fagos*.
1917	Felix d'Herelle	Com base em seus experimentos, desenvolveu a técnica de titulação viral; identificou que o vírus não era um líquido; verificou que a infecção pelo vírus ocorre somente após a absorção celular; definiu a especificidade da ligação do vírus com as células suscetíveis ao vírus e a ocorrência de lise celular e liberação dos vírus.
1926	H. H. McKinney	Realizou o isolamento de variantes do TMV.
1929	C. G. Vinson e A. W. Petre	Efetivaram a precipitação do TMV. Conseguiram migrar o vírus em campo elétrico, similarmente ao realizado por proteínas.

(continua)

(Quadro 3.1 – continuação)

Ano	Pesquisador(es)	Evidência(s)
1929	Helen A. Purdy Beale	Produziu anticorpos neutralizantes contra o TMV em coelhos.
1933	Max Schlesinger	Identificou que os bacteriófagos eram compostos por proteínas e DNA na mesma proporção.
1935	James Sumner, John Northrup e Wendell Stanley	Fizeram a cristalização do TMV.
1936	Norman Bawden e Frederick Pirie	Identificaram que cristais do TMV continham fósforo e RNA.
1937	Max Delbruck e Emory Ellis	Evidenciaram o processo de replicação viral nos bacteriófagos.
1939	G. A. Kauche, E. Pfankuch e H. Ruska	Realizaram a primeira micrografia eletrônica de uma partícula viral o TMV.
1940	Max Delbruck e Salvador Luria	Avançaram nos conhecimentos sobre os bacteriófagos.
1942	Tom Anderson	Fez a primeira micrografia eletrônica de um bacteriófago.
1944	Oswald T. Avery, Colin MacLeod e Maclyn McCarty	Utilizando bacteriófagos no processo de transformação bacteriana, identificaram o DNA como princípio ativo genético.
1949	André Lwoff	Identificou que bactérias lisogênicas dividiam sem liberar partículas virais e que a luz ultra-violeta induzia à liberação dos vírus.
1949	Frederick Robbins, John Enders e Thomas Weller	Proporcionaram avanços nos estudos com bacteriófagos.
1952	Alfred D. Hershey e Martha Chase	Descobriram a presença de DNA nos bacteriófagos.
1956	–	TMV presença de RNA como ácido nucleico.
1957	Alick Isaacs e Jean Lindenmann	Descobriram o interferon.
1960	Dulbecco e Vogt; e Vinograd e Weil	Conduziram estudos sobre poliomavírus.
1962-1968	D. Burkitt, Epstein, Achong e Barr; e W. Henle e G. Henle	Empenharam estudos sobre a mononucleose infecciosa causada pelo vírus Epstein-Barr e agentes virais que causam cânceres.

(Quadro 3.1 – conclusão)

Ano	Pesquisador(es)	Evidência(s)
1967	S. Krugman e colegas	Identificaram a existência de diferentes vírus da hepatite A e B.
1968	Baruch Blumberg	Identificou o antígeno Austrália na hepatite B.
1971	David Baltimore, Howard Temin e Renato Dulbecco	Descobriram a presença de transcriptase reversa em retrovírus.
1983	Françoise Barré-Sinoussi e Luc Montagnier	Foram os primeiros a relatar a síndrome da imunodeficiência adquirida (AIDS, do inglês *acquired immunodeficiency syndrome*).

Fonte: Elaborado com base em Knipe; Howley, 2013.

A quantidade de descobertas e o aprimoramento das técnicas da virologia molecular culminaram na identificação de várias outras doenças e processos celulares. O avanço nessas pesquisas pode ser evidenciado quando se comparam o número de publicações relativas ao vírus da imunodeficiência adquirida (HIV, sigla inglesa para *human immunodeficiency virus)* e a doença causada por sua infecção, a AIDS, desde o primeiro relato da doença, em 1983, até os dias atuais, em pesquisas na base de dados PubMed (Gráfico 3.1).

Gráfico 3.1 – Publicação de artigos por ano sobre HIV e AIDS disponíveis no PubMed

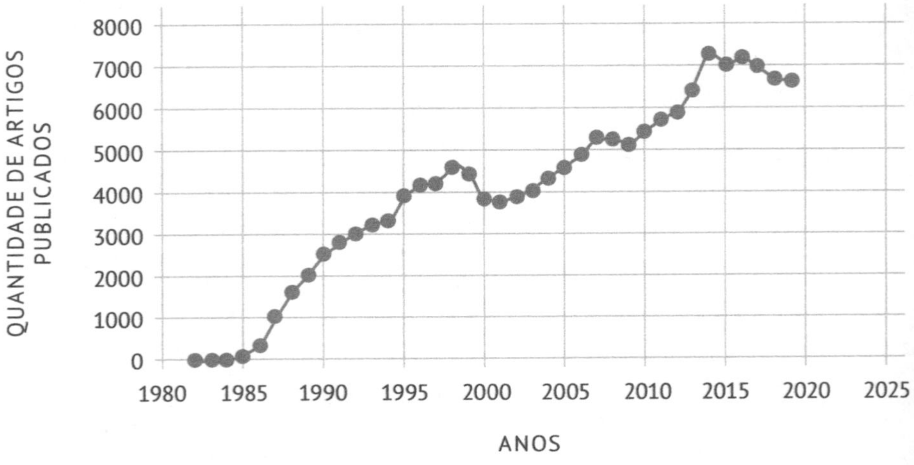

Fonte: Elaborado com base em NCBI, 2020.

Entre as mais recentes descobertas da virologia está a identificação dos maiores vírus conhecidos até o momento, o mimivírus e o virófago Sputnik – assim como outras cepas, inclusive encontradas no Brasil, como mostra a Figura 3.1.

Figura 3.1 – Linha cronológica da descrição dos vírus gigantes e virófagos

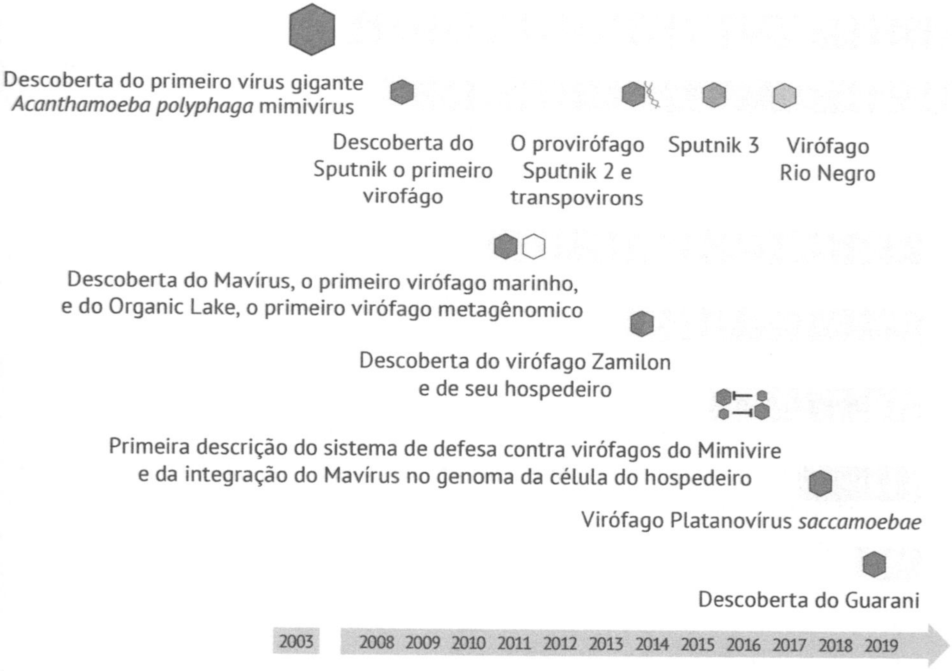

Fonte: Mougari et al., 2019, tradução nossa.

3.1.2 Tamanho dos vírus

Os vírus diferem muito no que respeita a formatos e tamanhos, apresentando estruturas simples e complexas de dimensões variadas. A identificação de tamanho e formato de cada vírus é definida com o auxílio de **microscopia eletrônica**, por não serem visíveis em microscopia óptica.

A maioria das partículas virais completas esféricas varia de 20 nm a 300 nm de diâmetro, como mostra a Figura 3.2, excetuando-se os mimivírus, conhecidos atualmente como o grupo de vírus com o maior tamanho já encontrado (500nm -750 nm de diâmetro), similar a algumas bactérias do gênero micoplasma.

Figura 3.2 – Variação do tamanho das partículas virais

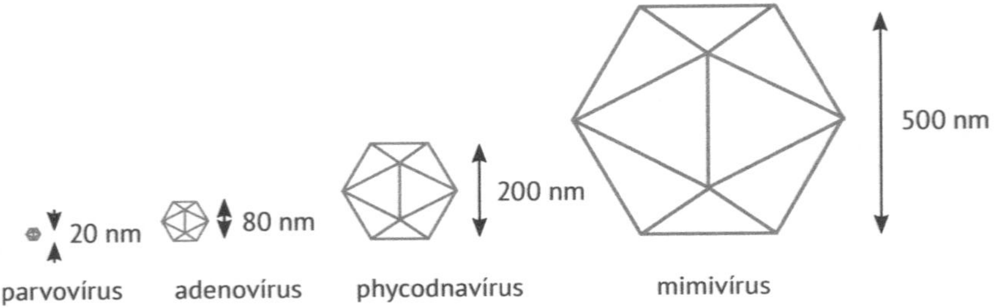

Fonte: Acheson, 2011, p. 34.

3.1.3 Estrutura dos vírus

Os vírus são formados por um tipo de ácido nucleico DNA ou RNA, um envoltório proteico chamado *capsídeo*; alguns vírus apresentam uma estrutura dita *envelope*, que é composto de proteínas, lipídeos e carboidratos (Figura 3.3). Denomina-se *vírion* a partícula viral completa – capsídeo e genoma, com envelope em alguns vírus –, com capacidade infecciosa.

Figura 3.3 – Estrutura da partícula viral

Blamb/Shutterstock

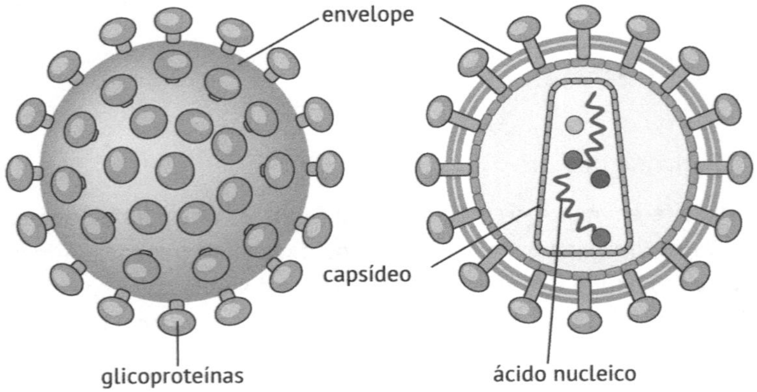

A composição do **genoma** dos vírus é de DNA ou RNA, e alguns vírus utilizam os dois tipos de materiais genéticos em momentos diferentes do processo de replicação viral. O ácido nucleico presente nas partículas virais pode ser de fita simples ou dupla, linear ou circular; e alguns apresentam genoma dividido em segmentos.

Os vírus que têm genoma de RNA e fita simples podem apresentar polaridade positiva, quando o genoma apresenta as bases nitrogenadas iguais ao RNA mensageiro (RNAm), ou polaridade negativa, quando apresentam bases nitrogenadas complementares ao RNAm.

O **capsídeo** é a estrutura que envolve o material genético dos vírus, composto de subunidades proteicas organizadas, os capsômeros, unidos por ligações não covalentes, cuja construção é determinada pelo genoma viral. A estrutura formada pelo capsídeo envolvendo o ácido nucleico do vírus é denominada *nucleocapsídeo*.

Por ser uma estrutura relativamente rígida, o capsídeo realiza a proteção do genoma dos vírus, o reconhecimento da célula do hospedeiro e a manutenção da simetria. Os vírus são classificados de acordo com a arquitetura do capsídeo em simetria helicoidal, icosaédrica e complexa.

Na **simetria helicoidal**, o vírus apresenta um formato cilíndrico e oco; por conseguinte, o comprimento da partícula é equivalente à extensão do ácido nucleico viral condensado. Um exemplo de vírus que apresenta essa simetria é o vírus do mosaico do tabaco, como ilustrado na Figura 3.4.

Figura 3.4 – Simetria helicoidal do vírus do mosaico do tabaco

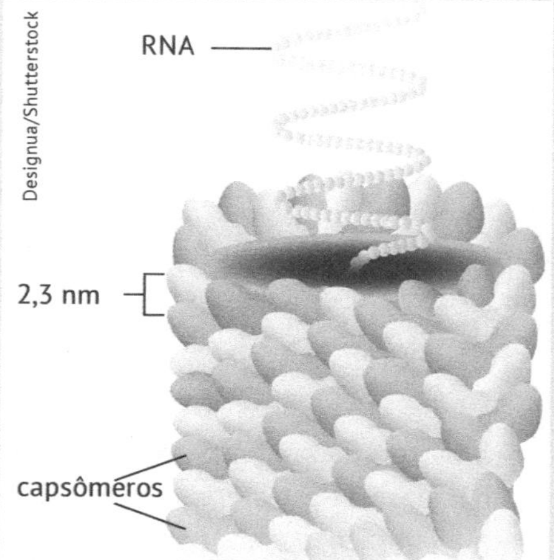

Já os vírus relativamente esféricos têm um **formato icosaédrico**, composto de 20 faces triangulares e 12 vértices. Os mais simples vírus icosaédricos contém 60 subunidades. Vários vírus têm esse arranjo, por exemplo, o poliovírus e o adenovírus (Figura 3.5).

Figura 3.5 – Simetria icosaédrica de um vírus

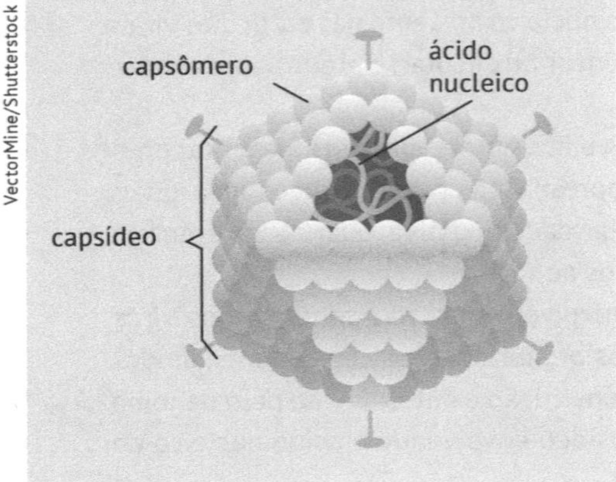

Figura 3.6 – Simetria complexa de um vírus bacteriófago

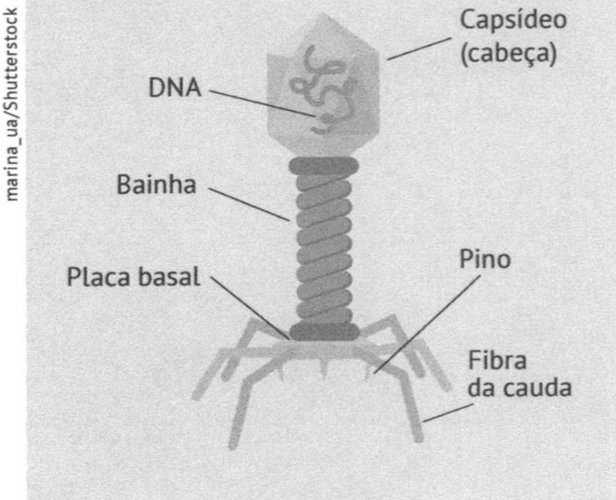

Os vírus de **estrutura complexa** apresentam diferentes formatos. Um exemplo dessa estrutura são os bacteriófagos, nos quais é comum a separação em formato icosaédrico (cabeça) e formato helicoidal (bainha), apresentando ainda fibras da cauda e pino (Figura 3.6). Outros vírus são classificados como complexos, mas, diferentemente dos bacteriófagos, não contêm o capsídeo em formato definido, a exemplo dos mimivírus e dos poxvírus.

Todos os vírus têm capsídeo, mas nem todos contêm o envelope. Para a construção de tal componente, o vírus adquire a membrana citoplasmática da célula anteriormente hospedada, principalmente quando ocorre a liberação do vírus da célula, processo chamado de *brotamento*. Por isso, o **envelope** é constituído por uma bicamada lipídica associada a proteínas, com constituição similar à célula infectada, apresentando variações dependentes do tipo de célula. Nos vírus envelopados, essa estrutura tem função primordial na proteção do genoma viral do meio ambiente, sobretudo contra íons ou nucleases. Na maioria dos vírus envelopados, a estrutura é redonda ou pleomórfica, dependendo da fase do ciclo viral.

Externamente à superfície do envelope, é possível que alguns vírus tenham **espículas**, que são compostos de carboidratos e proteínas com função de ligação do receptor e fusão na célula hospedeira.

Os vírus envelopados apresentam maior flexibilidade do que os vírus não envelopados, porém são menos resistentes a antimicrobianos lipossolúveis, ácidos e solventes, o que facilita seu controle e eliminação. Em sua maioria, esses vírus não conseguem sobreviver ao trato gastrointestinal, sendo transmitidos por meio de fluidos corpóreos. No entanto, os vírus não envelopados são mais resistentes, pois seu capsídeo é capaz de protegê-lo quanto ao ressecamento, aos ácidos e à maioria dos antimicrobianos lipossolúveis, sendo mais difíceis de serem inativados, podendo sobreviver até mesmo ao trato gastrointestinal.

3.1.4 Replicação de vírus em células animais

Independentemente do tipo de morfologia ou material genético presente no vírus, os processos moleculares de replicação, transcrição e tradução dependem de uma célula hospedeira para obter energia e biossintetizar o necessário para a produção de um novo vírion. Quando a partícula viral encontra uma célula permissiva, uma série de etapas coordenadas são realizadas até a liberação do vírus pela célula.

Nas etapas do processo de replicação, o que determina como os processos serão desempenhados é o tipo de estrutura da partícula e genoma viral. A seguir, detalhamos as seis etapas da replicação viral: adsorção do vírus à célula hospedeira; entrada do ácido nucleico ou do vírus na célula do hospedeiro; desnudamento; biossíntese viral; montagem da partícula viral e liberação.

1. **Adsorção**: os vírus só infectam células que têm receptores em sua superfície reconhecidos por ele. Logo, o processo de multiplicação viral só é possível quando os vírus conseguem reconhecer e se fixar em células-alvo específicas. Esse processo é mediado por proteínas de superfície, que são as espículas nos vírus envelopados e as projeções que se estendem pelo capsídeo nos vírus não envelopados, com função de ligação do vírus em glicoproteínas ou glicolipídeos presentes nas células do hospedeiro. As proteínas de ligação presentes nos vírus diferem umas das outras; sendo assim, alguns vírus apresentam proteína de ligação para determinados tipos celulares

específicos e outros a vários tipos, sendo capazes também de infectar uma espécie de hospedeiro ou várias espécies dependendo das proteínas de ligação. Um exemplo são os vírus da família herpes, que têm capacidade de ligação a vários receptores, conseguindo infectar vários tipos de células diferentes. Já o HIV utiliza como receptor os linfócitos T CD4+, e como co-receptores a CXCR4 e CCR5, presentes principalmente nos linfócitos. Além de permitir a fixação na célula do hospedeiro, as proteínas de ligação viral, junto de proteínas de fusão, podem induzir alterações na partícula viral, facilitando sua entrada na célula e a transmissão de sinal para concentração dos vírus em regiões específicas da membrana celular.

2. **Entrada do ácido nucleico ou do vírus na célula do hospedeiro**: os vírus que infectam plantas e os bacteriófagos encontram como barreira para entrada na célula, além da membrana plasmática, a parede celular; assim, utilizam outras estratégias para conseguir penetrar na célula hospedeira. Os bacteriófagos utilizam sua cauda e uma enzima (lisozima) para perfurar a parede celular e realizar a passagem do ácido nucleico para a célula hospedeira. Já os vírus que infectam plantas se aproveitam da presença de danos mecânicos, como injúrias causadas por insetos, para entrar na célula. Os vírus envelopados e não envelopados que infectam células animais penetram na célula de maneiras diferentes. Os vírions envelopados realizam a fusão de seu envelope com a membrana da célula do hospedeiro ou são absorvidos em vesículas pela membrana plasmática da célula. Após a entrada, liberam o nucleocapsídeo no citoplasma. Os vírus não envelopados adentram na célula por endocitose ou formando poros entre as membranas que permitem a passagem do capsídeo ou do genoma do vírus.
3. **Desnudamento**: depois de o capsídeo atingir o citosol da célula hospedeira, ainda é necessária a liberação do genoma viral no sítio de replicação e transcrição, que, para os vírus de DNA, é no núcleo da célula (exceto dos poxvírus) e, para vírus RNA, no citoplasma. Esse processo pode ser iniciado já na fixação da partícula viral aos receptores celulares pela presença de enzimas lisossomais da célula hospedeira no processo de endocitose do capsídeo, com sua digestão ou pela fusão do envelope em vírus envelopados, culminando na liberação do material genético do capsídeo.

4. **Biossíntese viral**: nessa etapa é necessário que os vírus sintetizem o RNAm e produzam proteínas virais necessárias para a replicação do genoma, montagem e liberação de cópias idênticas do vírus, processos que dependem da célula do hospedeiro. Os vírus apresentam várias estratégias diferentes para a replicação, dependendo do tipo de genoma presente no vírus.
   » **Replicação dos vírus de DNA**: a estratégia dos vírus com genoma de DNA para a produção de RNAm e proteínas depende do tipo de interação do vírus com a maquinaria da célula hospedeira. Vírus com genomas pequenos necessitam de enzimas para replicação e transcrição provenientes da célula hospedeira. Vírus com genoma de tamanho intermediário têm enzimas para a replicação, necessitando de enzimas da célula do hospedeiro para realizar a transcrição. Já os vírus com genomas maiores apresentam grande parte das enzimas necessárias para a replicação e algumas que executam a transcrição; sendo assim, a multiplicação do material genético desses vírus é mais independente das enzimas da célula do hospedeiro.

   Após a entrada do vírus, o DNA viral é liberado no núcleo da célula onde é realizada a replicação do genoma viral (exceção do poxvírus, realizado no citoplasma). No início do processo, o RNAm transcreve "genes precoces", responsáveis pela produção de proteínas denominadas não estruturais, para a formação de proteínas de ligação e enzimas que são necessárias para a replicação do DNA. Em seguida, é iniciada a replicação. Para isso, os vírus que dependem da DNA polimerase da célula para a replicação devem esperar a célula entrar na fase S do ciclo celular ou o próprio vírus expressar proteínas capazes de regular o ciclo celular para que a célula do hospedeiro entre na fase S. O processo de replicação é então iniciado. Os mecanismos utilizados, a duração do processo, a quantidade de genes e as proteínas expressas diferem de acordo com o genoma de cada vírus. Depois, ocorrem os processos de transcrição e tradução dos "genes tardios", os quais dão origem a proteínas estruturais que compõem o capsídeo e outras estruturas da partícula viral.

   Alguns vírus com genoma de DNA são capazes de estabelecer latência no indivíduo infectado. Isso graças ao fato de esses vírus suprimirem os efeitos citopáticos virais e serem eficientes na evasão das defesas celulares e capacidade de manutenção do genoma viral. Outros têm capacidade de produção de oncogenes virais, quando a célula sobrevive à infecção e não é possível ao vírus realizar o processo de replicação, levando à interrupção do ciclo celular e formação de tumores.

» **Replicação dos vírus de RNA**: apesar de o processo de multiplicação ocorrer de maneira similar aos vírus DNA, vírus com genoma de RNA utilizam diferentes maneiras de sintetizar o RNAm e RNA viral e as estratégias aplicadas dependem do tipo de genoma presente no vírus. A maioria realiza o processo de replicação no citoplasma da célula e os genes precoces e tardios são encontrados em todos os níveis da infecção. Para cada tipo de vírus com genoma de RNA há uma estratégia de síntese viral.

  Nos **vírus RNA de fita positiva** (exceção retrovírus), seu genoma liga-se ao ribossomo e é então realizada a síntese de proteínas e RNA molde necessários para a replicação do genoma. Os retrovírus apresentam uma transcriptase para auxiliar na sintetização de um DNA fita dupla que se integra ao genoma da célula hospedeira e é replicado.

  Vírus RNA fita negativa apresentam, junto a seu material genético, a enzima polimerase. O RNA viral é utilizado para a produção de RNAm para a síntese de proteínas virais e RNAm de senso positivo como molde para replicação do genoma viral. Esse processo ocorre no citoplasma da célula, com exceção dos vírus influenza.

  Vírus RNA dupla fita segmentado tem seu genoma transcrito a partir da fita negativa, similarmente ao vírus RNA fita negativa; os novos RNAms são liberados no citoplasma para a síntese de proteínas e montagem de novas partículas com RNA genômico segmentado.

  No tipo de **vírus RNA duplo sentido** são utilizadas a fita senso negativo e positivo como molde para replicação e transcrição do RNAm.

5. **Montagem da partícula viral**: primeiramente, ocorre a montagem do capsídeo viral; no núcleo, em vírus DNA (exceto poxvírus), e no citoplasma, em vírus RNA. As partes que compõem o capsídeo interagem entre si de maneira natural por meio de estruturas de reconhecimento do vírus e interações entre moléculas. O capsídeo pode ser

montado e depois ocupado pelo material genético ou a montagem pode ocorrer ao redor do genoma.

Em vírus envelopados, as proteínas virais sintetizadas pelo vírus são transportadas por meio de vesículas e incorporadas à membrana plasmática da célula do hospedeiro. Na liberação da partícula viral, por meio de brotamento, o vírus adquire o envelope na passagem pela membrana plasmática da célula hospedeira.

6. **Liberação**: a liberação da partícula viral pode ser por brotamento em vírus envelopados, seguido por exocitose ou lise celular; e, em vírus não envelopados, por meio de rupturas da membrana plasmática da célula do hospedeiro, levando à morte celular.

3.1.5 Replicação de bacteriófagos

Apesar de não causarem doenças nos seres humanos, foi por meio do entendimento da replicação dos bacteriófagos que grande parte da biossíntese dos vírus começou a ser compreendida. A seguir, apresentaremos as cinco etapas de multiplicação dos bacteriófagos.

1. **Adsorção**: o encontro dos bacteriófagos com as bactérias é ao acaso e a adsorção é realizada por meio dos receptores virais presentes nas fibras da cauda do bacteriófago que é complementar à célula bacteriana.
2. **Entrada do ácido nucleico do vírus na célula do hospedeiro**: para a liberação do ácido nucleico dentro da bactéria, o vírus produz lisozima para ruptura de uma porção da parede celular bacteriana. A bainha da cauda se contrai, injetando o material genético dentro da bactéria.
3. **Biossíntese**: assim que o DNA viral é liberado no citoplasma, os bacteriófagos têm a capacidade de replicar seu material genético de duas maneiras: (i) em ciclo lítico com morte da célula hospedeira ou (ii) em ciclo lisogênico com incorporação do material genético viral no genoma da bactéria sem a morte desta (fagos lisogênicos ou temperados).
   » **Ciclo lítico**: utilizando enzimas da bactéria, o bacteriófago sintetiza seu DNA e proteínas virais que, por consequência, inibem a transcrição e a tradução do material genético da célula hospedeira. Após o período de multiplicação viral, os bacteriófagos são montados e liberados da célula com lise e morte celular.

» **Ciclo lisogênico**: os bacteriófagos lisogênicos podem, após a entrada de seu DNA linear na bactéria e circularização, realizar o ciclo lítico com replicação, montagem e liberação de novos bacteriófagos com lise celular ou o ciclo lisogênico. Na lisogenia, o DNA circular do vírus se recombina com o DNA bacteriano, formando o profago, com supressão dos genes de produção de proteínas virais de replicação e montagem do vírus. O DNA do fago continua recombinado com o material genético da célula até que algum evento espontâneo, ação de substâncias químicas ou de luz ultravioleta libere o DNA fágico, dando início ao ciclo lítico. A lisogenia permite que a bactéria apresente características novas, processo definido como conversão fágica. Um exemplo são as bactérias do gênero estreptococos que só produzem toxina capaz de causar o choque tóxico após a conversão.

4. **Montagem da partícula viral**: ocorre a organização dos capsídeos, que recebem o DNA viral e as caudas de maneira independente, com posterior ligação das estruturas e organização dos vírions.
5. **Liberação**: após a montagem do bacteriófago, a célula bacteriana sofre lise com liberação das partículas.

3.2 Classificação dos vírus e epidemiologia das infecções virais

Diante das descobertas que culminaram na descrição de uma infinidade de vírus capazes de infectar seres vivos, tornou-se necessária a definição de um sistema de classificação para melhor manejo das informações, bem como melhor compreensão das estruturas e dos processos de replicação viral.

Com a evolução no sistema de classificação, a epidemiologia ganhou um papel de destaque no processo de entendimento das doenças causadas pelos vírus e, principalmente, por sua importância para a saúde dos seres humanos.

3.2.1 Classificação do Comitê Internacional de Taxonomia de Vírus (ICTV)

Fundado em 1966, o Comitê Internacional de Nomenclatura de Vírus (ICNV, International Committee on Nomenclature of Viruses) alterou seu nome, em 1975, para Comitê Internacional de Taxonomia de Vírus (ICTV, International Committee on Taxonomy of Viruses), sendo formado por especialistas da área divididos em comitês. O ICTV desenvolveu um sistema de taxonomia universal para virologia com o objetivo de categorizar todos os vírus, viroides e satélites conhecidos e aprovar a criação de novos táxons de vírus (Adams et al., 2017).

Anteriormente classificados por sua similaridade, com o avanço das técnicas de biologia molecular, os vírus foram agrupados de acordo com as características moleculares, por meio de análises comparativas das sequências genômicas e proteicas conservadas nos vírus e por filogenia. Apesar de essa ser a base da classificação proposta pelo ICTV, também são consideradas as propriedades estruturais dos vírus, como morfologia, propriedades físico-químicas, sensibilidade aos agentes químicos, entre outras.

Atualmente, o ICTV adota um esquema universal de classificação que emprega o sistema formal mais semelhante ao proposto pelo médico e botânico Carolus Linnaeus (1707-1778), em 1735. Nessa hierarquia taxonômica, os vírus são divididos em 15 categorias com nomenclatura especificando os sufixos para escrita formal dos vírus, sendo opcional a utilização de todos os níveis taxonômicos, como indicado na Figura 3.7. O sufixo *vírus* é utilizado para gênero; *viridae*, para família; e *virales*, para ordem; já as espécies podem conter mais de uma palavra e não apresentam um sufixo determinado.

Figura 3.7 – Classificação taxonômica hierarquia do ICTV

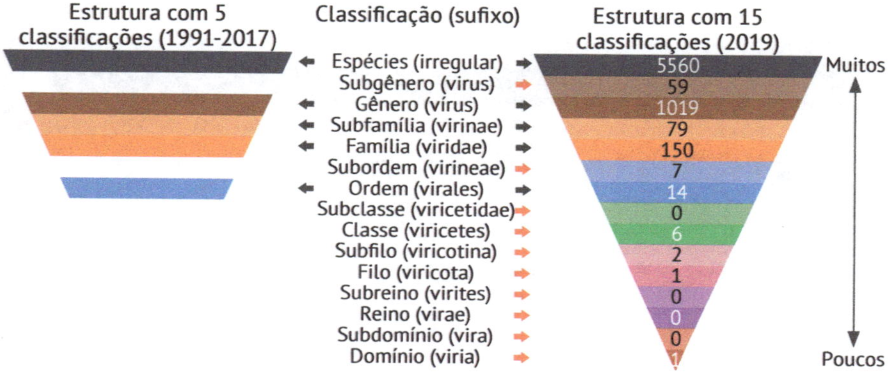

Fonte: ICTV, 2020, tradução nossa.

No uso formal, os nomes taxonômicos são escritos em itálico com a primeira letra maiúscula; para espécies que contém mais de um nome, a letra inicial da primeira palavra deve estar em maiúsculo, bem como nomes próprios, ficando da seguinte maneira: Ordem *Herpesvirales*, família *Herpesviridae*, subfamília *Alphaherpesvirinae*, gênero *Simplexvirus*, espécie *Human alphaherpesvirus* 1. Existem, ainda, os nomes informais, que não devem estar em itálico ou começando com letra maiúscula, como segue: herpes simplex vírus tipo 1 (HSV1), família herpesvírus.

Para saber mais

ICTV – International Committee on Taxonomy of Viruses. Disponível em: <https://talk.ictvonline.org/>. Acesso em: 25 abr. 2022.

A taxonomia atual apresenta 4 domínios, 9 reinos, 16 filos, 2 subfilos, 36 classes, 55 ordens, 8 subordens, 168 famílias, 103 subfamílias, 1421 gêneros, 68 subgêneros e 6590 espécies. O ICTV possui um banco de dados com descrição e imagens de vírus, e a taxonomia atual pode ser conferida no *site* do comitê.

3.2.2 Classificação de Baltimore

Diferentemente do que é adotado pelo ICTV, a classificação não hierárquica de David Baltimore (1938-), de 1971, é organizada conforme o tipo de ácido nucleico, síntese de RNAm e proteínas pelos vírus, sem considerar o processo de evolução e outras características moleculares e filogenéticas dos vírus, sendo agrupados em sete categorias, as quais estão descritas no Quadro 3.2, a seguir:

Quadro 3.2 – Classificação de Baltimore

Reservatórios associados	Natureza do genoma viral
I	DNA de fita dupla
II	DNA de fita simples
III	RNA de fita dupla
IV	RNA de fita simples polaridade positiva
V	RNA de fita simples polaridade negativa
VI	RNA de fita simples com intermediário DNA
VIII	DNA de dupla fita com intermediário RNA

Fonte: Elaborado com base em Baltimore, 1971.

Esse sistema é amplamente utilizado, pois é possível reconhecer quais tipos de RNA polimerase são necessários para cada grupo de vírus e a origem dessas enzimas, se viral ou da célula do hospedeiro.

3.2.3 Epidemiologia das infecções virais

A epidemiologia das infecções virais se presta a verificar a quantificação, a distribuição, o controle e a disseminação dos vírus ao longo dos anos. São monitorados dados sobre potenciais hospedeiros, fatores ambientais e evolução do vírus com o fito de se investigar a dinâmica dessas infecções e definir estratégias para contenção da disseminação.

Os métodos epidemiológicos empregados usualmente visam verificar em uma população-alvo a distribuição de infecções e doenças virais, determinando os riscos demográficos, genéticos, sociais e ambientais. A seguir, arrolamos alguns termos e métodos em epidemiologia das infecções virais.

» **Incidência**: quantificação de novos casos de doença ou infecção em um período específico.

» **Prevalência**: quantificação do número de casos da doença no momento atual na população de estudo correlacionada à população total.

» **Estudo de coorte**: pode ser prospectivo ou retrospectivo, e é realizado com o propósito de se verificar a incidência do desfecho em estudo em dois grupos de indivíduos, expostos e não expostos ao desfecho ao longo do tempo.

» **Estudo de caso controle**: em geral, estudo retrospectivo com a finalidade de comparar indivíduos já expostos ao desfecho para coleta de informações sobre as doenças.

» **Fontes de dados**: a maioria das infecções e doenças de origem viral é de notificação compulsória no Brasil. Sendo assim, uma fonte de coleta são os dados notificados por clínicas, hospitais, laboratórios, entre outros, aos órgãos nacionais competentes. Já a detecção ativa pode ser realizada por meio de estudos sorológicos, nos quais a pesquisa de anticorpos IgG e IgM (imunoglobulina G e imunoglobulina M, respectivamente) pode auxiliar a verificação da disseminação de doenças e imunidade prévia.

3.2.3.1 MECANISMOS DE TRANSMISSÃO VIRAL

A possibilidade de transmissão viral depende da existência de um reservatório para que o vírus continue a se multiplicar ou para apenas sobreviver. Os reservatórios podem ser humanos, animais ou inanimados.

A transmissão de doenças entre os humanos pode ocorrer entre indivíduos sintomáticos e assintomáticos.

A transmissão por meio de **reservatório animal** para os seres humanos é denominada ***zoonose***. Esse modo de transmissão pode ser por contato com animais selvagens ou domésticos infectados por algum vírus. Um exemplo é o vírus da raiva.

Por sua vez, os **reservatórios inanimados** constituem uma importante fonte de transmissão de doenças virais, como a água, o solo e o ar, que estão em constante envolvimento e são imprescindíveis para os seres vivos. A água e o solo, após contaminação com dejetos humanos, podem transmitir doenças como rotavirose, hepatite A e adenovírus. No ar, é possível a presença de perdigotos e aerossóis eliminados pela boca e pelo nariz dos seres humanos que podem levar à transmissão de vírus causadores de gripe. Um dos complicadores desse tipo de transmissão viral são os aparelhos de ar-condicionado, que podem, muitas vezes, facilitar esse processo. Outro tipo de reservatório inanimado são os objetos do dia a dia – puxadores, corrimãos, telefones e roupas –, denominados *fômites*, os quais podem ser contaminados por gotículas eliminadas pelo indivíduo infectado pelo espirro, pela tosse, e, até mesmo, pela fala.

As infecções virais também são divididas de acordo com a via de transmissão em horizontal (contato direto ou indireto) ou vertical.

A **transmissão horizontal direta** se dá por contato físico direto com mucosas, pele, secreções ou fluídos biológicos (contato sexual, saliva, entre outros). Exemplos desse tipo de transmissão são: o beijo, capaz de transmitir o vírus Epstein-Barr e citomegalovírus; o contato sexual, como acontece com HIV e hepatites; contato pele a pele, como ocorre com o vírus herpes simplex; a mordedura de animais, como na transmissão do vírus da raiva; as gotículas grandes que percorrem distâncias curtas, como o rinovírus, sarampo e caxumba – alguns destes capazes de causar surtos, principalmente em lugares com aglomeração de pessoas.

A **transmissão horizontal indireta** depende de um veículo, como água, solo, ar, urina, alimentos contaminados, fômites, ou é efetuada por vetores animais ou via aérea.

A **transmissão por vetores animais** pode ser mecânica ou biológica. Na **transmissão mecânica**, o animal somente transporta o vírus nas patas ou em outras partes do corpo de um local para outro, e, caso entre em contato com um alimento, pode transferir o patógeno. Já a **transmissão biológica**, que é a mais comum na virologia, ocorre quando um animal infectado por algum vírus pica um ser humano ou outra espécie animal, transmitindo a doença. As arboviroses são transmitidas por meio da picada de mosquitos, carrapatos ou outros artrópodes que eliminam o vírus na saliva, como o vírus da dengue e o da febre amarela.

Na **transmissão vertical**, a doença passa da mãe ao embrião ou feto, podendo levar à ocorrência de doença congênita, morte ou aborto. Tais doenças podem ser transmitidas ao recém-nascido antes, durante ou após o parto, como o citomegalovírus e a rubéola, que conseguem ultrapassar a placenta; os vírus herpes simplex 1 e 2, que podem ser transmitidos para o recém-nascido pelo canal do parto; e o HIV-1 e o vírus linfotrópico para células T de humanos (HTLV, do inglês *human T-cell lymphotropic virus*), transmitidos durante a amamentação.

Existe, ainda, a **transmissão nosocomial**, em que o indivíduo adquire a doença no ambiente hospitalar ou em outros estabelecimentos de cuidados da saúde; nesses casos, a infecção depende principalmente dos microrganismos presentes no ambiente e do estado imunológico do paciente.

A capacidade de um vírus infectar um indivíduo por qualquer uma das vias de transmissão varia conforme as propriedades do vírion, do tropismo celular, da via de entrada, do modo de propagação, da quantidade de inóculo, da virulência do patógeno e das características relacionadas ao hospedeiro. Alguns desses fatores serão discutidos na Seção 3.3, intitulada "Virologia clínica", na qual trataremos das características exclusivas de cada tipo de vírus e aquelas envolvidas na sua transmissão.

3.2.3.2 DOENÇAS VIRAIS EMERGENTES

Doenças infecciosas emergentes é o termo utilizado para designar o aparecimento de novas doenças, que podem ser causadas por microrganismos. Uma doença viral emergente pode ser ocasionada pelo aparecimento de um novo vírus, um aumento na taxa de infecção de um vírus já existente ou pelo aumento da incidência de uma doença conhecida. São vários os fatores ligados ao aparecimento de de tais doenças, entre eles estão:

» **Alteração e mutação do vírus**: é característica dos vírus a capacidade de se replicar dentro das células do hospedeiro, e, durante esse processo, podem surgir alterações genéticas com propriedades diferentes da cepa parental. Alguns vírus apresentam mutações em seu genoma em alta taxa; outros, pela pressão do meio ambiente, podem selecionar cepas de vírus mais resistentes às condições do ambiente. Ainda existe a interação dos vírus com espécies diferentes.

» **Mudanças demográficas e antropogênicas**: as atividades humanas sempre são fatores importantes para a disseminação de doenças. Migração, fluxo ou movimentos da população podem alterar o curso de doenças. Entre essas alterações estão o aumento da população em determinada região, envelhecimento, imunossupressão, falta de moradia adequada, desenvolvimento tecnológico.

» **Alterações ambientais**: causadas por desastres ecológicos, construções, guerras, expansão de áreas para habitação, alterações climáticas, desmatamento. Algumas dessas alterações acarretam o maior envolvimento dos seres humanos com os animais vetores de doenças.

Surgido em 1979, o HIV foi a primeira virose emergente identificada, com sua progressão em 1980. Em 2009, um novo tipo do vírus influenza A (H1N1) se alastrou rapidamente, afetando a população mais ativa. Ambas foram enquadradas como doenças epidêmicas por consequência de sua capacidade de transmissão.

3.2.3.3 EPIDEMIA E PANDEMIA

O enquadramento de uma doença viral em **epidemia ou surto** depende do tamanho do pico de incidência do aparecimento da infecção, da taxa de mortalidade, da gravidade clínica, da ampla distribuição e da capacidade infectiva.

Já a duração de uma epidemia depende da incidência da infecção, e, quanto mais dispersa a população estiver, menor é a taxa de propagação da infecção. A proporção de pessoas infectadas é definida por meio das características de transmissibilidade e do tempo de geração. Um dos parâmetros para identificação do número de infecções é a **taxa de reprodução basal**, o R0. O R0 é a medida representativa do número médio de infecções que um indivíduo infectado produz em indivíduos susceptíveis. Quando o R0 é menor do que 1, a chance de surgirem novos casos é baixa e insuficiente para a manutenção de um surto ou epidemia. Quando o R0 é maior do que 1, há a chance de surgirem novos casos com multiplicação da infecção, causando uma epidemia até que diminua o número de casos.

Para a definição do R0, são utilizados dados como capacidade de transmissão do vírus (horizontal direta ou indireta e vertical), vetores inanimados ou vetores animais e sua capacidade de transmissão, período de transmissibilidade da doença e densidade populacional dos hospedeiros.

Uma das consequências de uma epidemia é uma pandemia, que é o surgimento de casos da doença em outras localidades geográficas ao mesmo tempo. São exemplos os casos de o influenza A H1N1, em 2009, e com o vírus causador de síndrome respiratória aguda grave pelo coronavírus, SARS CoV-2, em 2019.

Tanto as epidemias quanto as pandemias, apesar de causarem grandes prejuízos para a saúde pública e para a economia, acabam contribuindo para o avanço das pesquisas para identificação de doenças virais e novos tratamentos.

Indicações culturais

CONTÁGIO. Direção: Steven Soderbergh. Estados Unidos: Warner Bros., 2011. 106 min.

O filme retrata a capacidade de transmissão de um vírus pelo ar, o que causou uma doença letal de fácil propagação, gerando uma epidemia. Ao mesmo tempo, a narrativa acompanha as tentativas dos cientistas para desenvolver uma vacina, a dificuldade de tratamento dos doentes, a luta pela sobrevivência na sociedade e o impacto da divulgação de dados pela mídia.

3.3 Virologia clínica

Atualmente, são conhecidas várias doenças de origem etiológica viral. Nesta seção, para apresentarmos os vírus causadores da maioria das doenças virais nos seres humanos, adotamos uma classificação de acordo com o tipo de genoma e a família a que pertencem, como detalhamos no Quadro 3.3, a seguir.

Quadro 3.3 – Vírus com genoma DNA que causam doenças em humanos

<table>
<tr><th colspan="2">VÍRUS COM GENOMA DNA – FAMÍLIA ADENOVIRIDAE</th></tr>
<tr><td>Vírus</td><td>Adenovírus humano de A a G (HAdV, do inglês human adenovirus)</td></tr>
<tr><td>Estrutura do vírus</td><td>Genoma DNA dupla fita, linear, capsídeo icosaedro, sem envelope.</td></tr>
<tr><td>Transmissão</td><td>» Respiratória ou contato direto com as secreções ou fômites.
» Via fecal-oral (água ou alimentos contaminados com fezes humanas).
» Secreções oculares.</td></tr>
<tr><td>Principais sítios de infecção</td><td>
<table>
<tr><th>Espécie (sorotipo)</th><th>Principais vias de infecção</th></tr>
<tr><td>HAdV-A (12, 18, 31)
HAdV-C (1, 2, 5, 6, 57)</td><td>Sistemas respiratório, urinário e gastrointestinal.</td></tr>
<tr><td>HAdV-B (3, 7, 11, 14, 16, 21, 34, 35, 50, 55)</td><td>Sistemas respiratório, urinário, gastrointestinal e conjuntiva.</td></tr>
<tr><td>HAdV-D (8–10, 13, 15, 17, 19, 20, 22–30, 32, 33, 36–39, 42–49, 51, 53, 54, 56)</td><td>Sistema gastrointestinal e conjuntiva.</td></tr>
<tr><td>HAdV-E (4)</td><td>Sistema respiratório e conjuntiva.</td></tr>
<tr><td>HAdV-F (40,41)
HAdV-G (52)</td><td>Sistema gastrointestinal.</td></tr>
</table>
Fonte: Elaborado com base em Knipe; Howley, 2013, p. 1733, v. II.</td></tr>
<tr><td>Manifestações clínicas</td><td>» Acomete principalmente crianças e adultos imunocomprometidos, podendo ser assintomática ou sintomática.
» Após a infecção, uma das manifestações pode ser o resfriado, começando com congestão nasal, coriza, dor de garganta, tosse, rouquidão, podendo evoluir para laringite, faringite, doença respiratória aguda, bronquite, laringotraqueobronquite, bronqueolite e pneumonia, ou progredir para doença obstrutiva crônica (DPOC), conjuntivite e ceratoconjuntivite.
» Outras manifestações: diarreia, vômito, febre, cistite, hepatites e manifestações no sistema nervoso central (SNC).</td></tr>
<tr><td>Diagnóstico laboratorial</td><td>» Imunofluorescência (direta ou indireta).
» Reação em cadeia da polimerase (PCR, do inglês polymerase chain reaction) em amostras de lavados, aspirados e swabs de nasofaringe, swabs de orofaringe, lavados brônquicos, na conjuntiva, sangue, fezes, urina, swabs de secreções uretrais e cervicais, líquido cefalorraquiano (LCR) e em biópsias.</td></tr>
<tr><td>Medidas de prevenção</td><td>Lavagem das mãos.</td></tr>
</table>

VÍRUS COM GENOMA DNA – FAMÍLIA *HEPADNAVIRIDAE*	
Vírus	Hepatite B (HBV, do inglês *hepatitis B virus*)
Estrutura do vírus	Genoma de DNA circular, parcialmente fita dupla fita, capsídeo icosaédrico e envelopado.
Transmissão	» Parenteral (seja por contato direto ou por instrumentos contaminados com sangue). » Sexual (sêmen e secreções vaginais). » Saliva. » Perinatal (fluido amniótico e leite materno).
Principais sítios de infecção	Fígado, rins, pâncreas.
Manifestações clínicas	» Doença aguda, crônica, sintomática ou assintomática. » Febre, erupção, artrite, anorexia, náusea, vômitos, desconforto abdominal e calafrios. » Icterícia, urina escura e liberação de enzimas hepáticas. » Hepatite crônica (5%-10%) » Carcinoma hepatocelular primário. » Cirrose.
Diagnóstico laboratorial	» PCR qualitativa e quantitativa em sangue e LCR. » Níveis séricos de: » antígeno de superfície do vírus HBsAG (antígeno Austrália); » proteína do antígeno e do vírus HBeAG; » anti-HBc IgM.
Medidas de prevenção	» Vacina, três doses (segunda e terceira doses um e seis meses após a primeira dose). » Utilização de preservativos. » Não compartilhamento de objetos em contato com sangue. » Realização do pré-natal nas gestantes. » Triagem de HBV em sangue para transfusão e transplantes alogênicos de órgãos e tecidos.

VÍRUS COM GENOMA DNA – FAMÍLIA *HERPESVIRIDAE*	
Vírus	» Herpes simplex tipo 1 (HSV1) tipo HHV1 » Herpes simplex tipo 2 (HSV2) tipo HHV2
Estrutura do vírus	Genoma DNA de fita dupla, linear, capsídeo icosaédrico, rodeado por uma matriz proteica que auxilia a replicação (tegumento) e um envelope lipídico contendo glicoproteínas (comum a todos da família *Herpesviridae*).
Transmissão	» Contato pessoal e íntimo por meio de membranas mucosas ou pele não íntegra (saliva, secreções vaginais, fluido de lesão nas mucosas, contato com olhos e rupturas de pele). » Intrauterina, durante o parto ou pós-parto (infecção neonatal). » HSV1 – geralmente oral. » HSV2 – geralmente via sexual.
Principais sítios de infecção	» Células mucoepiteliais, com doença no sítio de infecção (oral, genital, entre outras). » Linfócitos e macrófagos. » Latência nos neurônios.
Manifestações clínicas	» HSV1 (infecções acima da cintura) e HSV2 (infecções abaixo da cintura): herpes orofacial e/ou genital (lesões vesiculares ou ulceradas); gengivoestomatite herpética; encefalite; ceratoconjuntivite; faringite; esofagite; traqueobronquite; paroníquia (inflamação da pele ao redor das unhas); lesões de pele (*herpes gladiatorum* – praticantes de lutas corporais). » Infecção congênita ou neonatal: transplacentária (vesículas ou cicatrizes, doenças oculares coriorretinite ou ceratoconjuntivite, microcefalia ou hidrocefalia); durante o parto, pelo canal vaginal (encefalite e lesões localizadas de pele, boca e olhos e infecção disseminada em múltiplos órgãos); pós-parto por contato com familiar infectado. » Latência em neurônios presentes na área de infecção (reativação pode ser por estresse, trauma, luz solar, menstruação, radiação UV-B, alimentar, febre ou imunossupressão) trigêmeo ou vago (HSV orofacial), lombossacrais (HSV genital) com lesões. » Pode haver ainda: lesões nas mãos, coxas e nádegas; pneumonia; hepatite.
Diagnóstico laboratorial	» Isolamento em cultura de células (padrão-ouro). » Pesquisa por sorologia anticorpos IgG e IgM (infecção primária). » PCR para amostras de biópsia, LCR, secreções, vesículas, sangue.
Medidas de prevenção	Utilização de preservativos. Grávidas com doença por HSV: parto cesariana (até quatro horas após ruptura de membranas); e antiviral nas últimas quatro semanas de gestação.

VÍRUS COM GENOMA DNA – FAMÍLIA *HERPESVIRIDAE*	
Vírus	Vírus da varicela-zóster (VZV, do inglês *varicella-zoster virus*) tipo HHV3
Estrutura do vírus	Vide descrição em HSV1 e HSV2.
Transmissão	» Respiratória (inalação de gotículas) ou contato direto com as vesículas cutâneas. » Intrauterina ou pós-parto (infecção neonatal).
Principais sítios de infecção	» Células mucoepiteliais e linfócitos T. » Latência gânglios nervosos.
Manifestações clínicas	» Catapora ou varicela. » Febre, cefaleia e dor abdominal. » Exantema maculopapular pruriginosa (mais concentrado no tronco, podendo aparecer no couro cabeludo, na boca, na conjuntiva e na vagina). » Pneumonia intersticial. » Encefalite. » Hepatite. » Trombocitopenia. » Síndrome de Reye. » Herpes-zóster (reativação de infecção latente em idosos e imunocomprometidos): lesões mucocutâneas que podem atingir o tecido nervoso pela via hematogênica ou axonal que acompanha todo o feixe nervoso, dor, distúrbios neurológicos e oculares e infecção disseminada (pulmões, fígado, SNC). » Infecção congênita ou neonatal: transplacentária (lesões de pele, atrofia de extremidades, danos no sistema nervoso autônomo – SNA, microcefalia, deficiência intelectual); pós-parto (vesículas da varicela).
Diagnóstico laboratorial	» PCR para amostras de biopsia, LCR, secreções, vesículas, sangue. » Pesquisa por sorologia anticorpos IgG e IgM (infecção primária).

Medidas de prevenção	» Vacinação infantil.
	  » Vacina tetravalente: sarampo, caxumba, rubéola e varicela (SCRV).
	  » Vacina monovalente para varicela.
	» Vacinação de adultos (herpes-zóster)

VÍRUS COM GENOMA DNA – FAMÍLIA *HERPESVIRIDAE*	
Vírus	Epstein-Barr vírus (EBV) tipo HHV4
Estrutura do vírus	Vide descrição em HSV1 e HSV2.
Transmissão	» Saliva (doença do beijo). » Transfusão de sangue. » Transplante de órgãos sólidos e medula.
Princi-pais sítios de infecção	» Linfócitos B. » Células epiteliais da orofaringe.
Manifesta-ções clínicas	» Mononucleose infecciosa (aumento linfonodos do baço e do fígado, mal-estar, faringite, febre, fadiga). » Meningoencefalite. » Síndrome de Guillain-Barré. » Linfoma de Burkitt (linfoma não Hodgkin). » Doença de Hodgkin. » Carcinoma nasofaringe. » Doença linfoproliferativa ligada ao cromossomo X. » Reativação em pacientes transplantados: doença linfoproliferativa.
Diagnóstico laboratorial	» PCR para amostras de biopsia, LCR, secreções e sangue. » Hemograma: presença de linfócitos atípicos.
Medidas de prevenção	Não existe tratamento ou vacina disponível. Tratamento preemptivo pós-transplante.

VÍRUS COM GENOMA DNA – FAMÍLIA *HERPESVIRIDAE*	
Vírus	Citomegalovírus humano (HCMV, do inglês *human cytomegalovirus*) tipo HHV5
Estrutura do vírus	Vide descrição em HSV1 e HSV2.
Transmissão	» Contato pessoal e íntimo por meio de membranas mucosas e líquidos biológicos (saliva, contato sexual, urina, secreções). » Intrauterina, durante o parto vaginal ou pós-parto (infecção neonatal, leite materno). » Transfusão de sangue, de órgãos e de células-tronco hematopoiéticas.
Principais sítios de infecção	» Variedade de células (fibroblastos, células epiteliais, endoteliais, linhagem mieloide, entre outras). » Latência em monócitos CD14+ e células progenitoras hematopoiéticas CD34+.
Manifestações clínicas	» Assintomática em imunocompetentes: síndrome da mononucleose negativa para anticorpos heterófilos (faringite e linfadenopatia leves). » Infecção congênita (uma das causas virais mais prevalentes) ou neonatal: transplacentária (baixo peso, petéquias, microcefalia, trombocitopenia, hipotonia, icterícia, hepatoesplenomegalia, perda auditiva, exantema e deficiência intelectual), durante o parto pelas secreções vaginais ou pós-parto (leite materno, saliva, lágrimas, urina) – dificuldades respiratórias, neutropenia, apneia, palidez. » Infecção em imunocomprometidos: pneumonia e pneumonite, retinite, encefalite, distúrbios gastrointestinais, esofagite, gastrite, hepatite, cistite, nefrite ou outras doenças invasivas. Doença do enxerto em pacientes pós-transplante de órgãos sólidos.
Diagnóstico laboratorial	» Histologia: inclusões citomegálicas (imuno-histoquímica ou hibridização *in situ*). » Isolamento em cultura de células. » Antigenemia para HCMV (proteína pp65 do vírus). » Pesquisa por sorologia anticorpos IgG e IgM (infecção primária). » PCR para amostras de lavado broncoalveolar, biópsia, LCR, secreções, sangue, urina, saliva, leite materno, líquido amniótico.
Medidas de prevenção	» Uso de preservativo. » Antivirais para pacientes com HIV. » Triagem sorológica de doadores de sangue e para transplantes alogênicos de órgãos e tecidos. » Tratamento preemptivo pós-transplante. » Não existe vacina disponível.

VÍRUS COM GENOMA DNA – FAMÍLIA *HERPESVIRIDAE*	
Vírus	Roseolovírus tipo HHV6 e HHV7
Estrutura do vírus	Vide descrição em HSV1 e HSV2.
Transmissão	» Durante o parto vaginal (trato genital feminino, colo do útero) (HHV6). » Transplante de órgãos sólidos e de células-tronco hematopoiéticas (HHV6). » Saliva e secreções nasais (HHV6 e HHV7). » Amamentação (HHV7).
Principais sítios de infecção	» Sistema respiratório e glândulas salivares (HHV6 e HHV7). » Células linhagem linfoide, endoteliais, células presentes no fígado e no SNC (HHV6). » Linfócitos TCD4+ e células epiteliais (HHV7).
Manifestações clínicas	» Exantema súbito: *roseola infantum* ou 6ª doença. » Febre alta, diarreia e convulsão febril. » Meningite e encefalite. » Mononucleose. » Linfadenopatia. » Infecção em imunocomprometidos (supressão da medula, encefalite, pneumonite, rejeição do enxerto pós-transplante).
Diagnóstico laboratorial	» Pesquisa por sorologia anticorpos IgG e IgM (infecção primária). » PCR para amostras de sangue.
Medidas de prevenção	Não existe vacina disponível.

VÍRUS COM GENOMA DNA – FAMÍLIA *HERPESVIRIDAE*	
Vírus	Herpesvírus associado ao sarcoma de Kaposi tipo HHV8
Estrutura do vírus	Vide descrição em HSV1 e HSV2.
Transmissão	» Sexual, saliva, amamentação. » Transplante de órgãos sólidos.
Principais sítios de infecção	Células B, endoteliais, epiteliais, nervosas e monócitos.
Manifestações clínicas	» Sarcoma de Kaposi. » Linfoma de efusão primária. » Doença multicêntrica de Castleman.
Diagnóstico laboratorial	» PCR para amostras de sangue. » Imunohistoquímica. » Sorologia.
Medidas de prevenção	Não existe vacina disponível

VÍRUS COM GENOMA DNA – FAMÍLIA *POLYOMAVIRIDAE*	
Vírus	Poliomavírus humanos BK e JC
Estrutura do vírus	Genoma DNA dupla fita, circular, capsídeo icosaédrico e não envelopado.
Transmissão	» Via respiratória (inalação). » Contato com água contaminada. » Intrauterina
Principais sítios de infecção	» Rins e pulmões. » Linfócitos B e monócitos. » Latência rins.
Manifestações clínicas	» Infecção primária assintomática. » Reativação em pacientes imunocomprometidos (estenose uretral, falência e insuficiência renal e cistite hemorrágica). » Poliomavírus JC (leucoencefalopatia multifocal progressiva).
Diagnóstico laboratorial	» PCR para amostras de sangue, LCR, biópsia e urina. » Anticorpos por teste de inibição da hemaglutinação (HI, do inglês *hemagglutination inhibition*).
Medidas de prevenção	Diminuição da imunosupressão em pacientes transplantados.

VÍRUS COM GENOMA DNA – FAMÍLIA *PAPILLOMAVIRIDAE*	
Vírus	Papilomavírus humano (HPV, do inglês, *human papillomavirus*)
Estrutura do vírus	Genoma DNA dupla fita, circular, capsídeo icosaédrico e não envelopado.
Transmissão	» Contato direto (sexual, pele não integra, abrasões de pele). » Durante o parto vaginal.
Princi-pais sítios de infecção	Epítelio escamoso da pele e mucosas (depende do genótipo do vírus).
Manifesta-ções clínicas	» Genótipos de alto (16, 18, 31, 33, 35, 39...) e baixo risco oncogênico (6, 11, 40, 42, 43, 44...). » Verrugas plana, plantar, comum e epidermodisplasia verruciforme. » Papiloma laríngeo (laringe, faringe, boca, nariz e esôfago). » Câncer (colo de útero, anal, vulvar, pênis, orofaringe, cabeça e pescoço).
Diagnóstico laboratorial	» Citopatológico ou Papanicolaou. » Histológico. » PCR para amostras de secreções e biópsias, com genotipagem do vírus.
Medidas de prevenção	» Uso de preservativo. » Vacinação infantil para o HPV de alto risco oncogênico (três doses).

Quadro 3.4 – Vírus com genoma de RNA que causam doenças em humanos

VÍRUS COM GENOMA RNA - FAMÍLIA *ARENAVIRIDAE*	
Vírus	Vírus da coriomeningite linfocítica (LCMV, do inglês *lymphocytic choriomeningitis virus*) e febre hemorrágica (vírus Lassa, Junin, Machupo, Guanarito, Sabia e *Whitewater Arroyo*)
Estrutura do vírus	Genoma RNA fita simples, linear, ambisenso, capsídeo em forma de contas, envelopado.
Transmissão	» Zoonose transmitida por roedores (específicos para cada vírus) por meio da inalação de aerossóis com urina, fezes e saliva de animais infectados. » Intrauterina. » Nosocomial (contato próximo com líquidos biológicos).
Principais sítios de infecção	Macrófagos.
Manifestações clínicas	» Coriomeningite linfocítica (LCM – doença febril com mialgia pode comprometer o SNC e causar hidrocefalia transitória ou congênita com coriorretinite). » Febre hemorrágica (febre, petéquias, alterações na permeabilidade vascular e vassoregulação, coagulopatia e hemorragia visceral). » Intrauterina (infecção grave associada à morte nos primeiros meses de gravidez).
Diagnóstico laboratorial	» Sorologia. » Transcriptase reversa seguida de reação em cadeia da polimerase (RT-PCR) no sangue e LCR.
Medidas de prevenção	» Evitar contato com os roedores. » Trabalho no laboratório em nível 3 de biossegurança para LCM e nível 4 para febres hemorrágicas.

VÍRUS COM GENOMA RNA – FAMÍLIA *BUNYAVIRIDAE*	
Vírus	Hantavírus
Estrutura do vírus	Genoma RNA fita simples, trisegmentado, polaridade negativa, capsídeo, envelopado.
Transmissão	» Zoonose transmitida por roedores (específicos para cada vírus) por meio da inalação de aerossóis com excrementos de animais infectados. » Apesar de rara, existem relatos de transmissão inter-humana.
Principais sítios de infecção	» Bronquíolo respiratório terminal e alvéolos. » Macrófago alveolar, células endoteliais do pulmão e do rim.
Manifestações clínicas	» Febre hemorrágica com síndrome renal (febre, mal-estar, tremores, prostração, rubor cutâneo, hipotensão, trombocitopenia, petéquias, náuseas e vômito). » Síndrome cardiopulmonar (febre, mialgias, náuseas, diarreia, dispneia, comprometimento cardiovascular, insuficiência respiratória, hipotensão e diurese).
Diagnóstico laboratorial	» Cultivo celular. » Sorologia (antígenos e anticorpos). » RT-PCR.
Medidas de prevenção	» Evitar contato com os roedores. » Trabalho no laboratório em nível 3 de biossegurança.

VÍRUS COM GENOMA RNA – FAMÍLIA *CORONAVIRIDAE*	
Vírus	Coronavírus humano (HCoV, do inglês *human coronavirus*)
Estrutura do vírus	Genoma RNA fita simples, polaridade positiva, capsídeo tubular, envelopados com presença de glicoproteínas em formato de coroa (espículas).
Transmissão	» Respiratória ou contato direto com as secreções ou fômites. » Fecal-oral. » Zoonose: Coronavírus associado à síndrome respiratória aguda grave (SARS-CoV, sigla inglesa para *severe acute respiratory syndrome coronavirus*) e coronavírus associado à síndrome respiratória do Oriente Médio (MERS-CoV, do inglês *Middle East respiratory syndrome-related coronavirus*).
Principais sítios de infecção	Células epiteliais do trato respiratório e gastrointestinal.
Manifestações clínicas	» HCoV (229E, NL63, OC43, HKU1) doença exclusiva em seres humano: resfriado comum, com febre, dor de cabeça, mal-estar, calafrios, rinorreia, tosse, faringite, otite, pneumonia. » SARS-CoV e MERS-CoV – zoonoses que causam doença mais grave do que outros coronavírus. Febre, mal-estar, tonturas, calafrios, mialgia, rigidez, cefaleia, tosse, diarreia, falência respiratória, pneumonia, bronquite, bronquiolite e pneumonia. Gravidade da doença está associada à doença crônica de base (asma, bronquite, problemas cardíacos, diabetes) e pacientes imunocomprometidos.
Diagnóstico laboratorial	» Sorologia (antígenos e anticorpos). » RT-PCR de amostras respiratórias e fezes.
Medidas de prevenção	» Isolamento dos casos suspeitos ou confirmados. » Medidas de contenção para evitar a disseminação do vírus. » Vacinação.

VÍRUS COM GENOMA RNA – FAMÍLIA NÃO CLASSIFICADA gênero DELTAVIRUS	
Vírus	Hepatite D (HDV, do inglês *hepatitis D virus*)
Estrutura do vírus	Genoma RNA fita simples, circular, polaridade positiva, envelopados.
Transmissão	» Parenteral (por contato direto ou por instrumentos contaminados com sangue). » Sexual (sêmen e secreções vaginais). » Saliva. » Perinatal (fluido amniótico e leite materno).
Princi-pais sítios de infecção	Depende da infecção pelo vírus da hepatite B para sua replicação (superin-fecção ou co-infecção).
Manifesta-ções clínicas	Patogênese ainda não definida, podendo ser assintomática ou apresentar manifestações como hepatite aguda ou crônica e cirrose.
Diagnóstico laboratorial	» Sorologia (HDV-Ag, anti-HDV total, IgManti-HDV). » RT-PCR de amostras de sangue.
Medidas de prevenção	» Até o momento não existe vacina. » Uso de preservativos. » Não compartilhamento de objetos em contato com sangue. » Gestantes realização do pré-natal para identificação da presença da infecção pelo HBV.

VÍRUS COM GENOMA RNA – FAMÍLIA *FLAVIVIRIDAE*	
Vírus	Dengue (DENV, do inglês *dengue virus*) sorotipos 1 a 4
Estrutura do vírus	Genoma RNA fita simples, polaridade positiva, capsídeo icosaédrico, envelopados.
Transmissão	» Arbovirose disseminada pelo vetor artrópode *Aedes aegypti* e *Aedes albopictus*. » Fêmeas de *Aedes* adquirem o vírus ao se alimentarem de sangue de um hospedeiro com o vírus. Após a infecção das células epiteliais do intestino e glândulas salivares do mosquito, ele passa a liberar vírus pela saliva. Quando ocorre a picada da fêmea em um hospedeiro, ela regurgita saliva contendo o vírus. » Ciclo selvagem ou silvestre: transmissão horizontal entre macacos, mosquitos e macacos. » Ciclo urbano: transmissão horizontal homens, mosquitos e homens.
Principais sítios de infecção	Células dendríticas, macrófagos, linfonodos, fígado e baço.
Manifestações clínicas	» Início com sintomas gripais: doença febril autolimitada (febre, cefaleia, mal-estar, mialgia, artralgia, calafrio, petéquias, dor retro-orbital, prostração, náusea e plaquetopenia). » Doença sistêmica grave (encefalite, lesão hepática, falência dos órgãos e cardiomiopatia). » Reinfecção com outro sorotipo: Febre hemorrágica da dengue (febre alta, cefaleia, elevação do hematócrito, lesão hepática, trombocitopenia, exantema, dor nos ossos e lombomialgia) e síndrome de choque da dengue (linfócitos T de memória liberam citocinas inflamatórias com hipersensibilidade, levando a sangramentos e choque hipovolêmico).
Diagnóstico laboratorial	» Isolamento viral. » Sorologia (antígeno NS1 e anticorpos). » RT-PCR.
Medidas de prevenção	Eliminação do mosquito e dos locais de procriação.

VÍRUS COM GENOMA RNA – FAMÍLIA *FLAVIVIRIDAE*	
Vírus	Febre amarela (YFV, do inglês *yellow fever virus*)
Estrutura do vírus	Genoma RNA fita simples, polaridade positiva, capsídeo icosaédrico, envelopados.
Transmissão	» Arbovirose disseminada pelos vetores artrópode *Aedes aegypti* e *Aedes albopictus*. » Fêmeas de *Aedes* adquirem o vírus ao se alimentarem de sangue de um hospedeiro com o vírus. Após a infecção das células epiteliais do intestino e glândulas salivares do mosquito, ele passa a liberar vírus pela saliva. Quando ocorre a picada da fêmea em um hospedeiro, ela regurgita saliva contendo o vírus. » Ciclo selvagem ou silvestre: transmissão horizontal entre macacos, mosquitos e macacos (mosquitos *Haemagogus*, *Sabethes* e *Aedes*). » Ciclo urbano: transmissão horizontal homens, mosquitos e homens (*Aedes aegypti* e *Aedes albopictus*).
Principais sítios de infecção	» Monócitos e macrófagos. » Linfonodos.
Manifestações clínicas	» Forma leve da doença (febre alta, calafrios, mialgia, dor de cabeça, cansaço e mal-estar). » Doença sistêmica grave (vômitos, dor epigástrica, icterícia, hemorragias e distúrbios do fígado, rins, coração e gastrointestinais). » Febre hemorrágica (hepatite, insuficiência renal, hemorragia, petéquias, leucopenia, trombocitopenia e coagulopatia).
Diagnóstico laboratorial	» Cultivo viral. » Sorologia (anticorpos). » RT-PCR.
Medidas de prevenção	» Eliminação do mosquito e dos locais de procriação. » Vacina com vírus atenuado que prove imunidade para toda a vida.

VÍRUS COM GENOMA RNA – FAMÍLIA *FLAVIVIRIDAE*	
Vírus	Hepatite C (HCV, do inglês *hepatitis C virus*)
Estrutura do vírus	Genoma RNA fita simples, polaridade positiva, capsídeo icosaédrico, envelopados.
Transmissão	» Parenteral (por contato direto ou por instrumentos contaminados com sangue). » Sexual (sêmen e secreções vaginais). » Perinatal (fluido amniótico). » Nosocomial.
Princi-pais sítios de infecção	Hepatócitos e linfócitos.
Manifesta-ções clínicas	» Assintomáticas crônicas. » Doença crônica persistente (alterações de enzimas hepáticas, dor abdominal, prostração, náusea, vômito, icterícia, urina escura e fezes claras, fadiga, hepatite, cirrose e insuficiência hepática e carcinoma hepatocelular). » Manifestações extra-hepáticas baseadas em processos autoimunes e linfoproliferativos.
Diagnóstico laboratorial	» Alterações de enzimas hepáticas (ALT e bilirrubina). » Sorologia (Anti-HCV e IgG anti-HCV). » RT-PCR. » Genotipagem.
Medidas de prevenção	» Triagem de HCV em sangue para transfusão e para transplantes alo-gênicos de órgãos e tecidos. » Utilização de instrumentos percutâneos esterilizados ou descartáveis.

VÍRUS COM GENOMA RNA – FAMÍLIA *HEPEVIRIDAE*	
Vírus	Hepatite E (HEV do inglês *hepatitis E virus*)
Estrutura do vírus	Genoma RNA, fita simples, linear, polaridade positiva, capsídeo icosaédrico, não envelopado.
Transmissão	» Via fecal-oral (água ou alimentos contaminados com fezes humanas). » Parenteral e vertical (incomum).
Principais sítios de infecção	Trato gastrointestinal.
Manifestações clínicas	» Assintomática. » Doença é caracterizada por febre, icterícia, anorexia, disgeusia, dor abdominal, vômito e alterações intestinais. » Em gestantes apresenta alta taxa de mortalidade.
Diagnóstico laboratorial	» Sorologia (IgG e IgM). » RT-PCR.
Medidas de prevenção	» Saneamento básico adequado. » Lavagem das mãos.

VÍRUS COM GENOMA RNA – FAMÍLIA *PARAMYXOVIRIDAE*	
Vírus	Caxumba ou parotidite
Estrutura do vírus	Genoma RNA fita simples, linear, polaridade negativa, capsídeo helicoidal e presença de envelope.
Transmissão	» Respiratória (saliva). » Intrauterina ou pós-parto (infecção neonatal – leite materno).
Principais sítios de infecção	Células epiteliais da mucosa nasal, respiratória e linfonodos.
Manifestações clínicas	» Febre baixa, mal-estar, cefaleia, mialgia, anorexia, intumescimento das glândulas parótidas (uni ou bilateralmente), submaxilares e sublinguais, orquite, ooforite. » Podem envolver outros órgãos como testículos, próstata, ovários, fígado, medula óssea, SNC (meningite ou encefalite), coração, rins, pâncreas, entre outros. » Transplacentária, pode causar aborto ao feto, e neonatal, comprometimento pulmonar.
Diagnóstico laboratorial	» Sorologia (IgA, IgG e IgM). » RT-PCR em amostras de saliva, urina e LCR.
Medidas de prevenção	» Vacinação infantil: tetravalente (SCRV) e tríplice viral (SCR).

VÍRUS COM GENOMA RNA – FAMÍLIA *PARAMYXOVIRIDAE*	
Vírus	Parainfluenza tipos 1 a 4 (HPIV, do inglês *human parainfluenza virus*)
Estrutura do vírus	Genoma RNA fita simples, linear, polaridade negativa, capsídeo helicoidal e presença de envelope.
Transmissão	Respiratória por contato com gotículas ou fômites.
Principais sítios de infecção	Células epiteliais do trato respiratório.
Manifestações clínicas	» Sintomas similares aos de um resfriado (faringite, congestão nasal, rouquidão, coriza, bronquite, febre, bronquiolite e pneumonia). » Parainfluenza 1 e 2 podem causar laringotraqueobronquite. » Parainfluenza 3 tem maior associação a bronquite e pneumonia. » Parainfluenza 4 apresenta infecções mais brandas, sendo o vírus menos isolado no grupo.
Diagnóstico laboratorial	» Sorologia (IgM). » Imunofluorescência direta ou indireta. » RT-PCR em amostras de *swab* ou aspirado de nasofaringe e lavado broncoalveolar.
Medidas de prevenção	Não existe medida de prevenção.

VÍRUS COM GENOMA RNA – FAMÍLIA *PARAMYXOVIRIDAE*	
Vírus	Sarampo
Estrutura do vírus	Genoma RNA fita simples, linear, polaridade negativa, capsídeo helicoidal e presença de envelope.
Transmissão	» Secreções respiratórias, aerossóis e fômites. » Intrauterina, durante o parto vaginal ou pós-parto (infecção neonatal).
Principais sítios de infecção	Células epiteliais do trato respiratório.
Manifestações clínicas	» Febre alta, tosse, coriza, conjuntivite, erupção cutânea maculopapular (corpo todo e mucosas), fotofobia, otite, crupe, broncopneumonia, encefalite e outras manifestações no SNC. » Transplacentária, pode causar aborto ou nascimento prematuro, e congênito neonatal, apresenta-se desde doença branda até fatal.
Diagnóstico laboratorial	» Sorologia (IgG e IgM). » RT-PCR.
Medidas de prevenção	» Vacinação infantil: tetravalente (SCRV) e tríplice viral (SCR).

VÍRUS COM GENOMA RNA – FAMÍLIA *PARAMYXOVIRIDAE*	
Vírus	Vírus sincicial respiratório (VSR)
Estrutura do vírus	Genoma RNA fita simples, linear, polaridade negativa, capsídeo helicoidal e presença de envelope.
Transmissão	Secreções respiratórias, aerossóis e fômites.
Principais sítios de infecção	Células epiteliais do trato respiratório, macrófagos e monócitos.
Manifestações clínicas	» Infecção grave em bebês, crianças e em pacientes imunocomprometidos. » Pode causar desde um resfriado comum até pneumonia. » Febre, corrimento nasal, congestão nasal, tosse, dispneia, faringite, dor de ouvido, sinusite, bronquiolite, expectoração abundante, chiado.
Diagnóstico laboratorial	» Imunofluorescência direta ou indireta. » RT-PCR em amostras de *swab* ou aspirado de nasofaringe e lavado broncoalveolar.
Medidas de prevenção	Imunoprofilaxia para bebês de risco.

VÍRUS COM GENOMA RNA – FAMÍLIA *PICORNAVIRIDAE*	
Vírus	Hepatite A (HAV, do inglês *hepatitis A virus*)
Estrutura do vírus	Genoma RNA fita simples, linear, polaridade positiva, capsídeo icosaédrico, não envelopado.
Transmissão	Via fecal-oral (água ou alimentos contaminados com fezes humanas).
Principais sítios de infecção	Hepatócitos.
Manifestações clínicas	» Assintomática. » Febre, fadiga, mal-estar, mialgia, icterícia, naúsea, vômito, urina escura e fezes claras, anorexia, alterações de enzimas hepáticas, hepatomegalia e hepatite.
Diagnóstico laboratorial	» Sorologia (Anti-HAV total, IgM anti-HAV). » RT-PCR em amostras de sangue e fezes.
Medidas de prevenção	» Saneamento básico adequado. » Lavagem das mãos. » Vacinação infantil.

VÍRUS COM GENOMA RNA – FAMÍLIA *PICORNAVIRIDAE*	
Vírus	Poliomielite
Estrutura do vírus	Genoma RNA fita simples, linear, polaridade positiva, capsídeo icosaédrico, não envelopado.
Transmissão	» Devido ao sucesso da vacina, é rara a infecção pelo vírus selvagem. » Fecal-oral (água ou alimentos contaminados com fezes humanas) ou respiratória.
Princi-pais sítios de infecção	Células intestinais e do músculo esquelético.
Manifesta-ções clínicas	Febre, dor de garganta, vômito, cefaleia, meningite, encefalite, mielite, alte-rações gastrointestinais, paralisia dependente de quais neurônios sejam atingidos (espinhal ou bulbar).
Diagnóstico laboratorial	RT-PCR.
Medidas de prevenção	» Vacinação infantil VIP/VOP (vacina injetável poliomielite/vacina oral poliomielite).

VÍRUS COM GENOMA RNA – FAMÍLIA *PICORNAVIRIDAE*	
Vírus	Rinovírus humano A, B e C (HRV, do inglês *human rhinovirus*).
Estrutura do vírus	Genoma RNA fita simples, linear, polaridade positiva, capsídeo icosaédrico, não envelopado.
Transmissão	Secreções respiratórias, aerossóis e fômites.
Princi-pais sítios de infecção	Células do epitélio respiratório.
Manifesta-ções clínicas	» Causam o resfriado comum autolimitado (espirros, coriza, mal-estar, cefaleia, febre, congestão nasal, dor de garganta, tosse, rinite, sinusite e otite). » Pode causar bronquiolite e outras comorbidades em bebês e em pacientes imunocomprometidos.
Diagnóstico laboratorial	» Sorologia (IgA e IgM). » Imunofluorescência direta ou indireta. » RT-PCR em amostras de *swab* ou aspirado de nasofaringe.
Medidas de prevenção	Lavagem das mãos.

VÍRUS COM GENOMA RNA – FAMÍLIA *REOVIRIDAE*	
Vírus	Rotavírus grupo A, B e C (RV)
Estrutura do vírus	Genoma RNA fita dupla, segmentado, capsídeo icosaédrico, não envelopado.
Transmissão	Fecal-oral, fômites e, menos provável, mas possível por via respiratória.
Principais sítios de infecção	Células epiteliais.
Manifestações clínicas	Gastroenterite (febre, diarreia, vômitos e desidratação).
Diagnóstico laboratorial	» Sorologia (IgA, IgG e IgM). » RT-PCR em amostras de fezes.
Medidas de prevenção	» Lavagem das mãos. » Vacinação infantil.

VÍRUS COM GENOMA RNA – FAMÍLIA *ORTHOMYXOVIRIDAE*	
Vírus	» Influenza A, B e C (FLUV). » O vírus influenza A é mais suscetível a variações antigênicas, pois contém em seu envelope as proteínas hemaglutinina (HA) e a neuraminidase (NA) que variam entre os subtipos. Exemplos: H3N2, H1N1, H2N2 e H5N1, causadores de surtos e epidemias.
Estrutura do vírus	Genoma RNA, fita simples, segmentado, polaridade negativa, capsídeo helicoidal, envelopado.
Transmissão	Secreções respiratórias, aerossóis e fômites.
Principais sítios de infecção	Células epiteliais do sistema respiratório.
Manifestações clínicas	» Gripe (febre, calafrios, fraqueza, mal-estar, mialgia, cefaleia, perda de apetite, fadiga, dor de garganta e tosse). » Infecções graves (pneumonia, taquipneia, hipotensão, bronquiolite, laringite, dor abdominal, otite, miosite, encefalite, síndrome de Reye, síndrome de Guillain-Barré e alterações no sistema gastrointestinal e no SNC). » Alguns subtipos podem causar epidemias e pandemias.
Diagnóstico laboratorial	» Cultivo celular. » Sorologia (IgA e IgM). » Imunofluorescência direta ou indireta. » RT-PC em amostras de *swab* ou aspirado de nasofaringe, lavado broncoalveolar.
Medidas de prevenção	Vacinação para influenza A e B anualmente (grupos de risco).

VÍRUS COM GENOMA RNA – FAMÍLIA *RETROVIRIDAE*	
Vírus	» HIV » São conhecidos dois tipos o HIV-1 (ampla distribuição mundial) e HIV-2 (menor capacidade de infecção e restrito geograficamente).
Estrutura do vírus	Genoma RNA, fita simples, polaridade positiva, capsídeo cônico com presença de proteína p24, envelopado com presença das proteínas gp120 e gp41.
Transmissão	» Contato pessoal e íntimo por meio de membranas mucosas (sexual). » Parenteral (por contato direto ou por instrumentos contaminados com sangue). » Intrauterina, durante o parto ou pós-parto na amamentação (infecção neonatal).
Principais sítios de infecção	Linfócitos T CD4+ e macrófagos.
Manifestações clínicas	» Infecção aguda, sintomas semelhantes aos da mononucleose infecciosa (febre persistente, diarreia, perda de peso, mal-estar, náusea, vômito, doença mucocutânea, mialgia, hepatoesplenomegalia, meningoencefalite e pneumonia), seguidos da fase de latência clínica ou crônica. » Conforme a infecção progride, o vírus induz à depleção de linfócitos T CD4+, debilitando o sistema imune e, por consequência, o indivíduo fica suscetível a infecções oportunistas, podendo desenvolver AIDS com manifestações neurológicas e do sistema imune, sendo que o tempo para o desenvolvimento da doença varia entre os indivíduos infectados. » Na progressão da doença, o indivíduo pode apresentar fadiga, fraqueza, diarreia crônica, infecção bacteriana e fúngica grave, sarcoma de Kaposi e tuberculose pulmonar ou disseminada, linfoma não Hodgkin e demência associada ao HIV.
Diagnóstico laboratorial	» Testes rápidos de imunocromatografia de fluxo lateral (IgG e IgM). » Sorologia (IgG e IgM). » Detecção do antígeno p24; gp41; gp120/gp160 por Western Blot (confirmatório). » Relação linfócitos T CD4+ / T CD8+. » Detecção do RNA viral por reação de amplificação baseada no ácido nucleico específico (Nasba, do inglês *nucleic acid sequence-based amplification*); ensaio de DNA ramificado (b-DNA) ou RT-PCR qualitativa e quantitativa.
Medidas de prevenção	» Uso de preservativos. » Não compartilhamento de objetos em contato com sangue. » Realização do pré-natal as gestantes. » Triagem de HIV em sangue para transfusão e para transplantes alogênicos de órgãos e tecidos.

VÍRUS COM GENOMA RNA – FAMÍLIA *RETROVIRIDAE*	
Vírus	» Vírus linfotrópico para células T de humanos (HTLV) tipo 1 a 4. » Também conhecida como *Síndrome paraparesia espástica tropical* (PET) ou mielopatia associada ao HTLV (MAH) – PET/MAH. » HTLV 1 e 2 (mais prevalentes). » HTLV 3 e 4 (ainda não esclarecida sua associação com a doença).
Estrutura do vírus	Genoma RNA, fita simples, polaridade positiva, capsídeo cônico com presença de proteína p24, envelopado com presença das proteínas gp120 e gp41.
Transmissão	» Principal forma é pós-parto na amamentação (infecção neonatal). » Contato pessoal e íntimo por meio de membranas mucosas (sexual). » Intrauterina e durante o parto. » Parenteral (seja por contato direto ou por instrumentos contaminados com sangue).
Principais sítios de infecção	Linfócitos T CD4+ e T CD8+.
Manifestações clínicas	» HTLV-1 causa leucemia/linfoma de células T do adulto (mal-estar, linfoadenopatia, febre, icterícia, perda de peso, doença mucocutânea, envolvimento do sistema pulmonar, gastrointestinal, SNC, do fígado e da medula óssea), PET/MAH (fraqueza, dor lombar, perda sensorial, danos neurológicos, problemas de memória e de atenção, incontinência urinária e fecal e paralisia), dermatite infecciosa e dermatite. » HTLV-2 leucemia atípica de células T pilosas e PET/MAH em menor proporção.
Diagnóstico laboratorial	» Sorologia (IgG e IgM). » Detecção de antígeno por Western Blot (confirmatório). » Detecção do RNA viral por RT-PCR.
Medidas de prevenção	» Uso de preservativos. » Não compartilhamento de objetos em contato com sangue. » Realização do pré-natal as gestantes. » Triagem de HTLV 1 e 2 em sangue para transfusão e para transplantes alogênicos de órgãos e tecidos.

VÍRUS COM GENOMA RNA – FAMÍLIA *TOGAVIRIDAE*	
Vírus	Chikungunya (CHIKV)
Estrutura do vírus	Genoma RNA, fita simples, polaridade positiva, capsídeo icosaédrico, envelopados.
Transmissão	» Arbovirose disseminada pelo vetor artrópode *Aedes aegypti e A. albopictus, Culex annulirostris* e *Mansonia uniformis*. » As fêmeas adquirem o vírus ao se alimentarem de sangue de um hospedeiro com o vírus. Após a infecção das células epiteliais do intestino e glândulas salivares, o mosquito passa a liberar o vírus pela saliva. Quando a fêmea pica um hospedeiro, ela regurgita saliva contendo o vírus. » Ciclo selvagem ou silvestre: transmissão horizontal macacos-mosquitos e macacos. » Ciclo urbano: transmissão horizontal homens-mosquitos e homens. » Intrauterina, durante o parto ou pós-parto na amamentação (infecção neonatal).
Principais sítios de infecção	Fibroblastos da pele.
Manifestações clínicas	» Febre, artralgia, cansaço, artrite, exantema macular ou maculopapular, cefaleia, poliartralgia, fadiga, mialgia, lesões cutâneas e de mucosa, sintomas gastrointestinais. » Causa incapacitação ou limitação para realização de atividades normais e doença crônica com artralgia. » Neonatos (complicações cardíacas, neurológicas e encefalopatia).
Diagnóstico laboratorial	» Sorologia (IgG e IgM). » Detecção do RNA viral por RT-PCR.
Medidas de prevenção	Eliminação do mosquito e dos locais de procriação.

VÍRUS COM GENOMA RNA – FAMÍLIA *TOGAVIRIDAE*	
Vírus	Rubéola
Estrutura do vírus	Genoma RNA, fita simples, polaridade positiva, capsídeo icosaédrico, envelopados.
Transmissão	» Secreções respiratórias, aerossóis e fômites. » Intrauterina, durante o parto vaginal ou pós-parto (infecção neonatal).
Principais sítios de infecção	Linfonodos do trato respiratório.
Manifestações clínicas	» Intrauterina: síndrome da rubéola congênita (SRC). As alterações mais comuns são catarata, surdez e defeitos cardíacos, podendo também haver deficiência intelectual e motora, microcefalia, defeitos de crescimento, baixo peso, retinopatia, microftalmia, hepatoesplenomegalia, glaucoma ou pode levar à morte do embrião ou feto. » Neonatal e crianças: febre, conjuntivite, mal-estar, exantema macular ou maculopapular, faringite e artralgia. » Adultos: artralgia e artrite.
Diagnóstico laboratorial	» Cultivo viral. » Sorologia (IgG e IgM). » Detecção do RNA viral por RT-PCR.
Medidas de prevenção	» Vacinação infantil: tetravalente (SCRV) e tríplice viral (SCR).

VÍRUS COM GENOMA RNA – FAMÍLIA *RHABDOVIRIDAE*	
Vírus	Raiva
Estrutura do vírus	Genoma RNA, fita simples, polaridade negativa, capsídeo helicoidal, envelopado.
Transmissão	» Saliva de animal infectado por meio de mordedura. Zoonose transmitida por vários tipos de mamíferos silvestres e domésticos. » Inalação de aerossóis contaminados com o vírus e arranhadura (morcegos). » Contato direto com mucosa ou pele não integra com secreção contaminada.
Principais sítios de infecção	Terminações nervosas, tecido muscular e/ou conjuntivo.
Manifestações clínicas	Febre, cefaleia, mal-estar, náusea, vômitos, dor muscular, fadiga, anorexia, dor ou coceira no local da mordida, hidrofobia, fotofobia, desorientação, paralisia, ansiedade, confusão mental, irritabilidade, rigidez muscular, espasmos, progredindo para coma e óbito.
Diagnóstico laboratorial	» Detecção de antígeno. » Sorologia. » Detecção do RNA viral por RT-PCR.
Medidas de prevenção	» Vacinação dos animais de estimação. » Vacinação dos profissionais que cuidam de animais. » Profilaxia da raiva humana pré ou pós exposição.

3.4 Patogênese e defesas do hospedeiro

A patogênese da infecção viral varia segundo muitos critérios, uma vez que a infecção por determinado vírus pode levar ou não ao aparecimento imediato de doença (pacientes assintomáticos, latência viral). A descrição de todos os processos que ocorrem no hospedeiro após a infecção viral depende principalmente do tipo de vírus, de sua virulência (gravidade e capacidade de causar doença), da suscetibilidade e das características individuais do hospedeiro.

Para o vírus infectar um hospedeiro, é necessária certa quantidade de partículas para o inóculo, o que depende da manutenção do vírus na natureza até o encontro com um hospedeiro suscetível. Um sítio de infecção depende da presença de células que tenham receptor para adsorção do vírus, dos componentes para a multiplicação viral e, por último, do sucesso na evasão das defesas do hospedeiro.

Os vírus apresentam tropismo celular e, por consequência, para que a infecção ocorra, a partícula viral tem de entrar em contato com espécies e células específicas (suscetíveis e permissíveis) que variam entre os tipos diferentes de vírus.

As rotas de entrada e de excreção são utilizadas de maneiras específicas por cada tipo de vírus e são fatores importantes para a determinação das populações de risco, da frequência e do modo de propagação de uma doença viral.

Existe uma variedade de rotas de entrada possíveis, que dependem das características individuais dos vírus, sendo, muitas vezes, preciso que uma barreira seja comprometida (pele não integra) ou contornada (picada de inseto) para facilitar a entrada do vírus. Apresentamos as principais **rotas de entrada** dos vírus são:

» **Trato respiratório**: mucosas do trato respiratório são uma rota comum de transmissão dos vírus. Apesar de apresentarem vários mecanismos de defesa como células ciliadas e secretoras de muco. Ex.: rinovírus, influenza, parainfluenza, vírus respiratório sincicial.

» **Trato gastrointestinal**: a despeito do ambiente ácido do estômago, alcalino do intestino e da presença de enzimas, muco e anticorpos, vários vírus são resistentes a todas essas condições e conseguem infectar a mucosa gastrointestinal. Ex.: rotavírus, adenovírus.

» **Trato urogenital**: mesmo com barreiras, como a presença de muco e o pH ácido, alguns vírus conseguem infectar a região urogenital, tendo sua entrada facilitada por abrasões provocadas pela atividade sexual na vagina e na uretra. Ex.: HIV, papilomavírus humano, hepatite B, herpes simplex 1 e 2.

» **Pele**: a presença de queratina fornece barreira mecânica. O pH baixo, a presença de ácidos graxos e componentes da imunidade inata e adaptativa fornecem proteção à pele. Os vírus só conseguem ultrapassar essa barreira por meio de abrasões, ulcerações ou rompimentos da integridade da pele (picadas de insetos, cortes, perfurações, traumas, mordidas). Ex.: dengue, hepatite B, raiva, herpes simplex 1 e 2.

» **Conjuntiva**: a infecção geralmente ocorre por abrasão da mucosa ou contaminação do ambiente (água de piscina), pois a mucosa é limpa pelo fluxo de secreção ocular e movimento das pálpebras. Ex.: herpes simplex 1 e adenovírus.

As doenças virais se perpetuam porque os vírus continuam sendo excretados na natureza, mantendo assim as infecções nos hospedeiros suscetíveis. Os vírus são eliminados por diversas vias; se ele se multiplica em uma região restrita, sua eliminação fica limitada àquela região, porém, se o vírus consegue realizar uma infecção generalizada, a liberação das partículas infecciosas pode ocorrer em várias vias diferentes e, quanto maior a concentração de vírus eliminada pela via, maior a chance de transmissão da doença para o próximo hospedeiro. As principais **rotas de excreção** dos vírus são:

» **Trato respiratório**: vírus que causam doença no trato respiratório normalmente causam infecção localizada e são excretados por meio de aerossóis, tosse, espirro; pela excreta de animais e poeira; pela fala ou pela saliva e fômites. Ex.: varicela, rubéola e Epstein-Barr.

» **Trato gastrointestinal**: vírus entéricos são eliminados nas fezes e no vômito, são resistentes a condições ambientais e, quando excretados normalmente, são suspensos em água, o que aumenta sua chance de sobrevivência. Ex.: hepatite A, rotavírus.

» **Pele**: são transmitidos normalmente por contato direto com a área afetada. Apesar de existirem vários vírus causadores de lesão na pele, esse modo de transmissão não é tão usual, somente ocorrendo quando a doença produz vesículas e o vírus é eliminado em grande quantidade. Ex. herpes simplex 1 e 2.

» **Geniturinária**: a urina constitui um modo importante de contaminação, uma vez que muitos vírus são eliminados por ela e podem contaminar o meio ambiente e alimentos. Nas secreções vaginais, uretrais e no sêmen também são excretados alguns vírus, porém a contaminação por meio dessas secreções depende do tipo de exposição (comportamento sexual, parto vaginal). Ex.: HIV, HBV, hepatite B.

» **Sangue**: o sangue contaminado com vírus dificilmente tem capacidade de infectar pele integra, sendo a transmissão mais comum pelo compartilhamento de agulhas e material cirúrgico, acidentes com perfurocortantes e em indivíduos que necessitam receber transfusão de sangue e transplante de órgãos e tecidos, sendo realizada a testagem do sangue dos doadores para os vírus como Hepatite B, C e D, HIV e HTLV.

» **Conjuntiva**: alguns vírus são excretados pela conjuntiva, porém essa não é uma via comum de infecção.

» **Leite materno**: a excreção de vírus no leite materno é uma rota de transmissão de infecção para o recém-nascido, porém deve ser verificado se ocorre risco adicional para a criança no processo de amamentação. Ex.: citomegalovírus, HIV-1, HTLV.

Nas infecções virais disseminadas, o vírus tem de infectar as células-alvo e invadir outros tecidos e se disseminar em outros hospedeiros. Isso é feito em várias etapas, as quais diferem entre os vírus. A cada estágio da infecção viral, o hospedeiro utiliza seus mecanismos de defesa para tentar impedir a progressão da infecção. Essas etapas não ocorrem de maneira coordenada, e a finalização de um processo não depende de outro para iniciar, sendo possível vários processos ocorrerem simultaneamente.

Um dos fatores mais importantes na patogênese viral é o **tropismo**, que depende das peculiaridades virais (capacidade de infectar um tipo celular ou vários) e da oportunidade de acesso, a suscetibilidade e da permissividade das células do hospedeiro, sendo determinante no processo de disseminação (linfática, pelo sistema nervoso ou via hematogênica) do vírus no hospedeiro.

Os vírus podem ser disseminados no hospedeiro pela liberação direcionada de partículas, localmente pelas células do epitélio, pelos nervos periféricos, por via linfática e pelo sangue. Na **liberação direcionada**, os vírus que são liberados pela face apical da célula tendem a infectar células vizinhas com liberação local. Vírus liberados pela face basolateral da célula chegam a tecidos adjacentes e se espalham mais facilmente. Após a infecção por meio de células epiteliais, as novas partículas virais conseguem causar infecção local em células vizinhas.

Na disseminação pelos nervos periféricos, os vírus recém-sintetizados são capazes de infectar o sistema nervoso, invadindo as fibras nervosas. Vírus que entram em contato com capilares linfáticos são espalhados para os linfonodos e, posteriormente, liberados no plasma. A liberação dos vírus na corrente sanguínea é denominada *viremia*, que pode ocorrer de várias maneiras; após essa invasão, os vírus têm acesso a diversos tipos celulares.

As infecções virais podem ser assintomáticas (sem sintomas típicos da infecção), agudas ou persistentes. As **infecções agudas** são caracterizadas pelo aparecimento de doença após o período de incubação. Já nas **infecções persistentes ou crônicas** os sintomas ocorrem após um grande período com produção contínua do vírus.

Os vírus podem entrar no processo denominado ***latência viral***, quando coexistem de maneira persistente no hospedeiro e se reativam em condições específicas.

O tipo de infecção (se aguda, crônica ou latente) depende principalmente da idade, do estado nutricional e do sistema imunológico do hospedeiro. Apesar da existência de defesas humorais inatas, como barreiras físicas (camadas de células, temperatura, presença de muco), químicas (pH e liberação de substâncias químicas) e das características genéticas do hospedeiro, alguns vírus avançam e causam infecção.

Após ultrapassar as barreiras físicas e químicas, o avanço da infecção induz imediata ou rapidamente a resposta do sistema imune inato por meio do reconhecimento dos constituintes virais ou dos mecanismos de sinalização de entrada do vírus na célula e sua replicação.

A imunidade inata do hospedeiro utiliza receptores de reconhecimento de padrão (PRR – *pattern recognition receptors*) com o intuito de identificar as características estruturais dos ácidos nucleicos virais. Dentre os receptores PRR, encontra-se a proteíno-quinase, que auxilia no reconhecimento de RNA de fita dupla viral; os receptores tipo *toll* (TLR, *toll-like receptors*), que operam no reconhecimento de componentes da superfície e do genoma dos vírus; RNA helicases (RIG e MDA-5), que realizam o reconhecimento do genoma dos vírus RNA em citoplasma; e os sensores de DNA, que participam do reconhecimento de DNA viral no núcleo ou citoplasma.

Para impedir o avanço da infecção viral, a principal estratégia da imunidade inata é a eliminação das células infectadas. Os interferons do tipo I, células citotóxicas e fagócitos auxiliam nesse processo. Apesar de células dendríticas, monócitos e macrófagos serem rotas de entrada de alguns vírus, eles também auxiliam na ativação da imunidade, com liberação de citocinas pró-inflamatórias e quimiocinas e estimulação da atuação de células NK (*natural killer*) e dos linfócitos T CD8+ para destruição de células infectadas e preservação de células de memória.

A maioria dos mecanismos antivirais em vertebrados é realizado por citocinas na ativação da resposta inata por meio da indução de interferons do tipo I que, junto das citocinas inflamatórias como as interleucinas e o fator de necrose tumoral (TNF, do inglês *tumor necrosis factor*), auxiliam na indução de moléculas antivirais, de fagocitose de células infectadas e ativação da resposta adaptativa, produzindo uma resposta imunitária mais duradoura.

Para inibir a disseminação do vírus pelo organismo, conforme descrevemos até o momento, a imunidade inata utiliza vários tipos celulares, como os linfócitos citotóxicos NK (*natural killer*), células dendríticas plasmocitóides, monócitos, macrófagos e células dendríticas.

As células NK têm como função detectar e eliminar células infectadas e produzir interferon gama para auxiliar na indução de outros mecanismos de controle viral. As células dendríticas plasmocitóides têm a capacidade de endocitar vários tipos de vírus e induzem à produção de interferon do tipo I. Os monócitos dão origem aos macrófagos e células dendríticas após invasão no tecido. Macrófagos, além de fagocitarem os vírus na porta de entrada das mucosas, produzem altas quantidades de interferon do tipo I localmente, funcionando como barreira para infecção de outras células. Já as células dendríticas, por meio dos PRRs, reconhecem a presença dos vírus, sendo uma das primeiras a realizar o reconhecimento dos patógenos invasores e ativar os linfócitos T para início da imunidade adaptativa.

Ao contrário da imunidade inata, que é ativada imediatamente após a entrada do vírus na célula, a imunidade adaptativa demora algum tempo para evoluir; porém, é capaz de produzir imunidade de memória, e em infecções repetidas pelo mesmo vírus, consegue responder de maneira mais intensa e rápida.

As células que compõem o sistema imune adaptativo são os linfócitos B e T; eles têm, em sua superfície, um receptor capaz de reconhecer antígenos invasores de maneira bem específica, levando à produção de anticorpos e morte celular.

Os linfócitos B reconhecem o vírion por meio do receptor de células B (BCR, do inglês *B-cell receptor*) e imunoglobulinas (Ig), e são importantes na eliminação, prevenção de reinfecção e no processo de vacinação contra os vírus. Atuam na produção de anticorpos IgM e, juntamente com os linfócitos T CD4+, na secreção de IgA, IgG e IgE contra o antígeno viral.

Os linfócitos T reconhecem células invadidas por patógenos ou fragmentos proteicos microbianos por meio do receptor de células T (TCR, do inglês *T-cell receptor*), com função de reconhecimento, liberação de citocinas e eliminação de células infectadas pelo vírus. Para ser ativo, o TCR precisa dos co-receptores CD4 e CD8, que reconhecem o complexo principal de histocompatibilidade (MHC, sigla inglesa para *major histocompatibility complex*) classe II e I, respectivamente.

Os linfócitos T CD4+, T auxiliares ou T *helper* (Th, ou linfócito T auxiliar), diante de uma infecção viral, produzem citocinas que aumentam a resposta inflamatória, auxiliam na ativação de macrófagos, células NK e linfócitos T CD8+; ainda, preservam os linfócitos. Apesar da indução de resposta citotóxica, a ação das células T CD4+ é capaz de produzir anticorpos de memória.

Os linfócitos T CD8+ têm a função de eliminar a célula-alvo infectada, além de gerar efeito citotóxico e secreção de citocinas e quimiocinas para controle da infecção viral. Em infecções crônicas, porém, as células T CD8+ podem ser levadas ao esgotamento da função, culminando na diminuição de sua eficiência, bem como a deficiência de células T CD4+ que pode inibir a ativação dessas células.

3.5 Diagnóstico laboratorial

Com a evolução das técnicas de diagnóstico, nos últimos anos ocorreram algumas alterações com relação às infecções virais em todas as etapas do processo.

Vale lembrar que, com a utilização de técnicas de detecção mais sensíveis, houve um aumento da capacidade de identificação de pouca quantidade de vírus que pode estar relacionada a uma infecção persistente ou latente, mesmo que o paciente não esteja necessariamente doente no momento da coleta.

Nesta seção, discutiremos sobre a coleta, o transporte e os principais métodos diagnósticos em virologia.

3.5.1 Coleta e transporte do material

Para um diagnóstico viral, a coleta da amostra é um dos pontos mais críticos para a qualidade e a confirmação do diagnóstico da patologia. Entre as variáveis que podem impactar a qualidade das amostras, estão: o momento da coleta da amostra em relação à doença (fase aguda, crônica ou latência); o tipo de amostra a ser coletada; a quantidade de material; o tempo entre a coleta e processamento do material e as condições de transporte da amostra.

» **Momento da coleta**: o conhecimento da evolução da doença permite definir o melhor momento de coleta da amostra. Por exemplo, a carga viral é mais alta na fase aguda da doença, motivo pelo qual amostras coletadas nesse período têm maior positividade. Contudo, o tipo de teste diagnóstico a ser utilizado deve ser levado em conta em correlação com o estágio da infecção: quando são feitos testes de detecção do vírus, a coleta deve ser realizada no início ou na fase aguda da doença; já para testes de conversão sorológica, as coletas podem ser efetuadas na fase aguda e convalescente, como evidenciado recentemente com a pandemia de SARS CoV-2 (Figura 3.8).

Figura 3.8 – Imunidade mediada por anticorpos na infecção por SARS-CoV-2

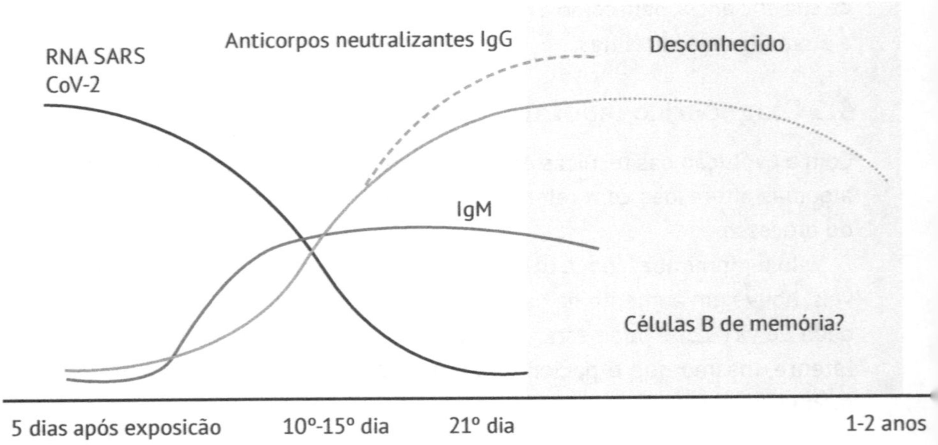

—— Resolução
- - - - Pacientes criticamente enfermos - Realce dependente de anticorpos - imunopatologia da lesão pulmonar
.... Anticorpos IgG de memória (desconhecido)

Fonte: Vabret et al., 2020, p. 917, tradução nossa.

» **Tipo de amostra**: deve refletir o local da infecção/doença, o que demanda o conhecimento da doença e das rotas de entrada e de excreção, tal como expusemos na seção anterior. Se a suspeita é de meningite viral, a amostra coletada deve ser o líquido cefalorraquidiano (LCR); já em infecções de pele, amostras das lesões são as mais indicadas. Apesar disso, pode ser difícil a coleta no órgão específico em que a doença está ocorrendo; então, nesses casos, a coleta pode ser feita na rota de entrada do vírus. É muito importante evitar a contaminação com outros tecidos, órgãos ou secreções no momento da coleta.

» **Quantidade de material**: deve ser coletada uma quantidade suficiente de material para a realização do teste diagnóstico, principalmente quando o material tem de ser encaminhado para a realização de vários testes. Amostras com pequena quantidade de material podem ter pouco ou nenhum vírus, ocasionando uma eventual não identificação com resultado falso negativo. Além disso, amostras muito diluídas em solução salina ou meio de cultura podem dificultar a identificação do vírus.

» **Tempo entre a coleta e o processamento da amostra**: dependendo da metodologia a ser empregada no diagnóstico viral, é crucial o tempo entre a coleta e o processamento. Amostras coletadas para cultura viral têm menor viabilidade do que aquelas para o diagnóstico sorológico ou pesquisa de ácidos nucleicos virais. Sendo assim, é importante conhecer o teste diagnóstico antes da coleta da amostra, pois alguns vírus não são estáveis por períodos prolongados.

» **Condições de transporte da amostra**: as condições de transporte das amostras devem levar em consideração o tipo de material e de teste diagnóstico que será executado. O ideal é que se reduza ao mínimo o tempo entre a coleta e o processamento do material. No entanto, para a manutenção das amostras em condições ideais, durante o transporte, devem ser protegidas de calor e frio extremos e de outras condições adversas. Dependendo do tempo para o processamento, as amostras podem ser transportadas por períodos pequenos em temperatura ambiente; já quando deslocadas por períodos maiores, algumas amostras podem ser armazenadas refrigeradas (4 °C) ou congeladas (–20 °C a –70 °C). Aqui cabe uma ressalva; é preciso ter clareza sobre quais testes serão realizados, pois amostras para cultivo viral não devem ser congeladas, e amostras para antigenemia não devem ser refrigeradas nem congeladas.

Além do cuidado com as variáveis apresentadas, é sempre necessária a coleta em recipientes estéreis e a identificação correta do material de maneira legível, contendo, no mínimo: nome e identificação do paciente, material coletado, data e horário de coleta, de acordo com a legislação legal aplicável.

3.5.2 Isolamento e cultivo viral

Embora o estudo de muitos vírus só tenha sido possível por meio do cultivo viral, a falta de estrutura e de recursos dos laboratórios, além da utilização de técnicas mais rápidas e menos dispendiosas, como métodos imunológicos e moleculares, que conseguem identificar vários patógenos simultaneamente, são alguns dos motivos que acarretaram a diminuição do diagnóstico por cultivo em virologia. No entanto, ele ainda é considerado o método de referência para identificação de novas doenças e comparação entre os métodos de diagnóstico.

Antigamente, o cultivo era realizado em animais ou em ovos embrionados. O cultivo em animais de laboratório atualmente é realizado somente para isolamento de alguns vírus e observação de sintomas; quando não é possível o cultivo do vírus em células, são utilizados camundongos e chimpanzés. O cultivo em ovos embrionados está restrito a propagação, isolamento e produção de vacinas virais.

Outro método de cultivo é o *shell vial*, que consiste na inoculação do vírus em cultura de células seguido de uma centrifugação em baixa velocidade com o objetivo de aumentar o processo de infecção viral. Após a incubação, a detecção do crescimento do vírus geralmente é realizada por imunofluorescência. Essa técnica permite a detecção mais rápida do vírus do que em culturas convencionais.

A cultura de células pode ser realizada utilizando cultivo de células primárias, linhagem celular diploide ou estabelecidas. O cultivo por meio de células primárias (como o rim de macaco primário) consiste na utilização de células obtidas por meio de fragmentos de órgãos que podem ser mantidas por um período curto. Após seu repique, essas células formam uma linhagem celular diploide, normalmente composta de fibroblastos que apresentam um número limitado de passagens. A linhagem celular estabelecida (ex. Hep-2, MDCK, Vero) tem por característica a passagem *in vitro* de maneira contínua, com capacidade ilimitada de crescimento.

Técnicas de engenharia genética também têm sido utilizadas para criar linhagens celulares modificadas para torná-las suscetíveis à infecção viral e à identificação precoce do vírus. Um exemplo é a célula BHK (sigla inglesa para *baby hamster kidney* – célula de rim de hamster recém-nascido), que tem a capacidade de produzir cor quando infectada pelo vírus HSV e com presença de substrato contendo X-gal (5-bromo-4-cloro-3-indolil-β-Dgalactosidase).

Após a escolha do tipo de célula permissiva ao vírus, o principal método de identificação é a verificação do efeito citopático, que são alterações morfológicas observadas na célula por meio de microscopia óptica. Alguns vírus causam efeito citopático específico, sendo possível sua caracterização.

Alternativamente, podem ser realizados os testes de hemaglutinação ou hemadsorção para detecção das partículas em cultivo de células. No **processo de hemaglutinação** são observadas as ligações que alguns vírus realizam com o ácido siálico na superfície das hemácias, formando a aglutinação das hemácias em tubos ou placas de titulação. Caso o teste seja negativo, as hemácias se juntam no fundo do tubo ou placa, formando um botão. A hemaglutinação pode ser realizada para detecção qualitativa ou quantitativa com utilização de diluições seriadas de hemácias para determinação do título viral. Já a **hemadsorção** verifica a capacidade das hemácias de se ligarem às células infectadas por alguns vírus capazes de expressar hemaglutininas.

3.5.3 Detecção direta dos vírus

Para a verificação da presença de vírus, tanto em cultura de células quanto em amostras clínicas, podem ser utilizadas técnicas de identificação de inclusões virais com ou sem coloração por microscopia óptica, por visualização da morfologia estrutural das células ou coloração negativa por microscopia eletrônica.

A identificação citológica ou histológica por **microscopia óptica** pode ser realizada em lâminas com esfregaços, citocentrifução de líquidos, pedaços de tecidos, esfregaço de Tzanck (infecções por HSV e VZV), esfregaço e coloração de Papanicolaou (HPV). A histologia é útil em diferenciar infecção assintomática ou latente de infecção ativa, sendo ainda possível verificar a extensão da lesão e a presença de inflamação.

Para a detecção mais rápida de uma infecção viral, é possível utilizar a detecção de antígenos virais por meio de anticorpos imunofluorescentes, coloração por imunoperoxidase ou imunoensaio enzimático. Essas técnicas podem ser utilizadas para a detecção de VSR, influenza A e B, adenovírus em amostras respiratórias, de HSV e VZV em amostras de membrana mucosa, RV, HAdV e norovírus em amostras de fezes e de HBV, HIV-1 e CMV para amostras de sangue.

3.5.4 Sorologia

Com a sorologia, é possível determinar, além da presença de infecção, o estado imunológico do paciente. O método também permite identificar um vírus isolado em cultura e o comportamento de um vírus na comunidade. As reações sorológicas são métodos indiretos de diagnóstico que determinam a presença de anticorpos produzidos por uma infecção viral, os quais podem permanecer por vários meses ou anos.

Anticorpos da classe IgM são indicativos de infecção recente. Já os do tipo IgG configuram infecção anterior ou soroconversão, caso demonstrado um aumento de quatro vezes nos títulos de anticorpos entre duas amostras de soro. No Quadro 3.5, estão listados os vírus usualmente diagnosticados por sorologia para definição de infecção aguda ou imunidade.

Quadro 3.5 – Utilizações da sorologia para detecção de infecção aguda ou imunidade

Vírus	Infecção aguda	Imunidade
Caxumba	x	x
CMV	x	x
DENV (IgM)	x	
Encefalite viral (*West Nile virus*)	x	
EBV (anticorpos IgG para o capsídeo viral)		x
EBV	x	
Vírus da febre hemorrágica	x	
HAV (anticorpos totais)		x
HBV (anti-HBs)		x
HEV		x

(continua)

(Quadro 3.5 – conclusão)

Vírus	Infecção aguda	Imunidade
Hepatites virais (A-E)	x	
HSV		x
Herpesvírus humano tipo 6 (HHV6)		x
Sarampo	x	x
Parvovirus B19	x	x
Raiva	x	
Rubéola	x	x
HIV	x	
HTLV 1/2	x	
VZV		x

Fonte: Elaborado com base em Knipe; Howley, 2013, p. 434, v. I.

Quando o diagnóstico viral é realizado por meio de sorologia, devem ser escolhidos métodos sensíveis capazes de detectar a presença da infecção viral ou da imunidade adquirida.

» **Teste de neutralização**: no teste de neutralização, amostras de soro do paciente são misturadas com vírus infeccioso que, após incubação, são incorporadas à cultura de células permissivas e novamente incubadas. Após esse processo, verifica-se a presença de efeito citopático, mas caso o soro do paciente tenha anticorpos contra o vírus não será possível a infecção das células e visualização de efeito citopático. Com esse teste, também é possível avaliar a soroconversão; para isso, utiliza-se o soro do paciente em diluição seriada.

» **Teste de inibição da hemaglutinação**: nesse teste, verifica-se a inativação da capacidade de hemaglutinação induzida por alguns vírus na presença de anticorpos específicos. O soro do paciente e o vírus são combinados e, posteriormente, são adicionadas hemácias a essa mistura já incubada. Caso o soro do paciente tenha anticorpos contra o vírus, ocorrerá a inibição da hemaglutinação.

» **Teste de fixação de complemento**: verifica a capacidade dos anticorpos antivirais de se ligarem ao complemento (soro + antígeno + complemento), evitando a lise dos eritrócitos adicionados à reação (hemácia + anticorpo anti-hemácia). Se o soro se ligar ao antígeno e complemento, ele não conseguirá lisar o complexo hemácia-anticorpo.

» **Imunofluorescência direta (IFD)**: nesse método, o corante fluorescente, normalmente isotiocianato de fluoresceína (FITC, do inglês *fluorescein isothiocyanate*) é conjugado com anticorpos específicos e adicionado ao material a ser identificado, já fixado em lâmina de microscopia. Se ocorrer a ligação do antígeno com anticorpo marcado (complexo vírus-anticorpo) é possível visualizar a fluorescência na microscopia óptica, como mostra a Figura 3.9.

Figura 3.9 – Técnicas de imunofluorescência direta e indireta

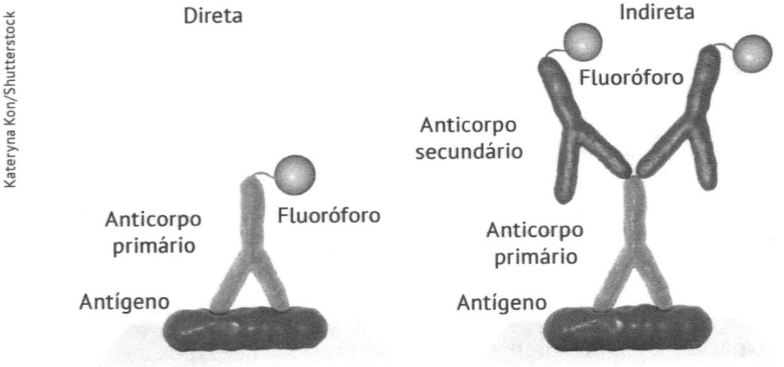

» **Imunofluorescência indireta (IFI)**: nesse método, o anticorpo primário que reconhece o vírus não está marcado com fluorescência e é detectado por um anticorpo secundário conjugado com corante fluorescente. O anticorpo secundário reconhece as imunoglobulinas da espécie animal do anticorpo primário. Após a reação, a avaliação microscópica é realizada em microscópio de epifluorescência com luz ultravioleta (UV). Um exemplo de diagnóstico utilizado como padrão-ouro para definição de doença por CMV é a IFI para detecção do antígeno pp65 (antigenemia) em leucócitos do sangue periférico que, após preparação da lâmina e coloração, são visualizados na cor amarelo-esverdeada, como explicitado na Figura 3.10.

- **Aglutinação do látex**: nessa técnica, o antígeno é ligado a uma partícula de látex que se agrupa na presença de anticorpos específicos para o vírus. Essa reação pode ser utilizada misturada com soro humano ou ligando o antígeno a um carreador formado por anticorpo e misturadas com uma suspensão de partículas virais.

Figura 3.10 – Leucócitos de sangue periférico humano corados por IFI com o *kit* CMV Brite™ turbo

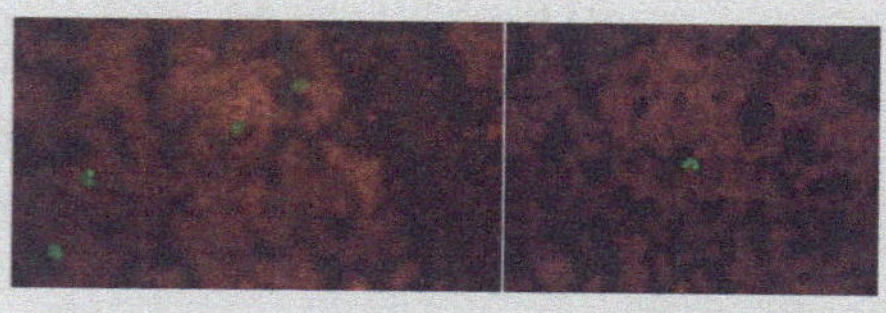

Suzana Carstensen

Nota: Células negativas são contrastadas de vermelho. Células positivas, coloração no núcleo polilobulado, amarelo-esverdeadas.

Fonte: Carstensen, 2015.

- **Imonuperoxidase (IP)**: similar às técnicas de imunofluorescência, com a diferença de utilizar a imunoperoxidase em vez de corante fluorescente, sendo possível a análise em microscopia óptica convencional.
- **Teste imunoenzimático** (EIA – ensaio imunoenzimático; e Elisa – ensaio de imunoabsorção enzimática, do inglês *enzyme linked immuno sorbent assay*): consiste na detecção do imunocomplexo adsorvido em uma superfície de placas com poços, fitas ou cassete. As etapas do teste são: formação do imunocomplexo (antígeno-anticorpo), adição do anticorpo conjugado com a enzima e adição do substrato. Quando o substrato é adicionado e existe a presença da enzima, ocorre uma mudança de cor, indicando reação positiva qualitativa (presença ou ausência) ou quantitativa quando realizada a medição por espectrofotômetro da coloração. O teste pode ser realizado para detecção de anticorpos ou de antígenos, e existem sistemas automatizados para sua realização.
- **Teste imunocromatográfico**: também conhecido como *ensaio imunocromatográfico de fluxo lateral* (LFIA, do inglês *lateral flow immunochromatographic assay*), é uma variação do teste EIA. A amostra é aplicada diretamente em uma membrana de nitrocelulose ou cassete que percorre um fluxo lateral por capilaridade. Na membrana, são imobilizados anticorpos contra o vírus e um controle. Quando a amostra é adicionada e encontra os anticorpos marcados com

partículas de ouro ou fluorescentes, pode ocorrer a ligação. Após a ligação, esse complexo (vírus-conjugado) migra pela membrana até a linha de teste, onde se encontra o segundo anticorpo específico; com isso, uma linha se torna visível. A migração continua até a chegar à linha de controle, sendo o teste positivo quando são visualizadas as duas linhas.

- ***Western Blot* (WB)**: também designado *western blotting ou protein immunoblotting*, é utilizado principalmente como teste confirmatório. Como exemplo, é empregado como confirmação de resultados de EIA positivos para HIV-1. O teste é realizado em duas etapas: (i) preparação e corrida eletroforética e (ii) testagem do soro na membrana. Na corrida eletroforética, é realizada a separação de proteínas em gel de proliacrilamida com detergente aniônico dodecil sulfato de sódio (SDS). Após a corrida, a proteína é transferida do gel para a membrana de nitrocelulose também por diferencial elétrico. Essa membrana é separada em tiras para a testagem do soro. Atualmente existem vários testes comerciais já com as tiras prontas para uso. Na testagem, o soro é adicionado à membrana em tira já com o antígeno, formando o imunocomplexo; em seguida, é adicionado o anticorpo conjugado com enzima. Caso ocorra a ligação específica, quando incorporado o substrato com cromógeno, poderá ser visualizado o resultado.

3.5.5 Diagnóstico molecular

A microbiologia clínica evoluiu consideravelmente com o advento do diagnóstico molecular, mais rápido e preciso sobre as infecções. As técnicas de detecção de ácido nucleico viral podem ser utilizadas para a maioria dos vírus existentes, sendo ferramentas úteis na detecção única ou múltipla, genotipagem e quantificação da carga viral.

- **PCR:** é uma técnica de amplificação de sequencias de DNA *in vitro*. Para sua realização, é necessário um ácido nucleico DNA que servirá de molde para a amplificação (isolado de cultivo de células, tecidos, fluídos corpóreos), desoxinucleotídeos trifosfatados (dNTP), solução tampão, oligonucleotídeos iniciadores (*primers*) e a uma enzima DNA polimerase termoestável (Taq polimerase). A PCR ocorre por ciclos repetidos de desnaturação, anelamento e extensão em diferentes temperaturas, controladas por um equipamento termociclador. Após esse processo, o produto da PCR é visualizado em eletroforese em gel com coloração ou por hibridização. A PCR é uma técnica bem sensível e pode detectar de 1 até 10 cópias de DNA.

- **RT-PCR**: uma das variações da técnica da PCR é a realização da construção de um DNA complementar (DNAc) com base em uma amostra de RNA, para posterior amplificação por meio da PCR, ambos os processos realizados *in vitro*.
- **Reação em cadeia da polimerase de amplificação múltipla**: é possível ainda a amplificação por PCR de vários alvos simultaneamente. Para isso, são utilizados oligonucleotídeos iniciadores (*primers*) que anelam em sequências de patógenos diferentes, realizando a amplificação múltipla.
- **Reação em cadeia da polimerase em tempo real (qPCR – PCR quantitativo)**: realizada com iniciadores, sondas ou produtos amplificados com marcação fluorescente, que são identificadas pelo equipamento em tempo real a partir da amplificação do produto específico. O teste pode fazer detecção qualitativa ou quantitativa, utilizando padrões com valores conhecidos para construção do gráfico de intensidade de fluorescência. Essa metodologia pode ser realizada utilizando os corantes SYBR *green*, Taqman ou FRET (*fluorescence ressonance energy transfer*, ou transferência ressonante de energia por fluorescência).
- **Ensaios de amplificação de RNA**: são processos isotérmicos que utilizam as enzimas transcriptase reversa, ribonuclease H e T7 RNA polimerase-DNA dependente. A reação envolve a produção de um DNAc ao RNA-alvo que posteriormente é convertido em um DNA de dupla fita que funciona como molde para a transcrição de um RNA, o qual servirá, por sua vez, de molde para a reação de amplificação. A técnicas que utilizam esse processo são o Nasba, o TMA (do inglês *transcription mediated amplification*, ou amplificação mediada por transcrição) e 3SR (do inglês *self-sustained sequence replication*, ou replicação de sequências autossustentável).
- **Hibridização *in situ***: nesse tipo de técnica, o DNA de células ou tecidos já fixados em uma lâmina são desnaturados. Na sequência, são adicionadas sondas conjugadas ou não com enzima, que se hibridizam à sequência complementar. A visualização é realizada em microscópio óptico.

» **Captura híbrida**: o DNA-alvo é desnaturado e hibridizado com sondas de RNA e colocado em uma placa contendo anticorpos híbridos; também são feitas ligação e lavagens para retirada do sobrenadante, adicionando-se o anticorpo conjugado à enzima. Após a lavagem final, é detectada a amplificação de sinal do DNA-alvo hibridizado por meio de quimiluminescência.
» **Microarranjos**: na técnica de microarranjo, forma-se uma coleção de DNA para genes específicos que, após a amplificação, são imobilizados em superfícies solidas de plástico, vidro ou silicone. As sequências de DNA teste são marcadas com corantes fluorescentes e adicionadas à superfície sólida contendo o DNA já fixado. Após a hibridização e a lavagem para remoção das amostras que não hibridizaram, é feita a leitura pela emissão da fluorescência.
» **Sequenciamento**: a análise de produtos amplificados pode ser realizada por reação de sequenciamento, sendo os mais conhecidos o método de Sanger, o pirosequenciamento ou o sequenciamento de nova geração (NGS, do inglês *next-generation sequencing*). São utilizados com a finalidade de identificar precisamente um tipo viral para realização de genotipagem, evidenciar a presença de mutações que possam causar resistência aos medicamentos antivirais e monitorar a progressão da doença.

O método de Sanger se baseia na amplificação de uma fita de DNAc na presença de 2' desoxirribonucleotídeos fosfatados (dNTPs) e 2',3' dideoxinucleotídeos (ddNTPs) como terminador de síntese com marcação fluorescente. A amostra de DNA é submetida à reação e, quando ocorre a incorporação de um dideoxinucleotídeo, a amplificação da fita termina. No final da reação, os dideoxinucleotídeos terão incorporado em todas as posições do DNA-alvo. A leitura é realizada em um equipamento de eletroforese capilar em gel que, por meio da marcação fluorescente dos ddNTPs, identifica os picos de fluorescência e monta o cromatograma da sequência.

O pirosequencimento é uma reação complexa que resulta na emissão de luz detectável por meio de adenosina trifosfato (ATP) e enzima luciferina.

Já no NGS, é possível o sequenciamento de milhões de moléculas de DNA de maneira direta com alto rendimento em apenas algumas horas, podendo ser utilizada para identificação do conjunto de vírus encontrados no organismo humano, o viroma.

3.6 Vacinas virais e antivirais

3.6.1 Vacinas virais

Apesar de as barreiras mecânicas e de os mecanismos da imunidade inata serem capazes de proteger o hospedeiro de grande diversidade de patógenos virais, e de a imunidade adaptativa fornecer imunidade no caso de exposições repetidas pelo mesmo patógeno, somente as vacinas conseguem eliminar e controlar a disseminação de patógenos, reduzindo o número de hospedeiros naturalmente suscetíveis. As vacinas têm um forte impacto nas relações entre os seres humanos e as doenças infecciosas, apresentando um amplo benefício na redução da circulação de patógenos e no controle de epidemias.

Desde processo de variolação praticado na Índia e na China, onde se empregava material seco extraído das lesões de varíola em pacientes infectados, o médico Edward Jenner empreendeu as primeiras investigações sobre o processo de **imunização ativa**, por meio de vacinação. Nesse processo, ele utilizou lesões presentes nas mãos de ordenhadoras de vacas, que, ao entrarem em contato com as lesões de varíola dos animais, não apresentavam a doença. Ele então inoculou o fluido contaminado em uma incisão no braço de uma criança e, verificando que a doença não se manifestou, provou que o menino estava imunizado. Em sua publicação, atribuiu o nome de *vacina*, do latim *vacca* (vaca), ao processo de imunização. Após o processo de imunização em massa, a varíola foi considerada erradicada entre a população.

Após um longo período sem o aparecimento de novas vacinas, Louis Pasteur e colaboradores, em 1885, conseguiram desenvolver a vacina antirrábica de uso humano. A evolução dos estudos dos patógenos permitiu identificar as características das doenças e, com o aprimoramento da imunologia, proporcionaram o desenvolvimento de novas vacinas.

Atualmente, o processo de imunização pode ser realizado com vacinas com vírus vivos (atenuados), inativados, de subunidades ou recombinantes e de DNA.

3.6.1.1 VACINAS DE VÍRUS ATENUADOS

As vacinas com vírus atenuados têm a capacidade de estimular a resposta imunológica eficaz e durável. A forte indução imunológica causada pela vacina é importante na imunidade de mucosa e mediada por células (ativação de linfócitos T CD4+ e CD8+) com produção de anticorpos, sendo a administração via mucosa mais eficiente na estimulação da resposta local do que a inoculação por via parenteral.

Entre as desvantagens desse processo de imunização estão: perda de sua atenuação nos processos de fabricação, armazenamento e transporte, o que pode desencadear o desenvolvimento da doença; possibilidade de o vírus reverter sua virulência e sofrer mutações; e contaminação com agentes adventícios (bactérias e fungos). Outra preocupação com relação às vacinas atenuadas é que elas não podem ser administradas em grávidas, pelo risco de transmissão da doença ao feto após a vacinação, uma vez que o vírus permanece replicativo. No caso de imunossuprimidos, a ocorrência de vírus selvagem pode interferir na eficácia da imunização e gerar instabilidade em vacinas termolábeis.

Para a produção de vírus atenuados, são utilizados vírus do tipo selvagem. Após crescimento e várias passagens em cultura de células ou em ovos embrionados em temperaturas não fisiológicas, são selecionados vírus com mutações menos virulentas, mas capazes de induzir resposta imunológica duradoura, assemelhando-se a uma infecção natural, com a diferença de que se restringe a órgãos específicos, em vez de atingir os órgãos afetados naturalmente pela doença.

Esse processo tem sido amplamente utilizado para obtenção de vacinas. As vacinas contra rubéola e poliomielite (Sabin) foram desenvolvidas após passagens em células de tecido renal de macaco; a vacina contra febre amarela e sarampo, em células de embrião de galinha; e a contra caxumba, em ovos embrionados. As vacinas inativadas para sarampo, caxumba e rubéola podem ser administradas separadamente ou em conjunto (vacina MMR, do inglês *measles, mumps, and rubella*, ou tríplice viral).

3.6.1.2 VACINAS COM VÍRUS INATIVADOS

Esse tipo de vacina produz uma imunidade menos efetiva, e a maioria sem ativação dos linfócitos T CD8+. O nível de proteção vacinal difere entre os tipos de vacina com vírus inativados, sendo algumas de imunização permanente e outras parcialmente protetoras.

Oferecem como vantagens a imunização sem risco de infecção e menor chance de contaminação por agentes adventícios. São desvantagens a baixa ativação de linfócitos T CD8+ e a necessidade de a aplicação ser realizada por via parenteral, o que pode diminuir sua eficácia em vírus que infectam superfícies da mucosa.

Para a produção desse tipo de vacina, os vírus inteiros são cultivados em uma variedade de células e inativados por calor, alterações de pH, radiação ou por meio de agentes químicos (formalina, formaldeído, detergentes), perdendo sua capacidade de se replicar.

A vacina anual contra os vírus influenza é desenvolvida por meio de uma mistura de cepas (duas linhagens do tipo A e uma do tipo B) inoculadas em ovos embrionados e posteriormente inativados. Outros exemplos de vacinas inativadas são a contra poliomielite (Salk) e a contra a raiva.

3.6.1.3 VACINAS DE SUBUNIDADES OU RECOMBINANTES

Para a produção desse tipo de vacina, utilizam-se proteínas virais do capsídeo que, após clonagem por meio de vetores bacterianos ou eucarióticos, codificam essas proteínas denominadas *partícula pseudoviral* (VLP, do inglês *virus-like particles*).

Nesse sistema não há chance de o vírus causar doença, pois produz uma resposta imunológica eficiente por meio da presença de epítopos naturalmente encontrados no vírus nativo. Outra vantagem é a estabilidade no armazenamento, sendo possível em alguns casos a imunização oral.

São desvantagens o alto custo, a complexibilidade na produção, e o fato de não haver replicação do vírus após administração da vacina, motivo pelo qual ocorre menor indução de linfócitos T CD4+ e CD8+, o que gera a impossibilidade de causar doença.

A vacina contra o vírus HPV é desenvolvida com proteínas recombinantes e tem se mostrado eficaz na imunização.

3.6.1.4 VACINAS DE DNA

A utilização de vacinas de DNA construídas com plasmídeos bacterianos apresenta vantagens como flexibilidade no processo de desenvolvimento, inserção de genes de diferentes sorotipos, capacidade de escalonamento, estabilidade, indução de linfócitos T CD4+ e CD8+ e a impossibilidade de causar doença, por não utilizar a partícula viral completa.

Assemelha-se à imunidade adquirida por meio de vacina com vírus atenuados e, apesar de se mostrar uma estratégia promissora de imunização, ainda não estão disponíveis para uso humano.

3.6.2 Antivirais

Apesar do avanço nos estudos em biologia molecular, genética e proteômica, que contribuíram para o sucesso na busca por antivirais, ainda existem poucos medicamentos disponíveis. Entre os problemas enfrentados na formulação de antivirais estão a dificuldade de inibir somente a replicação do vírus sem causar toxicidade para o hospedeiro, a alta taxa de mutação dos vírus e o tratamento prolongado em alguns pacientes – situações que contribuem para o aparecimento de resistência aos fármacos antivirais disponíveis.

Diferentemente dos antibióticos, os antivirais têm a efetividade limitada normalmente a uma família de vírus específica. Apesar do sucesso no combate da replicação do vírus HIV e do aumento da disponibilidade de antivirais para o combate da AIDS e doenças oportunistas, ainda existem poucos antivirais disponíveis, sendo as pesquisas voltadas basicamente para o desenvolvimento de antivirais para controle do HIV, herpesvírus, doenças respiratórias, febres hemorrágicas, viroses emergentes e reemergentes.

Conforme o vírus entra em contato com o hospedeiro, são realizadas várias etapas da biossíntese viral, sendo esses estágios utilizados para a formulação de antivirais, como detalharemos a seguir.

» **Inibidores de adsorção e entrada do vírus**: impedem a adsorção do vírus aos receptores celulares e fusão do envelope; como consequência, outros processos da biossíntese viral não ocorrem, permitindo que o sistema imunológico elimine o vírus.

» **Inibição da penetração e desnudamento da partícula viral**: inibição e bloqueio do desnudamento, evitando que o ácido nucleico do vírus seja liberado dentro da célula.

» **Inibição da transcrição inicial do vírus**: os vírus transcrevem uma infinidade de proteínas com várias funções. Esses antivirais inibem algumas enzimas virais, como as DNA e RNA polimerases.

» **Interferência no início da tradução**: interferem na produção de proteínas que fazem parte do ciclo replicativo.

» **Inibição da replicação do genoma viral**: inibem a produção do ácido nucleico do vírus.

» **Inibição da transcrição**: inibem a transcrição tardia e a integração do genoma do vírus ao da célula infectada.

» **Interferência na tradução**: interferem no processo final de tradução de proteínas estruturais do vírus.
» **Interferência na montagem e maturação das partículas**: interferem nas proteínas virais envolvidas no processo.
» **Inibição da saída do vírus por brotamento**: inibem a liberação das partículas virais.

3.6.2.1 ANÁLOGOS DE NUCLEOSÍDEOS OU NUCLEOTÍDEOS

Essa classe de antivirais é a mais utilizada e abundante. Agem inibindo as polimerases virais. Entre os mais conhecidos estão o aciclovir e os derivados ganciclovir e fanciclovir para tratamento de infecções causadas pelos herpesvírus. Muitos análogos de nucleosídeos são utilizados no tratamento de infecções pelo HIV, como a zidovudina (ZDV), também conhecida como *azidotimidina* (AZT) e a lamivudina (3TC). Para o tratamento da infecção pelo vírus HBV, são utilizados os fármacos adefovir, telbivudina e entecavir.

3.6.2.2 ANTIVIRAIS PARA TRATAMENTO DO HIV-1

O primeiro antiviral descrito para tratamento de pacientes com HIV-1 foi a ZDV, ou AZT, sendo utilizado como principal fármaco no tratamento de pacientes sem tratamento anterior. Atualmente, existem várias alternativas de tratamento para o controle da replicação do vírus HIV-1 nos pacientes e, como a utilização da monoterapia em pacientes em estágio avançado apresentou alta mortalidade e a ocorrência de resistência, a associação de medicamentos se tornou uma alternativa importante para o aumento da eficácia dos antivirais anti-HIV-1. No Quadro 3.6, a seguir, apresentamos as principais classes de medicamentos para tratamento do HIV-1.

Quadro 3.6 – Antivirais para o tratamento da infecção pelo HIV-1

Antiviral	Modo de ação
Zidovudina (ZVD ou AZT)	Análogo da timidina, tem como ação a inibição da transcriptase reversa (TR), competindo com o substrato desoxitimidina trifosfato.
Estavudina (d4T)	Similar ao AZT tendo como análogo a timidina.
Lamivudina (3TC)	Análogo da citidina com inibição da TR. Também utilizada no tratamento do HBV.

(continua)

(Quadro 3.6 – conclusão)

Antiviral	Modo de ação
Abacavir (ABC)	Análogo do carboxílico da guanosina, que após fosforilação em abacavir monofosfato, desaminação em carbovir monofosfato e fosforilação em carbovir trifosfato (CBV-TP) é incorporado ao DNA proviral e, por consequência, bloqueia a síntese de DNA.
Entricitabina	Fármacos inibidores de análogos não nucleosídico, inibem a replicação do vírus pela ligação não competitiva à TR.
Nevirapina	
Delavirdina	
Efavirenz	
Etravirina	
Rilpivirina	
Raltegravir	Inibidores da integrase do vírus, impedem a inserção do DNA proviral no DNA celular.
Elvitegravir	
Dolutegravir	
Saquinavir	Inibidores de peptídeo mimético bloqueiam a protease através da estrutura química semelhante ao substrato natural e, consequentemente, impossibilitam a maturação do vírus.
Indinavir	
Ritonavir	
Nelfinavir	
Lopinavir	
Atazanavir	
Amprenavir/ fosamprenavir	
Tipranavir	Inibidores não peptídeos miméticos da protease atuando no bloqueio da ação da aspartil-protease, ligando-se ao sítio ativo da enzima.
Darunavir	
Fumarato de tenofovir disoproxil (TDF)	Inibidor análogo nucleotídico da guanosina com atuação na TR. Também utilizada no tratamento do HBV.
Enfuvirtida	Inibidor da fusão do envelope do vírus com os linfócitos T CD4+.
Maraviroc	Atua no bloqueio da adsorção do vírus ao correceptor CCR5, e como consequência a entrada do vírus nas células.

Fonte: Elaborado com base em Knipe; Howley, 2013.

3.6.2.3 ANTIVIRAIS PARA TRATAMENTO DE HERPESVÍRUS

O primeiro antiviral para infecção por herpesvírus foi um análogo de nucleosídeo para o tratamento de HSV; desde então, vários análogos de nucleosídeos foram desenvolvidos para infecções por HSV, e, aos poucos, foram substituídos por outros antivirais.

A busca por antivirais para outro herpesvírus, o HCMV, culminou no desenvolvimento do ganciclovir, que é a primeira linha terapêutica para combate ao HCMV, principalmente em pacientes imunocomprometidos.

No Quadro 3.7, a seguir, arrolamos os principais antivirais para tratamento dos herpesvírus.

Quadro 3.7 – Antivirais para o tratamento de infecção pelos herpesvírus

Antiviral	Modo de ação
Iododesoxiuridina Trifluridina	Análogos de timidina que, após fosforilação por meio de enzimas da célula, passam a se apresentar trifosfatados, inibindo a replicação viral por meio da incorporação ao DNA viral.
Vidarabina	Análogo de adenosina que em sua forma trifosfatada consegue inibir a polimerase viral e, por consequência, a síntese de DNA do vírus, por meio da competição com o substrato natural.
Aciclovir Valaciclovir Fanciclovir	Análogos ou derivados de guanosina que, ao adquirirem a forma trifosfatada, inibem a replicação viral, competindo com o substrato natural da DNA polimerase viral.
Ganciclovir Valganciclovir	Análogos de guanosina que, ao adquirirem sua forma trifosfatada por meio da região do genoma de HCMV, inibem a DNA polimerase viral (inibidores competitivos).
Cidofovir	Análogo nucleotídico da desoxicitidina monofosfato que, após ativação em sua forma trifosfatada, inibe a DNA polimerase viral (inibidor competitivo).
Fomivirsen sódico	Se liga ao RNAm do gene IE2 inibindo a replicação do HCMV.
Fosfonoformatosódico	Análogo do pirofosfato (inibição não competitiva), associa-se ao DNA polimerase do HCMV impedindo os nucleotídeos.

Fonte: Elaborado com base em Knipe; Howley, 2013.

3.6.2.4 ANTIVIRAIS PARA TRATAMENTO DE HEPATITES B E C

Para o sucesso no tratamento da hepatite B, é necessário que a resposta imunológica do hospedeiro seja reestabelecida além da supressão antiviral, principalmente para que seja possível evitar e reverter as complicações da doença.

O tratamento para HCV pode reduzir a transmissão e complicações do vírus. Atualmente, há vários antivirais capazes de eliminar o vírus do paciente.

A decisão de utilizar fármacos antivirais para tratamento do HBV e do HCV deve considerar o estágio da doença, o genótipo do vírus, a idade do paciente, a comorbidade e a presença de co-infecção.

Listamos, no Quadro 3.8, os principais antivirais para tratamento das hepatites B e C.

Quadro 3.8 – Antivirais para o tratamento da infecção por hepatites B e C

Antiviral	Modo de ação
IFN-α 2a convencional IFN-α 2b convencional IFN-α 2a peguilado IFN-α 2b peguilado IFN-α 2a peguilado + ribavirina IFN-α 2b peguilado + ribavirina	Os interferons têm atividade antiviral por interferirem na replicação e por contribuírem para a eliminação dos vírus. Algumas das atividades dos interferons são a inativação e a degradação do RNA viral, a inibição da síntese de proteínas e liberação de óxido nítrico nas células.
Telaprevir Boceprevir Simeprevir	Inibidores da enzima serino-protease NS3/4A do HCV e, por consequência, a maturação do vírus
Sofosbuvir	Inibidor da RNA polimerase e síntese de RNA do vírus HCV.
Daclatasvir	Inibidor da proteína NS5 com função de RNA polimerase-RNA dependente, interferindo na replicação e montagem do vírus HBV e HCV.
Lamivudina Entecavir Telbivudina	Inibidores nucleosídeos da transcriptase reversa e, como consequência, da formação do DNA dos vírus da hepatite B.
Adefovirdipivoxil TDF	Inibidores nucleotídicos da transcriptase reversa interrompendo a síntese de DNA dos vírus da hepatite B.

Fonte: Elaborado com base em Knipe; Howley, 2013.

3.6.2.5 ANTIVIRAIS PARA TRATAMENTO DE VÍRUS INFLUENZA

A utilização de antivirais para tratamento do vírus influenza em pacientes têm tanto função profilática quanto função terapêutica, podendo reduzir a gravidade e a duração dos sintomas.

A seguir, no Quadro 3.9, apresentamos as principais classes de medicamentos antivirais para tratamento da infecção pelo vírus influenza.

Quadro 3.9 – Antivirais para o tratamento da infecção pelo vírus influenza

Antiviral	Modo de ação
Amantadina	Utilizado no bloqueio da infecção por meio da ligação ao canal de próton da proteína M2 do vírus influenza A.
Rimantadina	
Oseltamivir	Atuam no bloqueio da liberação de novas partículas dos vírus influenza A e B. Como são análogos do ácido siálicos, inibem a neuraminidase desses vírus.
Zanamivir	

Fonte: Elaborado com base em Knipe; Howley, 2013.

Síntese

Neste capítulo, diferenciamos os vírus de outros microrganismos. Os vírus são seres subcelulares, apresentando características morfológicas e tamanhos bem distintos. Constituídos por um tipo de ácido nucleico (DNA ou RNA) e capsídeo, alguns têm um envoltório denominado *envelope*.

Necessitam de uma célula hospedeira para a produção de novas partículas virais, processo que envolve várias etapas: a adsorção à célula, a entrada do vírus ou do ácido nucleico, desnudamento do capsídeo, replicação, montagem e liberação da partícula viral. Por terem diferentes tipos de ácidos nucleicos, foi evidenciado que os vírus utilizam estratégias diferentes de replicação de seu genoma.

Explicamos a interação dos vírus com os seres vivos, ou seja, como ocorre a transmissão e o aparecimento de novas doenças, epidemias e pandemias. Nesse contexto, citamos os principais vírus que causam doenças em humanos, assim como os modos de evitar sua transmissão e os tratamentos disponíveis.

O diagnóstico laboratorial dos vírus nos seres humanos pode ser realizado de diversas maneiras: por meio do cultivo viral, detecção direta, sorologia e técnicas moleculares. O que diferencia o método de escolha é o objetivo do diagnóstico.

Para a prevenção das viroses, existem várias estratégias para a produção de vacinas, algumas já disponíveis para doenças mais prevalentes e outras ainda em estudo. No entanto, os antivirais não estão disponíveis para todas as doenças existentes e apresentam efetividade limitada. Dessa forma, verificamos que é preciso avançar nos estudos sobre tratamento e controle de viroses com o objetivo de diminuir os impactos causados pelos vírus.

Questões para revisão

1. Sobre o ácido nucleico dos vírus, assinale a alternativa **incorreta**.
   a. Os vírus contêm material genético composto de DNA e RNA.
   b. Existem vírus que têm genoma de RNA de fita dupla.
   c. Vírus RNA de fita simples podem apresentar polaridade positiva.
   d. Alguns vírus contêm um genoma segmentado.
   e. Vírus RNA de fita simples podem apresentar polaridade negativa.

2. Assinale a alternativa que melhor representa a sequência de eventos na multiplicação de um vírus que infecta animais:
   I. Entrada do ácido nucleico ou do vírus na célula do hospedeiro.
   II. Adsorção.
   III. Biossíntese viral.
   IV. Montagem e liberação da partícula viral.
   V. Desnudamento.

   a. V, IV, III, II, I.
   b. I, II, III, IV, V.
   c. II, I, V, III, IV.
   d. III, V, II, IV, I.
   e. II, V, III, IV, I.

3. Existem duas classificações para os vírus: a do Comitê Internacional de Taxonomia de Vírus (ICTV) e a de Baltimore (1975). Cite as principais diferenças entre as duas.

4. Com relação aos herpesvírus humanos, correlacione a primeira com a segunda coluna.

( ) HHV4
( ) HHV1
( ) HHV5
( ) HHV2
( ) HHV3

1. Lesões abaixo da cintura e genital
2. Varicela/catapora/herpes-zóster
3. Vesículas não genitais, acima da cintura
4. Mononucleose infecciosa
5. Citomegalovirose

Assinale a alternativa correta:

a. 4, 5, 2, 3, 1.
b. 2, 5, 3, 4, 1.
c. 3, 1, 5, 2, 4.
d. 5, 4, 3, 2, 1.
e. 4, 3, 5, 1, 2.

5. Complete o quadro a seguir.

Vírus	Sintomas clínicos	Modo de transmissão
Rubéola		
Sarampo		
Caxumba		

Questões para reflexão

1. Apesar dos avanços da microbiologia e da imunologia, ainda não é possível controlar todas as doenças virais. Indique uma doença viral emergente e liste no mínimo duas razões pelas quais estamos identificando novas doenças causadas por vírus atualmente.
2. Algumas vacinas são mais efetivas do que outras no controle de doenças infecciosas. Cite um exemplo de uma vacina viral com menor efetividade e a possível explicação.

Capítulo 4

Micologia

Profª. Luiza Souza Rodrigues

Conteúdos do capítulo

- » Morfologia e biologia dos fungos.
- » Principais doenças causadas por fungos.
- » Coleta e processamento inicial de amostras biológicas.
- » Identificação de fungos de importância médica.
- » Principais micoses humanas.

Após o estudo deste capítulo, você será capaz de:

1. revisar os aspectos gerais da biologia dos fungos;
2. diferenciar leveduras, fungos filamentosos e fungos dimórficos;
3. distinguir os tipos de reprodução e os propágulos reprodutivos que auxiliam na identificação de fungos filamentosos;
4. definir as doenças causadas por fungos;
5. esclarecer a classificação clínica das micoses;
6. relacionar as técnicas laboratoriais para isolamento e identificação de fungos de importância médica;
7. identificar as principais infecções fúngicas;
8. reunir informações sobre a fisiopatologia, epidemiologia e diagnóstico das principais infecções fúngicas.

4.1 Morfologia e biologia dos fungos

Estima-se que existam de 1,5 a 5 milhões espécies fúngicas na natureza, entretanto apenas cerca de 10% delas sejam conhecidas. Além de numerosos, os fungos têm grande diversidade morfológica e distribuição ubíqua, porque, em geral, são tolerantes a variações de temperatura, umidade e potencial hidrogeniônico (pH), embora sejam mais bem adaptados a ambientes úmidos e quentes, característicos de regiões tropicais e subtropicais (Oliveira, 2014; Tortora; Funke; Case, 2017).

Conhecidos como *sapróbios* ou *decompositores*, esses microrganismos não são exigentes do ponto de vista nutricional. São classificados como *quimioheterotróficos*, pois utilizam compostos orgânicos, normalmente provenientes da matéria orgânica em decomposição, como fonte de energia. Como realizam digestão externa, secretam enzimas digestivas (lipases, invertases, amilases e proteinases) para o meio extracelular e absorvem o alimento (Brooks et al., 2014; Oliveira, 2014).

Em sua maioria, são aeróbios obrigatórios, produzindo energia exclusivamente por processo metabólico (respiração celular) dependente de oxigênio; entretanto, algumas leveduras são anaeróbias facultativas, sendo capazes de sobreviver na ausência ou em baixas tensões de oxigênio, produzindo energia por fermentação alcoólica (Brooks et al., 2014; Oliveira, 2014; Tortora; Funke; Case, 2017).

Em razão de suas características metabólicas, podem produzir impactos positivos sobre diferentes áreas da atividade humana (indústria, alimento, agropecuária e biotecnologia). Todavia, na área médica destacam-se por seus efeitos negativos sobre a saúde humana e de outros animais (Brooks et al., 2014).

Curiosidade

Como a micologia e a feitura de pães se relaciona?

A produção de pães depende da fermentação, processo que envolve o fermento biológico. Esse ingrediente é composto de microrganismos vivos, os quais fazem a massa do pão crescer.

Seja qual for o nome atribuído ao fermento, se levedo ou levedura, o fato é que ele é um ser vivo, um **fungo**, do **tipo unicelular**. Além disso, compreendendo as características desse microrganismo há uma maior chance de o pão crescer e ficar mais saboroso.

O fermento biológico em grãos é o mesmo que em pasta, a diferença é que, no primeiro as leveduras estão desidratadas e, no segundo, hidratadas; isso justifica o fato de um ser mantido em temperatura ambiente e o outro na geladeira. As leveduras desidratadas estão metabolicamente inativas, então não há problema mantê-las em temperatura ambiente, já as hidratadas devem ser mantidas em baixas temperaturas para que suas reações químicas sejam desaceleradas, aumentando, assim, sua durabilidade.

Essas características também explicam a necessidade de hidratar com água preferencialmente morna as leveduras em grão, ao passo que a em pasta pode ser colocada diretamente na receita.

A água morna é indicada porque toda enzima tem uma temperatura ótima para interação com seu substrato. Por isso, a ideia é deixar as leveduras em uma temperatura confortável para que possam produzir energia. Água fervente nunca deve ser usada, pois mata as leveduras.

Sabe aquela dica da vovó de deixar a massa em um lugar quentinho, com um pano úmido por cima? Ela faz todo sentido! Com calor e umidade, as leveduras produzem energia e liberar dióxido de carbono, o gás que faz a massa crescer. E a dica de colocar uma pitada de açúcar mesmo que o pão não seja doce? Ótima ideia! Afinal, funciona como fonte de energia para a produção de adenosina trifosfato (ATP) e liberação de gás carbônico (Maicas, 2020).

4.1.1 Célula fúngica

Fungos são seres vivos eucarióticos; independentemente se unicelulares ou pluricelulares, todos apresentam estrutura celular com material genético individualizado, protegido pela carioteca, e organelas, como ilustrado na Figura 4.1. Diferentemente das plantas, não apresentam cloroplastos e, por conseguinte, são incapazes de realizar fotossíntese. Além disso, assim como os animais, armazenam energia na forma de glicogênio no interior da célula.

Figura 4.1 – Estruturação celular dos fungos

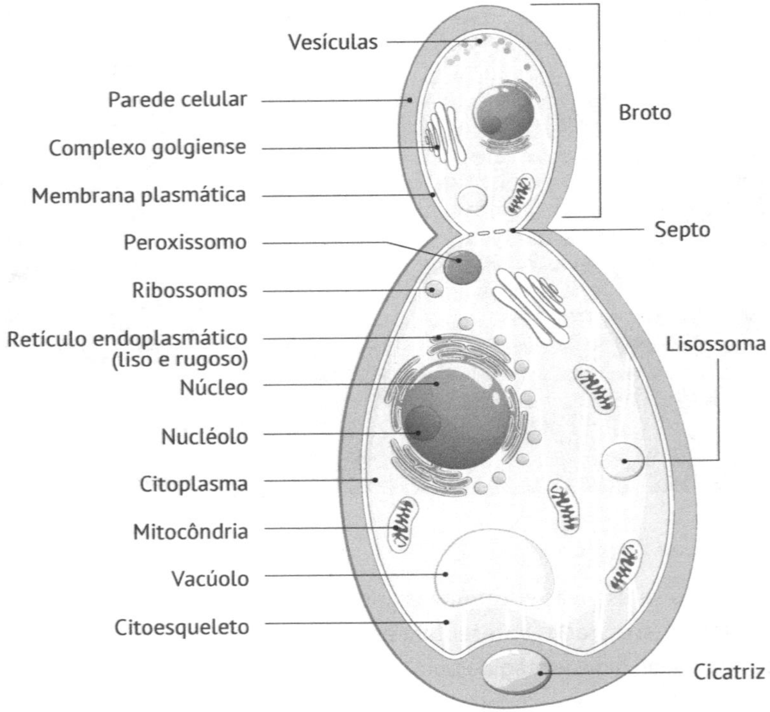

Designua/Shutterstock

A **membrana plasmática**, de composição lipoglicoproteica, é rica em ergosterol, atuando na permeabilidade seletiva entre os ambientes intra e extracelular. Externamente à membrana plasmática, os fungos apresentam parede celular que lhes confere proteção física, química e contra variações osmóticas do ambiente, mas, diferentemente de outros seres vivos, é composta principalmente de glucanos, mananas e quitina. Adicionalmente, algumas leveduras apresentam cápsula, um revestimento externo, constituído por mucopolissacarídeo, que protege o microrganismo contra fagocitose (Tortora; Funke; Case, 2017).

Importante!

Diferentemente das bactérias, a parede celular dos fungos não é composta de peptidoglicano, e, diferente das plantas, não apresentam celulose.

Fungos unicelulares são denominados *leveduras*, já os pluricelulares, são chamados de *fungos filamentosos*, *mofos*, *bolores* e *cogumelos*. Há, ainda, um terceiro grupo morfológico, que inclui os fungos capazes de alternar sua morfologia de acordo com as condições ambientais e nutricionais; estes são conhecidos como *dimórficos* (Anvisa, 2004).

As leveduras têm estrutura celular esférica ao microscópio óptico (blastoconídio), ao passo que os fungos pluricelulares são constituídos por células alongadas (tubulares), denominadas *hifas*, mostradas na Figura 4.2 (Mezzari; Fuentefria, 2012; Tortora; Funke; Case, 2017).

Conjuntos de hifas formam micélios, massas filamentosas que compõem o corpo dos fungos e que, didaticamente, são divididos em micélio vegetativo e micélio reprodutivo. O **micélio vegetativo** atua na sustentação do microrganismo e na absorção nutricional, sendo localizado dentro e sobre o substrato ou meio de cultura; já o **micélio reprodutivo**, como o próprio nome sugere, faz propagação da espécie e também é conhecido como **micélio aéreo** (Mezzari; Fuentefria, 2012; Tortora; Funke; Case, 2017).

As **hifas** podem ser classificadas de acordo com seu aspecto. Hifas com pigmentação marrom (pela presença de melanina), são denominadas *negras* ou *demácias*, já as que não apresentam pigmentação são conhecidas como *hialinas*. Outra característica refere-se à presença ou não de septos (paredes celulares que cruzam o citoplasma perpendicularmente), sendo denominadas *septadas* ou *cenocíticas*; por fim, as hifas podem apresentar ramificações ou não, como indicado na Figura 4.2 (Mezzari; Fuentefria, 2012; Tortora; Funke; Case, 2017; Zaitz et al., 2012).

Figura 4.2 – Variações estruturais na composição dos fungos: levedura (a); hifas cenocíticas ramificadas (b); e hifas septadas ramificadas (c)

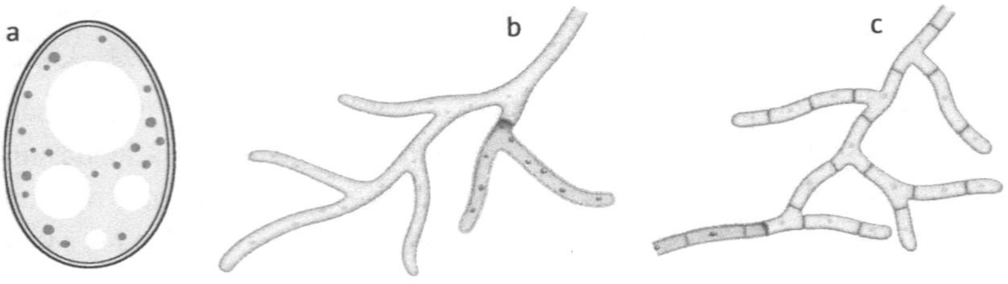

Aldona Griskeviciene/Shutterstock

4.1.2 Taxonomia

Os fungos encontram-se no domínio Eukarya, no reino Fungi (Mezzari; Fuentefria, 2012; Tortora; Funke; Case, 2017), e sua taxonomia é complexa e dinâmica. Inicialmente, eram organizados segundo suas características morfológicas, bioquímicas e reprodutivas; porém, por formarem um grupo heterogêneo de microrganismos que realizam diferentes tipos de reprodução, muitas chaves de classificação já foram propostas. Recentemente, com a introdução das técnicas de biologia molecular, especialmente de análise de regiões ribossomais (*internal transcribed spacer* – ITS 1/ ITS 2 e *large subunit RNA gene* D1/D2), esse processo vem se tornando ainda mais dinâmico, impactando principalmente nas classificações de gêneros e espécies (Brooks et al., 2014). Fungos de interesse médico (patogênicos e oportunistas) estão distribuídos principalmente nos filos Ascomycota, Basidiomycota, Mucormycota, Glomeromycota, Basidiobolomycota e Entomophthoromycota (Tortora; Funke; Case, 2017; Zaitz et al., 2012).

4.1.3 Tipos de reprodução

Os fungos são muito eficientes quando o tema é reprodução, o que explica, em parte, sua quantidade e diversidade. Na reprodução, são produzidas estruturas de propagação da espécie que, ao encontrar um ambiente propício, germinam e dão origem a novos indivíduos (Zaitz et al., 2012). Podem se reproduzir de forma sexuada, assexuada e parassexuada. Esta última é um meio alternativo para aquisição de variabilidade genética, em que o microrganismo realiza plasmogamia e cariogamia, mas não meiose (Zaitz et al., 2012).

Para cada tipo de reprodução, estruturas específicas são formadas. Em linhas gerais, utiliza-se o termo *esporo* para propágulos oriundos de reprodução sexuada e, *conídio*, para aqueles da assexuada. Fungos que realizam reprodução sexuada e assexuada são conhecidos como *holomorfos* (brooks et al., 2014; Mezzari; Fuentefria, 2012; Tortora; Funke; Case, 2017).

4.1.3.1 REPRODUÇÃO ASSEXUADA

A fase reprodutiva assexuada é conhecida como *imperfeita* (anamorfa) e dá origem a organismos geneticamente idênticos à célula parental (genitora). Quando cultivados em laboratório, esta é a forma preferencial de reprodução dos fungos, considerando que demanda menor gasto energético (Brooks et al., 2014; Tortora; Funke; Case, 2017; Zaitz et al., 2012).

Há quatro mecanismos principais de reprodução assexuada: (i) brotamento; (ii) cissiparidade; (iii) fragmentação, e (iv) esporulação. As duas primeiras são mais comuns de serem realizadas por fungos leveduriformes, já a última, pelos fungos filamentosos. Entretanto, como alguns fungos são pleomórficos, os mecanismos de reprodução tornam-se ainda mais dinâmicos, conforme esclareceremos ao longo deste capítulo (Brooks et al., 2014; Tortora; Funke; Case, 2017; Zaitz et al., 2012).

No **brotamento**, ou gemulação, após duplicar a informação genética e organelas, parte do conteúdo citoplasmático da célula genitora é projetado, formando um broto (gêmula) que, após receber informação genética e aumentar seu volume, separa-se da célula parental. Forma-se, então, uma nova célula, de tamanho desigual à célula genitora, mas com a mesma informação genética (Tortora; Funke; Case, 2017). Nesse processo também pode acontecer de o broto não se separar da célula genitora e dar origem a novos descendentes, formando uma cadeia (aspecto alongado) denominada *pseudo-hifa* – Figura 4.3 (Anvisa, 2004).

Figura 4.3 – Etapas e estruturas formadas durante o processo de brotamento: célula parental (a); desenvolvimento do broto, ou gêmula (b, c, d); e pseudo-hifa (e)

Aldona Griskeviciene/Shutterstock

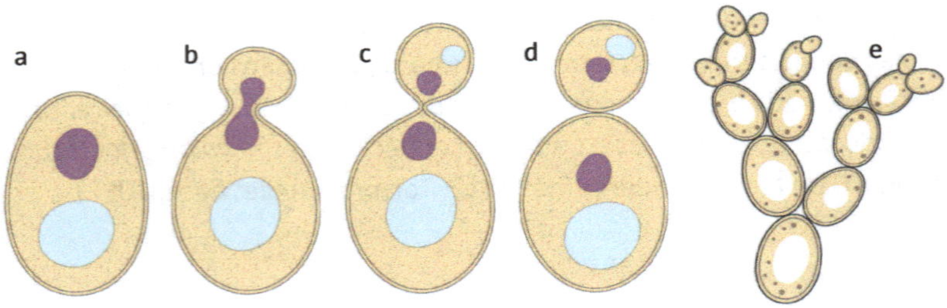

Figura 4.4 – Hifa hialina septada em processo de fragmentação (artroconidiada)

Luiza Souza Rodrigues

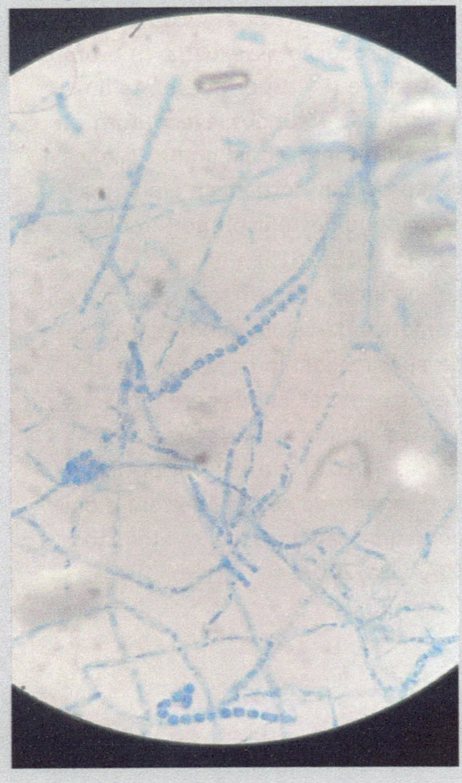

Na cissiparidade, também conhecida como *bipartição*, a célula genitora duplica sua informação genética e suas organelas, alonga-se e divide-se ao meio, formando duas células filhas iguais entre si e à célula inicial (Anvisa, 2004; Tortora; Funke; Case, 2017; Zaitz et al., 2012).

A fragmentação ocorre quando a hifa se parte em pequenas estruturas com forma retangular e parede celular espessa, conhecidas como *artroconídios*, mostradas na Figura 4.4 (Anvisa, 2004; Tortora; Funke; Case, 2017; Zaitz et al., 2012). Por fim, a esporulação acontece quando o fungo produz grande quantidade de conídios diretamente para o ambiente (ectosporos) ou dentro de estruturas fechadas (endósporos) por meio de hifas especializadas localizadas no micélio reprodutivo (aéreo), como observamos na Figura 4.5 (Anvisa, 2004; Tortora; Funke; Case, 2017; Zaitz et al., 2012).

Fungos filamentosos septados produzem ectosporos a partir de conidióforo (hifa especializada), e apresentam, em sua sua extremidade, células conidiogênicas (fiálides ou anélides). Já os fungos filamentosos cenocíticos produzem endósporos (esporangiósporos), formados no interior de uma bolsa designada *esporângio*, a qual fica na extremidade da hifa especializada, denominada *esporangióforo,* conforme ilustrado na Figura 4.5 (Mezzari; Fuentefria, 2012; Tortora; Funke; Case, 2017; Zaitz et al., 2012).

Algumas espécies de fungos filamentosos, a exemplo dos dermatófitos, produzem conídios a partir de hifas do micélio vegetativo, sem a necessidade de estruturas especializadas. Nesse caso, os conídios são classificados como *sésseis* e podem ter forma e tamanho diferenciados, de acordo com o gênero e a espécie do microrganismo (Tortora; Funke; Case, 2017; Zaitz et al., 2012).

Figura 4.5 – Esporulação: hifas hialinas cenocítica (esporangióforo) (a); hifas hialinas septadas (conidióforo) (b); e hifas hialinas septadas (conídios sésseis) (c)

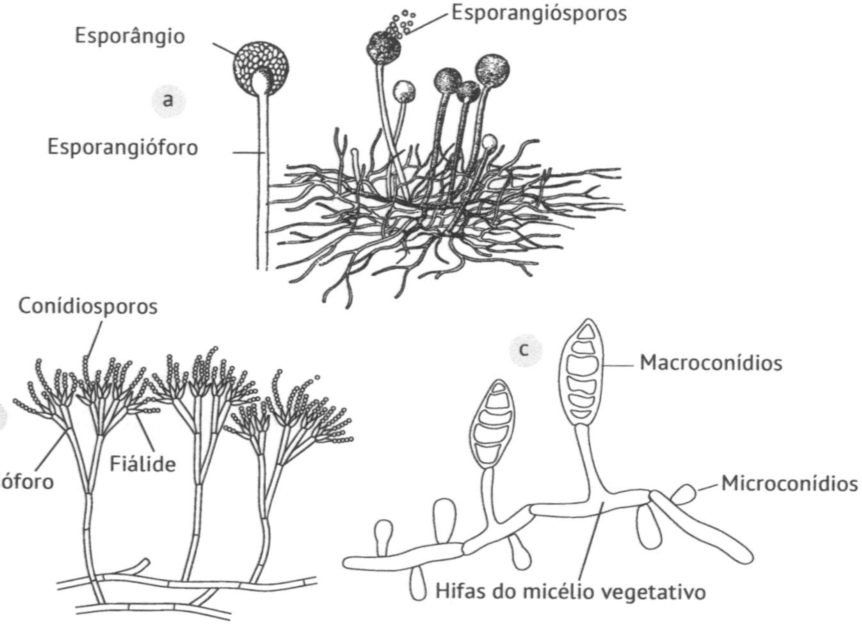

4.1.3.2 REPRODUÇÃO SEXUADA

A fase reprodutiva sexuada de um fungo é conhecida como *perfeita* (teleomórfica), pois possibilita variabilidade genética. Entretanto, só ocorre em condições ambientais específicas, pois demanda elevada carga energética e raramente acontece em culturas laboratoriais (Brooks et al., 2014; Tortora; Funke; Case, 2017; Zaitz et al., 2012).

O esporo sexuado é resultado de um processo dividido basicamente em três etapas: (i) fusão de duas células compatíveis (a/α ou +/−) de uma mesma espécie (plasmogamia); (ii) fusão de seus núcleos (cariogamia); e (iii) meiose (divisão celular).

As estruturas resultantes da reprodução sexuada correlacionam-se ao filo ao qual o microrganismo pertence, a exemplo do ascósporo, basidiósporo ou zigósporo – Ascomycota, Basidiomycota e Zygomycota (Brooks et al., 2014).

4.2 Principais doenças causadas por fungos

Três tipos de doenças estão associados a elementos fúngicos: (i) **alérgicas**, causadas pela interação de um hospedeiro sensibilizado com antígenos fúngicos; (ii) **tóxicas**, causadas por contato, inalação ou ingestão de metabólitos secundários tóxicos (micotoxinas), formados durante o processo de digestão extracelular por fungos filamentosos toxigênicos ou pela ingestão de fungos macroscópicos tóxicos (micetismo); e (iii) **infecciosas** (micose), em que o agente etiológico age como patógeno primário ou oportunista em hospedeiro suscetível, causando danos (Tortora; Funke; Case, 2017; Zaitz et al., 2012).

4.2.1 Introdução a fisiopatologia das infecções fúngicas

Nos últimos anos, houve o aumento do espectro de doenças fúngicas em todo o mundo. Esta é uma questão multifatorial, com destaque para: os avanços médicos em procedimentos invasivos e em tratamentos com imunomoduladores; o crescimento do número de indivíduos portadores de doenças crônicas infecciosas e não infecciosas, de indivíduos submetidos a transplantes de órgãos sólidos, e de pacientes onco-hematológicos e em tratamento quimioterápico; e o aumento na expectativa de vida. Ademais, atualmente há maior capacidade de diagnóstico clínico e laboratorial dessas infecções (Anvisa, 2004; Zaitz et al., 2012).

O real impacto socioeconômico do aumento das infecções fúngicas, especialmente das infecções graves, ainda não está claro, pois sua prevalência é subestimada – especialmente as infecções endêmicas –, e o diagnóstico muitas vezes é tardio (Bongomin et al., 2017; Zaitz et al., 2012).

Para compreender os motivos pelos quais a epidemiologia das micoses vêm sofrendo alterações, é fundamental entender como os fungos interagem com seres humanos e outros animais (Anvisa, 2004). Fungos são ubíquos, vivem inclusive como comensais na microbiota de pele e mucosas humanas. Apenas um pequeno percentual deles é capaz de produzir infecção humana (Machado et al., 2004; Oliveira, 2014; Tortora; Funke; Case, 2017). Nesse contexto, é importante lembrar que a infecção é o resultado da interação entre o agente biológico (parasita), um hospedeiro suscetível, e o ambiente, os quais, juntos, formam a **tríade epidemiológica das doenças infecciosas** (Anvisa, 2004; Zaitz et al., 2012). Dessa forma, pessoas igualmente expostas a um microrganismo podem ter desfechos diferentes e, entre as que foram infectadas, é possível que apresentem manifestações clínicas em intensidades distintas (Abbas; Lichtman; Pillai, 2012; Tortora; Funke; Case, 2017).

Em sua maioria, os fungos são considerados **patógenos oportunistas**, causando infecção em hospedeiros com algum grau de comprometimento da resposta imune. O tipo e a gravidade da imunossupressão podem, inclusive, determinar o tipo de infecção fúngica a qual o paciente está mais suscetível. Por exemplo, pacientes pediátricos prematuros internados em unidades de terapia intensiva (UTIs) têm um risco aumentado para ocorrência de infecção por leveduras do gênero *Candida*, ao passo que pacientes HIV positivo com carga viral elevada e contagem de CD4+/CD8+ baixas são suscetíveis a infecção por *Cryptococcus neoformans* (Bongomin et al., 2017; Oliveira, 2014; Zaitz et al., 2012).

Fungos considerados patogênicos, em geral, instalam-se no hospedeiro humano por inalação, implantação (trauma) ou por contato (direto ou indireto). O sucesso da infecção e a gravidade das manifestações clínicas do hospedeiro dependem da virulência do agente etiológico, da carga parasitária e da suscetibilidade do hospedeiro (Mezzari; Fuentefria, 2012).

As micoses apresentam, em sua maioria, evolução crônica, mas quadros agudos e subagudos podem acontecer. Além disso, cursam com grande diversidade de manifestações clínicas – o que dificulta a suspeita clínica e o diagnóstico diferencial –, dispõem de menor quantidade de opções terapêuticas e demandam um elevado custo de tratamento, especialmente em infecções graves (Mezzari; Fuentefria, 2012; Oliveira, 2014). Dessa forma, o conhecimento sobre tipos de infecção, agentes etiológicos, fatores de risco e recursos diagnósticos contribui para um diagnóstico precoce, com impacto positivo na escolha do tratamento e na morbimortalidade dos pacientes.

4.2.2 Classificação clínica das micoses

As micoses podem ser agrupadas de acordo com a localização da infecção (sítio anatômico), o gênero dos fungos envolvidos na infecção (agente etiológico), o estado imunológico do hospedeiro, o grau de invasão no hospedeiro, entre outros fatores. Por exemplo, considerando-se o **agente etiológico**, há: candidíase ou candidose (infecção por *Candida* spp.), aspergilose (*Aspergillus* spp.), histoplasmose (*Histoplasma capsulatum* spp.), esporotricose (*Sporothrix* spp.), paracoccidioidomicose (*Paracoccidioides* spp.), entre outros. Se tomados como base o **estado imune do hospedeiro** e a **virulência do agente etiológico**, a infecção como oportunista ou não, sendo possível subdividi-la, ainda, como relacionada à assistência à saúde (Iras) ou não (Anvisa, 2004, Tortora; Funke; Case, 2017). Outros termos comumente utilizados para classificação das micoses levam em conta as **características estruturais** do agente etiológico que causa a infecção: *feohifomicose*, causada por fungos demácios, e *hialo-hifomicose*, por fungos hialinos (Zaitz et al., 2012).

Do ponto de vista clínico, as micoses são classificadas de acordo com a **localização da infecção** e, apesar de a literatura médica abrigar algumas *nuances* nessa classificação, são tradicionalmente divididas em: superficiais propriamente ditas (estritas), cutâneas, subcutâneas e sistêmicas. Além disso, é comum classificar a micose como primária ou oportunista, de acordo com o estado imune do paciente e a virulência do agente etiológico (Anvisa, 2004; Oliveira, 2014; Tortora; Funke; Case, 2017; Zaitz et al., 2012).

As micoses **superficiais** propriamente ditas são aquelas que acometem o estrato córneo ou a cutícula dos pelos do hospedeiro, a exemplo da pitiríase versicolor, *tinea nigra* e *piedra branca* e *nigra*. As **cutâneas** são as que acometem camadas queratinizadas mais superficiais da pele, intrafolicular dos pelos e/ou lâmina ungueal (unha), e que, diferentemente do primeiro grupo, apresentam resposta imune celular no hospedeiro, a exemplo das dermatofitoses. As **subcutâneas**, também conhecidas como *micoses de implantação*, são as que ocorrem após a inoculação acidental do fungo nas camadas abaixo da pele; são exemplos a esporotricose, a cromomicose e o eumicetoma. Já as **sistêmicas**, também chamadas *micoses profundas* ou *invasivas*, podem afetar diferentes tecidos ou órgãos do hospedeiro, como paracoccidioidomicose, histoplasmose e coccidioidomicose. Por fim, as **oportunistas** são as causadas por fungos com baixa virulência em pacientes imunocomprometidos, abrangendo, por exemplo: criptococose, aspergilose e mucormicose (Anvisa, 2004; Oliveira, 2014; Tortora; Funke; Case, 2017; Zaitz et al., 2012).

Figura 4.6 – Classificação clínica das micoses

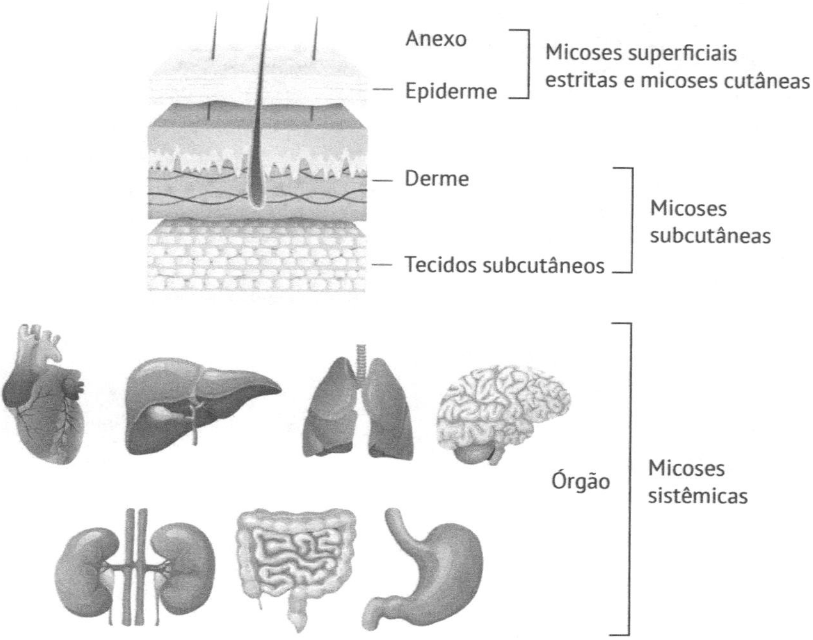

solar22, VectorPot/Shutterstock

4.3 Coleta e processamento inicial de amostras biológicas

O diagnóstico laboratorial de micose tem início com a suspeita clínica, a qual possibilita que as etapas de coleta da amostra biológica, transporte, processamento inicial, exame direto, cultura, teste sorológico e/ou exame histopatológico sejam concretizadas.

Os erros pré-analíticos, especialmente relacionados à coleta da amostra biológica, são os mais frequentes no laboratório clínico, podendo gerar resultados falso-negativos e falso-positivos. Dessa forma, é fundamental revisar as etapas críticas para a obtenção e transporte adequado de material para análise (Mezzari; Fuentefria, 2012).

Importante!

Antes de iniciar o procedimento de coleta de amostra biológica para análise no setor de micologia, é imprescindível:

- recepcionar o paciente com atenção e confirmar sua identificação conferindo documento com foto;
- organizar os materiais necessários para o procedimento antes de iniciá-lo e deixá-los próximos ao local de coleta;
- higienizar as mãos;
- paramentar-se com equipamentos de proteção individual (EPIs);
- verificar se o sítio de coleta está livre de cremes, loções ou pomadas;
- confirmar que o paciente/cliente não iniciou terapia antimicótica;
- selecionar uma região representativa da lesão e realizar antissepsia local;
- traçar a melhor estratégia para obtenção do material, de acordo com o tipo de lesão (raspagem, punção etc);
- explicar ao paciente/cliente todo o procedimento;
- realizar coleta com técnica asséptica;
- obter volume suficiente para realização de todos os exames solicitados;
- acondicionar o material em recipiente estéril, fechado e identificado com os dados do paciente, especificando o tipo de amostra biológica;
- enviar o material rapidamente ao setor técnico, em condições térmicas adequadas;
- se possível, descrever a lesão e dados clínicos relevantes.

Fonte: Elaborado com base em Anvisa, 2004.

4.3.1 Pele e anexos

A coleta deve ser realizada raspando-se as bordas da(s) lesão(ões), na interseção da pele sadia com a afetada. A raspagem pode ser feita com lâmina de vidro, bisturi sem fio ou cureta estéril após antissepsia local com álcool 70° ou solução fisiológica estéril de acordo com a sensibilidade de dor e as características da(s) lesão(ões), como mostram as Figuras 4.7 e 4.8 (Anvisa, 2004; Mezzari; Fuentefria, 2012).

Figura 4.7 – Materiais para coleta e transporte de amostras de lesões superficiais e cutâneas

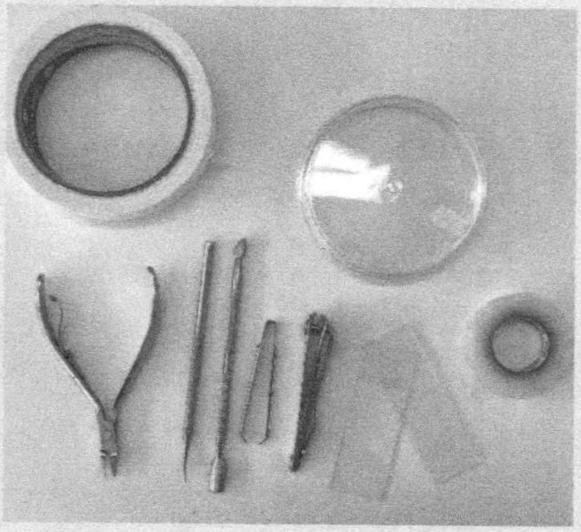

Luiza Souza Rodrigues

Outra opção para a coleta de escamas da pele é utilizar fita adesiva transparente, na qual as células são obtidas ao colar e descolar a fita sobre a(s) lesão(ões) do paciente. Esse procedimento é indicado para lesões não inflamadas, que apresentam apenas alteração de cor, sugestivas de micoses superficiais estritas (Oliveira, 2014).

Figura 4.8 – Técnica de coleta de escamas de pele)

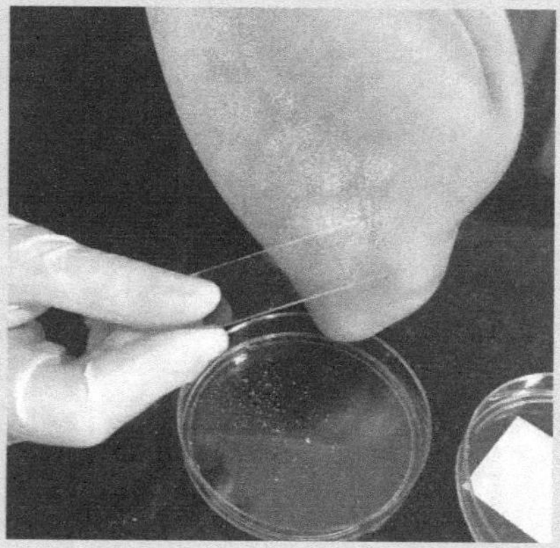

Luiza Souza Rodrigues

As escamas de pele devem ser armazenadas em placa de Petri vedada com fita adesiva ou entre lâminas envoltas com papel; outra opção seria a utilização de envelope de papel para o armazenamento do material. Orienta-se manter o material em temperatura ambiente até o seu processamento. Quando é empregada na coleta fita adesiva, esta deve ser grudada sobre uma lâmina de vidro e armazenada em placa de Petri vedada (Anvisa, 2004; Zaitz et al., 2012).

4.3.1.1 PELO

Em lesões de pele em que há comprometimento de pelos, além de obter escamas da pele, deve-se coletar alguns fios morfologicamente alterados com auxílio de pinça estéril, como ilustrado na Figura 4.9. No caso de lesões nodulares ao longo da haste do pelo, é possível apenas cortar as hastes acometidas utilizando-se tesoura estéril (Anvisa, 2004, Mezzari; Fuentefria, 2012; Zaitz et al., 2012). Independentemente da técnica de coleta utilizada, o material deve ser acondicionado em recipiente estéril vedado e mantido em temperatura ambiente até o processamento (Anvisa, 2004).

Figura 4.9 – *Tinea capitis*, dermatofitose de couro cabeludo

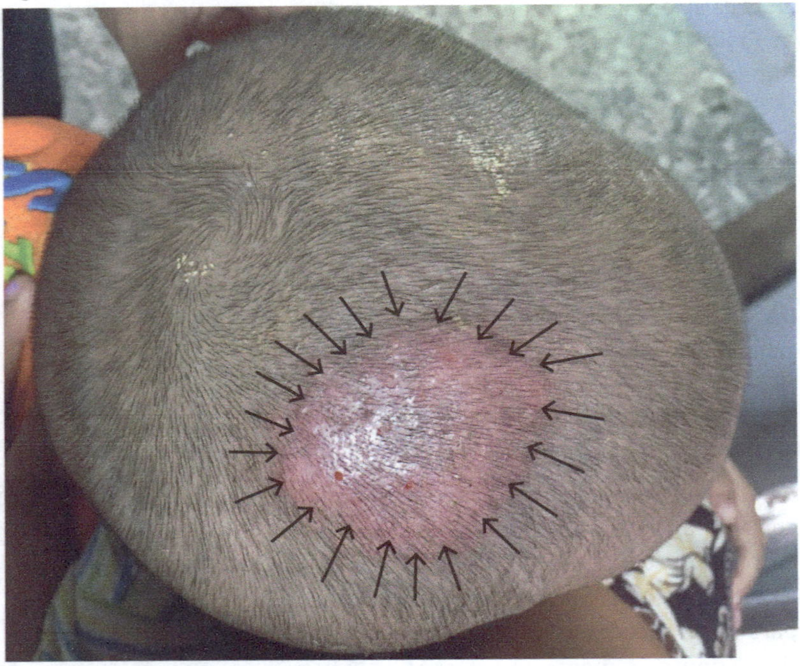

Zay Nyi Nyi/Shutterstock

Nota: As setas indicam os locais ideais para a coleta de escamas da pele. Recomenda-se a coleta adicional de pelos danificados pela infecção, com pinça estéril, em toda a extensão da lesão.

4.3.1.2 UNHA

Após antissepsia local, é necessário cortar e desprezar a porção distal da unha, para que seja possível raspar a região mais profunda de confluência do tecido sadio e do tecido alterado, por meio do leito subungueal. Para esse tipo de coleta, geralmente são necessários tesoura, alicate de unha e cureta estéreis. O material obtido deve ser armazenado em placa de Petri vedada com fita adesiva ou envelope de papel e mantido em temperatura ambiente até processamento (Anvisa, 2004). Havendo inflamação na região periungueal (paroníquia), além da raspagem da unha (quando apresentar lesão), deve-se coletar a secreção com *swab* ou seringa sem agulha e acondicioná-la em tubo contendo solução fisiológica estéril, como mostra a Figura 4.10 (Mezzari; Fuentefria, 2012; Zaitz et al., 2012).

Figura 4.10 – Lesões de unha: onicomicose (a); e paroníquia (b)

sruilk e zlikovec/Shutterstock

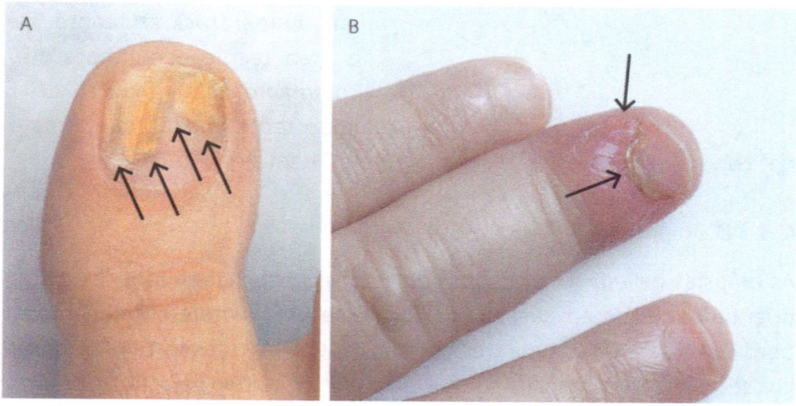

Nota: As setas indicam os locais ideais para a coleta de amostra representativa das lesões.

4.3.2 Secreções de ferida e abscesso

Antes da coleta, é fundamentar realizar a limpeza da região lesionada com solução fisiológica ou água destilada estéril, para evitar contaminantes do entorno e superfície da lesão. É preferível que secreções sejam obtidas por aspiração; já em caso de abcesso, a coleta deve ser realizada por punção com seringa e agulha estéril após antissepsia local por profissional habilitado (Mezzari; Fuentefria, 2012).

O transporte pode ser realizado na própria seringa vedada (tampa protetora estéril), sem agulha, ou em frasco seco estéril. O material deve ser mantido em temperatura ambiente até o processamento (Anvisa, 2004; Zaitz et al., 2012).

Figura 4.11 – Utensílios de coleta e transporte de amostras variadas: tubo de vidro com solução fisiológica estéril 0,9% para transporte de secreção coletada com *swab* (a); *swab* estéril; seringa (c); e frasco seco, estéril com tampa de roscas (d)

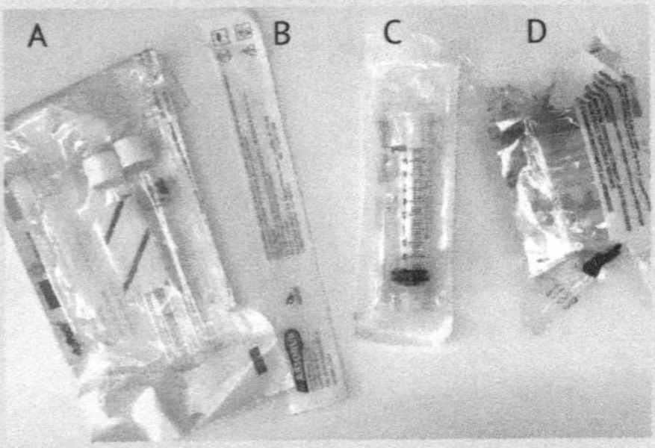

Para a coleta de secreção vaginal, endocervical e uretral, utiliza-se *swab*, que deve ser mergulhado em tubo contendo solução fisiológica estéril e transportada em temperatura ambiente até a área técnica do laboratório, como apresenta a Figura 4.11. É importante impedir que o material coletado com *swab* resseque (Mezzari; Fuentefria, 2012).

4.3.3 Biópsias

As biópsias devem ser efetuadas por profissionais habilitados (médicos); orientados de que, em suspeita de micose, façam-na preferencialmente na borda da lesão. Os fragmentos obtidos devem ser transportados em frascos secos estéreis com tampa ou em frascos contendo solução fisiológica estéril, nunca formol ou formalina. As amostras devem ser mantidas em temperatura ambiente (Mezzari; Fuentefria, 2012).

4.3.4 Líquidos orgânicos estéreis

Líquido cefalorraquidiano (LCR, ou líquor), líquido ascítico, pleural, pericárdico, sinovial entre outros, devem ser obtidos por profissional habilitado por punção asséptica. Com relação ao transporte, esses materiais devem ser acondicionados em recipiente seco, estéril e com tampa, em temperatura ambiente, como exemplificado na Figura 4.11 (Mezzari; Fuentefria, 2012).

Sangue pode ser obtido por punção venosa ou arterial após antissepsia local, feita diretamente em frascos contendo meio de cultura líquido e solução anticoagulante. É fundamental realizar a descontaminação da superfície de transferência do frasco com álcool 70° (Zaitz et al., 2012). O volume de amostra a ser coletado depende do fabricante do frasco e do tipo de paciente (adulto ou pediátrico), sendo crucial sempre consultar as orientações.

Não se pode refrigerar amostras de sangue ou qualquer líquido orgânico estéril para análise microbiológica. Estes devem ser encaminhados ao setor técnico imediatamente após a coleta em temperatura ambiente (Mezzari; Fuentefria, 2012).

4.3.5 Escarro

O escarro deve ser obtido por expectoração espontânea, preferencialmente pela manhã, em jejum, após bochechos com água morna. Quando há dificuldade na coleta, é possível induzir por nebulização, utilizando cloreto de sódio 10%. O material não deve conter saliva e deve ser coletado em frasco estéril de boca larga e tampa de rosquear, como se observa na Figura 4.11 (Mezzari; Fuentefria, 2012; Zaitz et al., 2012).

Secreção traqueal, aspirado brônquico, lavado brônquico e biópsias são amostras mais sensíveis e específicas para o diagnóstico de infecção no trato respiratório inferior. Entretanto, o escarro é de fácil obtenção, sendo, muitas vezes, utilizado como amostra de triagem. As amostras respiratórias devem ser encaminhadas para o processamento imediatamente após a coleta, mas, caso não sejam analisadas em até duas horas, têm de ser refrigeradas (Anvisa, 2004).

4.3.6 Urina

A urina pode ser obtida por punção suprapúbica ou sonda vesical; porém, como estes são métodos invasivos, tradicionalmente a coleta é realizada por micção natural (Anvisa, 2004).

A amostra de primeiro jato, após higienização com água e sabão neutro, é utilizada para investigação de infecção uretral (uretrite), incomum em micologia, portanto, a amostra geralmente utilizada é a urina de jato médio (após higienização) para investigação de cistite, ureterite e pielonefrite.

Orienta-se que se colete pelo menos 10 mL de urina, com técnica asséptica em frasco estéril com tampa. Para crianças, se houver necessidade de utilizar o saco coletor, este deve ser adaptado ao corpo do paciente (região genital) após antissepsia local e substituído a cada 30 minutos caso o paciente não consiga obter amostra (Anvisa, 2004; Zaitz et al., 2012).

A urina deve ser encaminhada imediatamente para o processamento laboratorial ou refrigerada, caso não seja analisada em até duas horas, tendo estabilidade de até 24 horas sob refrigeração (Mezzari; Fuentefria, 2012).

4.4 Identificação de fungos de importância médica

O diagnóstico laboratorial de micose pode ser realizado de forma direta, por meio da pesquisa do microrganismo (padrão-ouro), ou indireta, por meio da resposta imune do hospedeiro ao fungo (sorologia). Independentemente do caminho escolhido, cabe reforçar que a interpretação dos achados laboratoriais deve ser feita à luz da história clínico-epidemiológica.

Exames de triagem, como o micológico direto, muitas vezes orientam a decisão terapêutica inicial e exames confirmatórios, como a cultura, corroboram ou modificam essa decisão inicial. Nesse contexto, para cada tipo de infecção fúngica, há diferenças no que respeita à sensibilidade e à especificidade dos testes, bem como variações nos elementos fúngicos detectados.

4.4.1 Exame micológico direto

Também conhecido como *pesquisa de fungos*, o exame micológico direto é amplamente utilizado em micologia clínica. É um dos exames mais simples, rápidos e de baixo custo na rotina laboratorial e tem como objetivo a detecção de elementos fúngicos em amostras clínicas por meio de sua visualização ao microscópio óptico a fresco (*in natura* entre lâmina e lamínula) ou após fixação e coloração pelos métodos de Gram, Ziehl-Neelsen, Giemsa, Panótico, ácido periódico Schiff (PAS, do inglês *periodic acid-reactive Schiff*) e Grocott, como mostra a Figura 4.12 (Zaitz et al., 2012).

Figura 4.12 – Variações do exame micológico direto (aumento 40× ao microscópio óptico): hifa septada hialina no exame direto com KOH 20%(a); hifas septadas demácias e ramificadas no exame direto com KOH 20% (b); leveduras no exame direto com KOH 20% (c); hifa septada hialina ramificada no exame direto com KOH e tinta Parker (d); hifa septada no exame direto com *calcofluor white* (e); leveduras capsuladas no exame direto com tinta nanquim (f); leveduras em amostra fixada em lâmina e corada (coloração de Gram (g); leveduras em filamentação em amostra fixada em lâmina e corada (coloração de Panótico) (h); e hifas hialinas cenocíticas em amostra fixada em lâmina e corada (coloração de Hematoxilina-Eosina) (i)

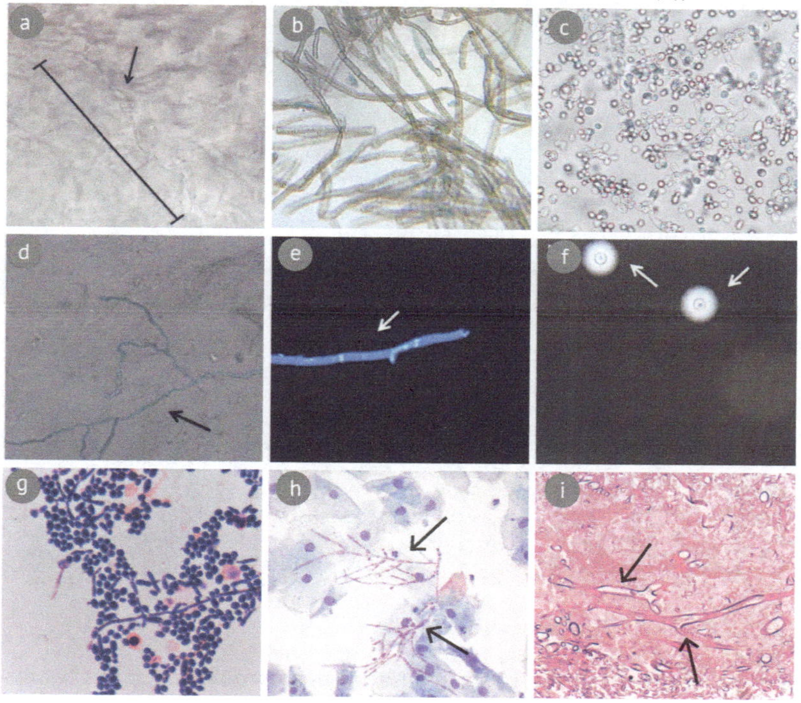

Luiza Souza Rodrigues; David A Litman, Komsan Loonprom, Schira e Rattiya Thongdumhyu/Shutterstock

Além de detectar estruturas fúngicas na amostra, o exame micológico direto abrange informações quanto à morfologia vegetativa do agente etiológico, sendo capaz, em alguns casos, de fechar o diagnóstico do paciente (Quadro 4.1). Nos casos em que não é possível fechar o diagnóstico, seu resultado é avaliado em conjunto com a cultura de fungos, histopatologia, sorologia e exames complementares (Anvisa, 2004; Mezzari; Fuentefria, 2012).

Quadro 4.1 – Diagnóstico laboratorial baseado no resultado do exame micológico direto

Interpretação das estruturas fúngicas detectadas pelo exame micológico direto			
Amostra biológica	**Reagente utilizado**	**Estrutura fúngica**	**Significado clínico**
Escamas de pele e/ ou unha	hidróxido de potássio (KOH) 10-40%	» Hifas hialinas septadas e ramificadas » Artroconídios » Numerosas leveduras isoladas ou agrupadas em cachos e hifas curtas e tortuosas	» Dermatofitose » Pitiríase versicolor (*Malassezia* sp.)
Pelo	KOH 10-40%	» Atroconídios–parasitismo interno (endotrix) ou externo (ectotrix) da haste do pelo	» Dermatofitose
Secreção vaginal	Solução fisiológica ou KOH 10-40%	» Leveduras e pseudo-hifas	» Candidíase ou candidose (*Candida* sp.)
LCR	Tinta nanquim	» Leveduras com cápsulas	» Criptococose (*Cryptococcus* sp.)
Sangue e medula óssea	Tinta nanquim, Panótico ou Giemsa	» Leveduras com cápsulas » Leveduras pequenas no interior de macrófagos ou neutrófilos	» Criptococose (*Cryptococcus* sp.) » Histoplasmose (*Histoplasma capsulatum* sp.)

Fonte: Elaborado com base em Anvisa, 2004.

Para o exame a fresco, basta analisar ao microscópio óptico duas gotas do material a ser investigado; mas, se a amostra não estiver fluida, é recomendado acrescentar uma gota de solução fisiológica estéril para facilitar a análise. Outra opção é o acréscimo de KOH na concentração 10%-40%, especialmente para amostras densas, biópsias, secreções purulentas, pelo, pele, unha e cabelo, pois essa solução clarifica e digere o material, facilitando a identificação de elementos fúngicos (Anvisa, 2004).

Sugerem-se algumas adaptações no exame micológico direto para aumentar a sensibilidade e a especificidade do exame; entre elas, a incorporação de soluções corantes que contribuem para a melhor visualização de possíveis estruturas fúngicas, como tinta Parker e KOH 20% (proporção 1:4) ou lactofenol azul de algodão. Outra opção, que demanda maior custo de implantação, pois exige um microscópio de fluorescência, é a solução de *calcofluor white*. Esse corante fluorocromo tem afinidade pela quitina presente na parede celular dos fungos e emite fluorescência quando exposto a comprimentos de onda específicos. É utilizado em combinação com KOH 20% e, embora estudos demonstrem que o uso facilita a identificação de estruturas fúngicas, quando uma hifa é detectada não é possível discriminar se é hialina ou demácia, apenas se é cenocítica ou septada (Oliveira, 2014).

O teste da China é uma variação muito importante do exame micológico direto, em que se acrescenta tinta nanquim negra para análise de amostras de pacientes com suspeita de criptococose. Dessa forma, produz-se um fundo escuro que evidencia a presença de cápsula em leveduras, considerando que o corante não é capaz de penetrar nessa estrutura celular presente em microrganismos do gênero *Cryptococcus*. O método é indicado especialmente para amostras de LCR e respiratórias (Anvisa, 2004, Mezzari; Fuentefria, 2012; Zaitz et al., 2012).

4.4.2 Cultura

A cultura para fungos se presta ao isolamento e à identificação de fungos de interesse médico, e é considerado o padrão-ouro no diagnóstico laboratorial de micoses. A escolha do meio de cultura para a realização do exame é crítica e se baseia no tipo de fungo que provavelmente está envolvido no processo infeccioso e no tipo de amostra recebida pelo laboratório clínico (Quadro 4.2).

O ágar Sabouraud dextrose (ASD) é o meio de cultura mais difundido nos laboratórios de micologia, pois permite o desenvolvimento de praticamente todos os fungos de relevância clínica, sendo capaz de inibir muitas bactérias contaminantes em razão de seu pH ácido (5,0 a 5,5) (Anvisa, 2004).

Como muitas amostras biológicas são obtidas de sítios corporais contaminados e como período de incubação das culturas para fungos é longo, meios de cultura seletivos, como ágar ASD com cloranfenicol e ágar mycosel (ASD, cloranfenicol e ciclohexamina) também se destacam na rotina laboratorial. Adicionalmente, podem ser utilizados como meio de semeadura primário o caldo BHI, meio líquido de enriquecimento, e o ágar cromogênico para *Candida* spp., presuntivo para identificação das principais espécies do gênero *Candida* (Mezzari; Fuentefria, 2012).

Meios de cultura sólidos podem ser utilizados na apresentação em tubo ou placa; o primeiro minimiza seu ressecamento e contaminações por fungos aéreos, e a segunda permite uma melhor observação do crescimento microbiano e facilita a manipulação da colônia. No uso de placas, recomenda-se que sejam vedadas com fita adesiva após semeadura para minimizar contaminação.

Algumas amostras requerem um processamento inicial antes de serem transferidas para os meios de cultura primários, visando aumentar a recuperação do microrganismo, conforme descrito no Quadro 4.2 (Anvisa, 2004; Mezzari; Fuentefria, 2012)

Fragmentos, pelos e escamas de unha e pele devem ser implantados no meio de cultura com auxílio de uma pinça estéril. Demais materiais são inoculados por técnica asséptica de semeadura por esgotamento, com exceção das amostras de urina e respiratórias, em que se utiliza técnica semiquantitativa.

Recomenda-se que os tubos e placas semeados sejam incubados em temperatura ambiente (entre 25 °C-30 °C), mas, em caso de suspeita de levedura, a incubação a 35 °C (±2 °C) acelera o crescimento microbiano. Para fungos dimórficos, o ideal é que sejam semeados dois meios de cultura e colocados nas duas condições térmicas. O tempo de incubação varia de acordo com o tipo de amostra biológica (Anvisa, 2004).

Quadro 4.2 – Tipo de processamento, meio de cultura e condições de incubação segundo amostra biológica

Procedimento técnico para realização da cultura para fungos				
Amostra biológica	Processamento	Meio de cultura	Incubação	
			Tempo (dias)	Temperatura
Raspado de pele e anexos	Nenhum	ASD e mycosel	30	25 °C-30 °C
Pus e secreções de ferida	Nenhum	ASD com cloranfenicol	30	25 °C-30 °C e 35 °C[b]
Secreção vaginal (solução fisiológica)	Centrifugação	ASD com cloranfenicol	3	35 °C (±2 °C)
Tecidos e peças	Fragmentação ou maceração	BHI	30	25 °C-30 °C e 35 °C[b]
Urina	Nenhum Centrifugação (1° jato)	ASD	3[a]	35 °C (±2 °C)
Secreções respiratórias	Fluidificação	ASD com cloranfenicol e mycosel	30	25 °C-30 °C e 35 °C
Fluidos corporais estéreis	Centrifugação	ASD	30	25 °C-30 °C e 35 °C[b]
Sangue e medula óssea	Nenhum	Frasco comercial para hemocultura	30	35 °C (±2 °C)
Ponta de cateter	Nenhum	ASD	3[a]	35 °C (±2 °C)

Notas: a = ampliar para 30 dias de incubação se suspeita de fungo filamentoso; b = considerar a possibilidade de isolamento de fungo dimórfico.

Fonte: Elaborado com base em Anvisa, 2004.

4.4.3 Fluxo para identificação de leveduras de importância médica

Fungos leveduriformes apresentam colônias de tamanho pequeno a médio, aspecto cremoso (eventualmente mucoide), brilhante ou opaco, borda lisa e cor variando entre branco, bege e laranja. Outra característica é que seu crescimento se torna visível em meio de cultura após 2 a 7 dias de incubação, como mostra a Figura 4.13 (Anvisa, 2004). É possível encontrar diferentes fluxos de identificação de leveduras na literatura. Aqui, optamos por nos concentrarmos na diferenciação dos principais gêneros no contexto da micologia médica: *Candida* spp., *Cryptococcus* spp., *Rhodotorula* spp. e *Trichosporon* spp. (Anvisa, 2004).

A identificação clássica de fungos inicia pelas **características coloniais** desses microrganismos. No caso das leveduras, pequenas *nuances* podem ajudar a direcionar sua identificação. Microrganismos do gênero *Trichosporon*, por exemplo, formam colônias com aspecto aveludado, cerebriforme e bordas irradiadas, diferenciando-se dos demais. O gênero *Rhodotorula*, por sua vez, apresenta colônia com coloração laranja pela produção de carotenoides e, embora *Candida* spp. e *Cryptococcus* spp. apresentem colônias brancas ou beges, este pode apresentar aspecto mucoide, assim como a *Rhodotorula* spp., pela presença de cápsula, como é possível observar na Figura 4.13 (Anvisa, 2004; Mezzari; Fuentefria, 2012; Zaitz et al., 2012).

Diferenças micromorfológicas também auxiliam na identificação das leveduras. Ao microscópio óptico, *Trichosporon* spp. apresenta intensa formação de pseudo-hifas, blastoconídios e artroconídios, e *Cryptococcus* spp. pode ser facilmente identificado com auxílio da tinta nanquim (teste da China) (Anvisa, 2004; Mezzari; Fuentefria, 2012).

Figura 4.13 – Macromorfologia de leveduras em ASD: *Candida* sp. (a); *Trichosporon* sp. (b); *Rhodotorula* spp. (c); e *Cryptococcus* spp. (d)

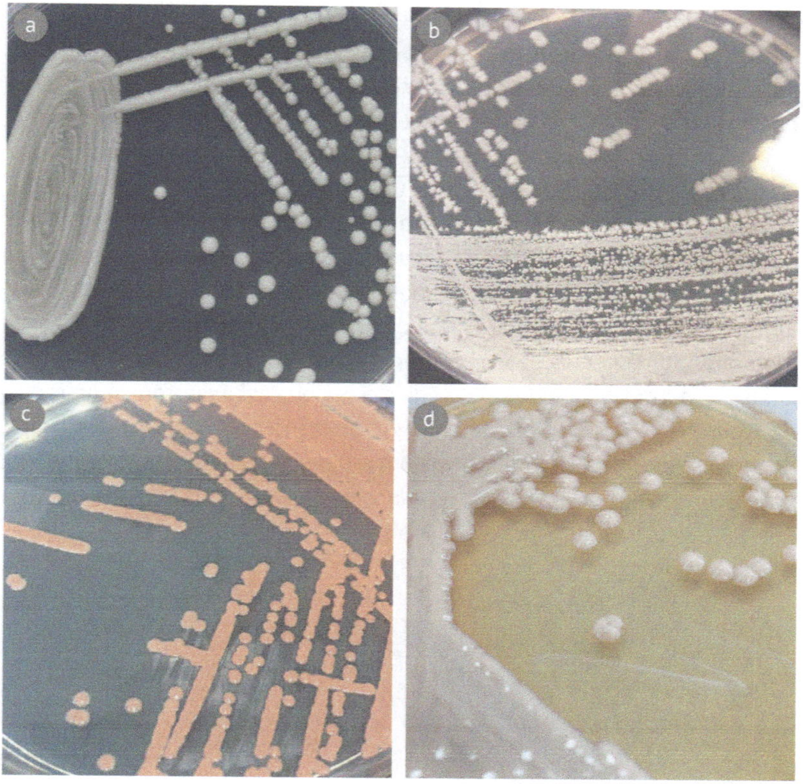

Luiza Souza Rodrigues; MyFavoriteTime e REJO JACOB JOSEPH/Shutterstock

4.4.3.1 PROVAS BIOQUÍMICAS

Auxanograma e zimograma – provas manuais de assimilação de nitrogênio e carbono e de fermentação de açúcares, respectivamente – eram amplamente utilizadas na identificação de leveduras de importância clínica. Entretanto, com o desenvolvimento de novos recursos diagnósticos, incluindo a automação e métodos proteômicos, estas têm sido progressivamente substituídas, assim como o microcultivo em lâmina (Anvisa, 2004; Mezzari; Fuentefria, 2012; Zaitz et al., 2012).

Meios de cultura diferenciais e de identificação presuntiva, por sua vez, ganharam espaço na rotina laboratorial. A prova da urease, por exemplo, utiliza meio de cultura diferencial (Christensen), rico em ureia, para distinguir os microrganismos que conseguem ou não metabolizar esse substrato, promovendo alteração no pH do meio, o qual modifica sua cor, como se observa na Figura 4.14. Os gêneros *Cryptococcus*, *Rhodotorula* e *Trichosporon* são positivos para uréase após 2-7 dias de incubação, já *Candida* spp. é negativa (Anvisa, 2004; Mezzari; Fuentefria, 2012).

Outros exemplos são os meios de cultura diferenciais que auxiliam na identificação de espécies de *Cryptococcus* spp., como o ágar semente de Niger e o ágar canavanina-glicina-azul de bromotimol (CGB) (Mezzari; Fuentefria, 2012; Zaitz et al., 2012). O primeiro estimula a produção de melanina por espécies patogênicas de *Cryptococcus* spp., como *C. neoformans* e *C. gattii*, que adquirem colônias com coloração marrom, mostradas na Figura 4.15. O ágar CGB, por sua vez, diferencia o *C. gattii*, que é capaz de se desenvolver alterando o pH do meio de cultura (coloração azul), do *C. neoformans* que é incapaz, observados na Figura 4.15, a seguir (Mezzari; Fuentefria, 2012; Zaitz et al., 2012).

Figura 4.14 – Prova da urease: não reagente (a); e reagente (b)

MyFavoriteTime/Shutterstock

Figura 4.15 – Provas bioquímicas para identificação das principais espécies do gênero *Cryptococcus*: ágar semente de Niger, com crescimento marrom, indicando a produção de melanina pelo isolado (a); ágar CGB negativo (*C. neoformans*) e positivo (*C. gattii*) (b)

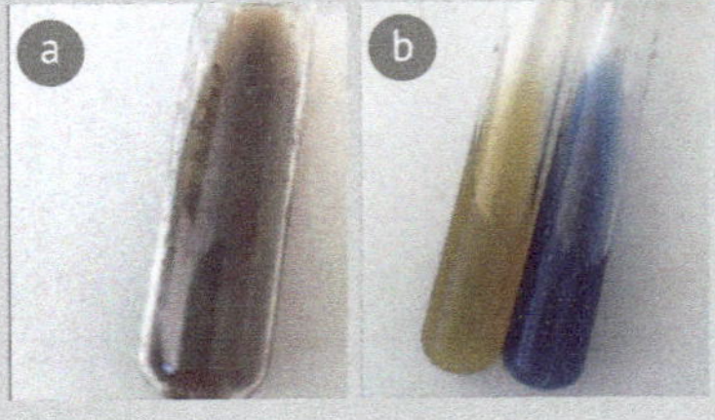

Luiza Souza Rodrigues

O ágar cromogênico para *Candida* spp. (Figura 4.16) também é uma opção na rotina e utiliza uma mistura de substratos cromogênicos que permite a diferenciação das principais espécies do gênero. Para cada uma delas, espera-se a formação de colônias com coloração específica. É indicado para detecção de culturas mistas e identificação presuntiva da espécie de *C. albicans* (colônia verde), *C. krusei* (colônia rosa) e *C. tropicalis* (colônia azul). Entretanto, segundo Comunicado de Risco n. 01/2017 da Agência Nacional de Vigilância Sanitária (Anvisa), todos os microrganismos que adquirem coloração rosada no ágar cromogênico devem ter sua identificação confirmada (Anvisa, 2017; Zaitz et al., 2012).

Figura 4.16 – Resultado do cultivo de diferentes espécies de Candida em ágar cromogênico: *C. glabrata* (a); *C. krusei* (b); *C. albicans* (c); e *C. tropicalis* (d)

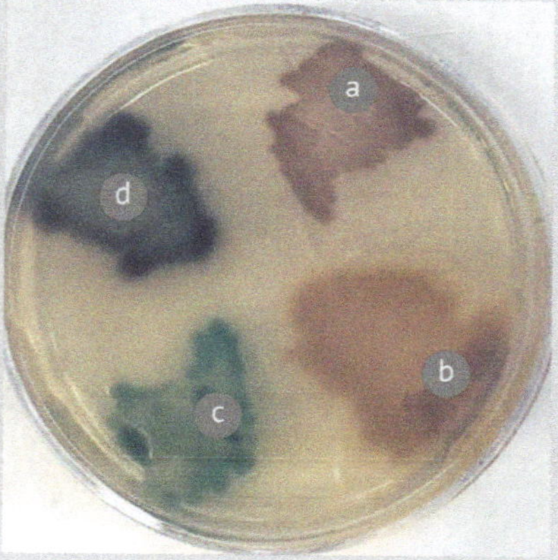

Luiza Souza Rodrigues

4.4.3.2 PROVA DO TUBO GERMINATIVO

A prova do tudo germinativo investiga se a levedura é capaz ou não de formar hifa verdadeira em condições ideais de crescimento. O tubo germinativo é o início da formação de uma hifa verdadeira, a qual se apresenta como um pequeno filamento que brota da célula parental sem constrição. Apenas as espécies *C. albicans* e *C. dubliniensis* formam tubo germinativo, mas como a segunda é rara em infecções humanas, grande parte dos laboratórios assume que um resultado positivo seja presuntivo de *C. albicans* (Anvisa, 2004; Mezzari; Fuentefria, 2012; Zaitz et al., 2012).

A metodologia consiste em preparar uma suspensão da levedura investigada em um tubo de ensaio contendo 0,5 mL de soro humano, bovino, de cavalo ou de coelho e incubá-la a 35 °C (±2 °C), por 2-3 horas. Ao término do período de incubação, que não pode ser extrapolado para evitar resultados falso-positivos, uma gota da suspensão é analisada ao microscópio óptico em objetiva de 40× para verificar as estruturas formadas pelo processo de brotamento/gemulação, ilustrado na Figura 4.17 (Anvisa, 2004; Zaitz et al., 2012).

Figura 4.17 – Observação microscópica da prova do tubo germinativo (aumento 40× ao microscópio óptico)

MyFavoriteTime/Shutterstock

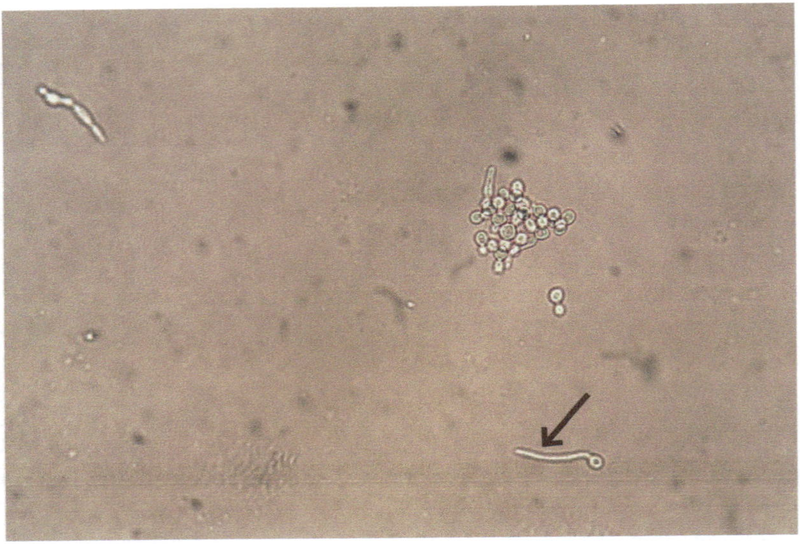

Nota: A seta sinaliza a presença do tubo germinativo.

4.4.4 Princípio da identificação de fungos filamentosos

Fungos filamentosos apresentam colônias de tamanho médio ou grande, com cores e aspectos diversificados. Crescem em cultura entre 4 e 30 dias, podendo ser classificados de acordo com o tempo médio de crescimento em cultura. Fungos de crescimento rápido levam até 7 dias; os de crescimento intermediário, de 8 a 15 dias; e os de crescimento lento, acima de 15 dias (Anvisa, 2004).

Para a identificação de fungos filamentosos, é importante que o microbiologista registre o aspecto macromorfológico do anverso da colônia (frente) e as cores presentes no anverso e reverso desta. Muitos termos são utilizados na caracterização do aspecto desses fungos que, em geral, são classificados de acordo com sua textura e topografia.

As **texturas** mais comuns são: algodonosa (micélio aéreo denso), aveludada (micélio aéreo baixo) e granular (aspecto arenoso, pulverulenta). Com relação à **topografia**, podem ser rugosas (com sulcos profundos a partir do centro), verrucosas (retorcida) ou umbilicadas (com elevação central), como explicitado na Figura 4.18.

A micromorfologia dos fungos pluricelulares também é fundamental para a definição de gênero e espécie. Isso significa que, por meio de suas estruturas de reprodução assexuada, é possível identificá-los. Observando-se ao microscópio óptico parte da colônia do fungo investigado, pode-se compilar tais características, mas como essa manipulação pode danificar as estruturas de reprodução, o ideal é realizar a técnica de microcultivo.

Figura 4.18 – Macromorfologia de fungos filamentosos em meio de cultura ASD: colônia algodonosa (a); colônia granular e rugosa (b); colônia aveludada e umbilicada. (c); e colônia aveludada e verrucosa (d)

Yayah_Ai, OneMashi e Kateryna Kon/Shutterstock

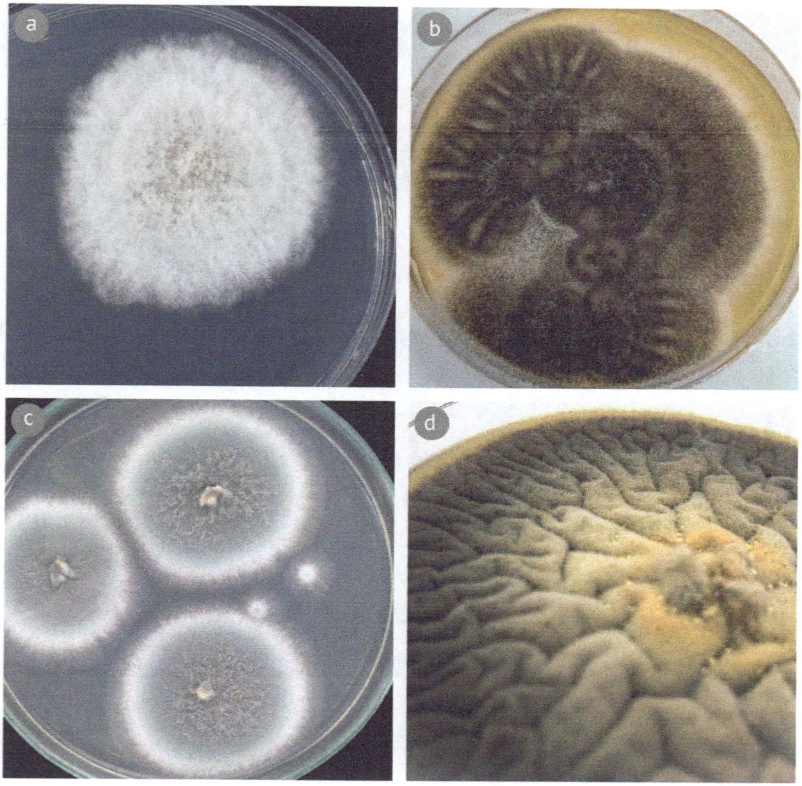

4.4.4.1 MICROCULTIVO

A técnica de microcultivo é uma forma de cultivo em escala reduzida, utilizando o meio de cultura ágar batata, o qual favorece a esporulação (Anvisa, 2004).

Os materiais utilizados para a realização do microcultivo são: placa de Petri de vidro, lâmina, lamínula, algodão, solução fisiológica estéril, agulha bacteriológica, pinça, bisturi, bico de Bunsen, ágar batata e o fungo a ser identificado (em cultura). Recomenda-se montar *kits* de microcultivo autoclavados para cada fungo a ser identificado, como exemplificamos na Figura 4.19.

Figura 4.19 – Técnica do microcultivo: materiais para o *kit* de microcultivo(a); *kit* montado para autoclavação (b); todos os materiais reunidos para realizar o microcultivo (c); microcultivo após confecção (inoculado) (d); microcultivo após crescimento do microrganismo (10 dias de incubação) (e); observação microscópica de conidióforos fixados à lamínula do microcultivo, sobreposto em lâmina com lactofenol azul de algodão, aumento 40× ao microscópio óptico (f)

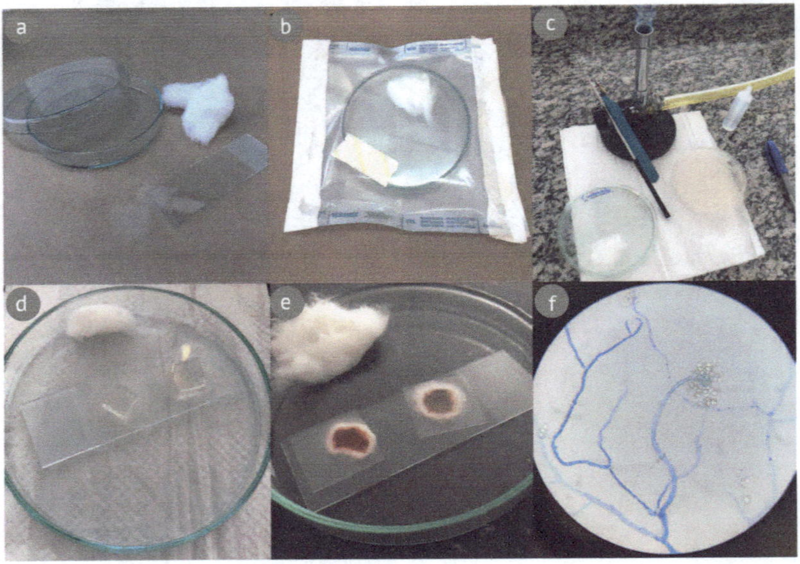

Para montar o microcultivo, é necessário colocar sobre uma lâmina, contida em placa de Petri, um cubo com medida 1,0-2,0 mm^3 de ágar batata (com auxílio do bisturi), semear o fungo a ser investigado nas quatro laterais do cubo, com agulha bacteriológica, e cobrir o cubo inoculado com lamínula. Também é necessário umedecer um pouco de algodão e colocar dentro da placa de Petri com solução fisiológica estéril para produzir uma câmara úmida. A placa deve ser fechada, identificada e vedada com fita-crepe. Após 5-20 dias em temperatura ambiente, até que se desenvolva o micélio aéreo em contato com a lamínula, é possível analisar o microcultivo, conforme Figura 4.19 (Anvisa, 2004).

Para a análise do microcultivo, é preciso transferir a lamínula cuidadosamente, com o auxílio de uma pinça, para a superfície de uma lâmina contendo uma gota de lactofenol azul de algodão, e observar ao microscópio óptico com objetiva de 10× e 40× (Figura 4.19). Depois de confrontar sua observação com imagens e descrições de atlas de micologia, é possível desvendar o agente etiológico (Anvisa 2004).

4.4.5 Princípio da identificação de fungos dimórficos

Fungos dimórficos patogênicos sofrem modificação estrutural (dimorfismo) de acordo com a temperatura à qual são expostos durante seu crescimento. Em temperaturas acima de 30 °C, o fungo apresenta forma unicelular (levedura, Y), e, em temperaturas mais baixas (≤25 °C), pluricelular (micelial, M) (Tortora; Funke; Case, 2017).

Importante!

Considerando a circunstância descrita, é muito importante comparar os resultados do exame micológico direto e da cultura, pois o exame microscópico apresenta o microrganismo na fase leveduriforme e, na cultura em temperatura ambiente, na fase micelial. Embora pareçam resultados discordantes, são os primeiros indícios de que o analista pode estar diante de um fungo dimórfico.

Considerar o tipo de material biológico também pode ajudar, pois esses fungos, em sua maioria, causam lesões subcutâneas, em mucosas, via respiratória ou infecções em sítios estéreis, tais como sangue e medula óssea. Além disso, variam quanto ao período de crescimento, sendo alguns deles classificados como de crescimento lento (>15 dias), como *Histoplasma* spp. e *Paracoccidioides* spp., e outros rápidos a moderados, como o *Sporothrix* spp. (4-14 dias).

Na fase micelial, é possível identificá-los por macro e micromorfologias, e, se necessário, realizar a técnica do microcultivo ou até mesmo a prova do dimorfismo, isto é, alterar a temperatura do cultivo para que o fungo mude para a outra morfologia. Ambas demandam tempo, de acordo com o tipo de crescimento do fungo.

4.5. Principais micoses

4.5.1 Micoses superficiais estritas e cutâneas

As micoses superficiais estritas acometem a camada mais superficial da epiderme, também conhecida como *estrato córneo*. São causadas por diferentes fungos cuja relação com o hospedeiro está entre saprofitismo e parasitismo, e não provocam reação de hipersensibilidade no hospedeiro humano (Zaitz et al., 2012). Já nas infecções cutâneas, embora também acometam as camadas mais superficiais da pele, observa-se resposta imune celular no hospedeiro.

4.5.1.1 PITIRÍASE VERSICOLOR

A pitiríase versicolor se manifesta como lesões hipo ou hiperpigmentadas, escamosas e de bordas delimitadas, que podem confluir cobrindo áreas maiores na superfície da pele, principalmente na região do tronco, do abdome e dos membros superiores, como mostra a Figura 4.20, na sequência. A infecção tende a apresentar recidivas em pacientes suscetíveis e expostos a condições ambientais que favorecem a proliferação do microrganismo. Essa condição tem como fatores predisponentes, especialmente, a sudorese excessiva e o uso de cremes ou soluções oleosas. É popularmente conhecida como “pano branco” ou “micose de praia”, embora não seja adquirida nesse ambiente (Mezzari; Fuentefria, 2012; Oliveira, 2014; Zaitz et al., 2012).

Figura 4.20 – Múltiplas lesões hipopigmentadas, com bordas irregulares e ausência de inflamação, característica de pitiríase versicolor

shutting/Shutterstock

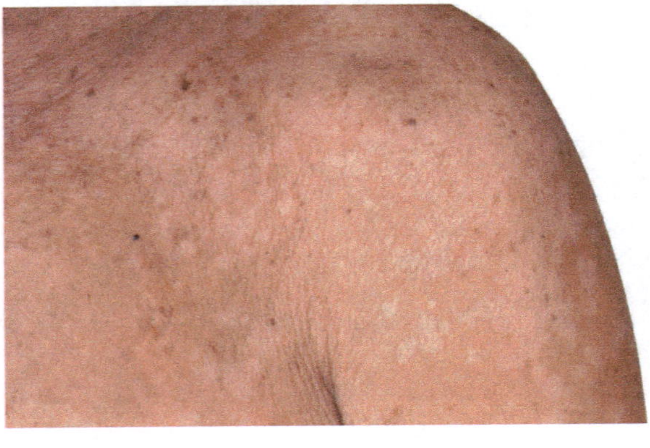

Leveduras do gênero *Malassezia* são os agentes etiológicos da pitiríase versicolor. Esses microrganismos fazem parte da microbiota da pele dos seres humanos, e, portanto, podem ser isolados de pacientes normais ou afetados. Embora existam lacunas na compreensão de sua patogênese, admite-se que se trata de uma infecção de origem endógena, em que pacientes suscetíveis expostos a condições ambientais específicas – que incluem calor, umidade e oleosidade – deixam de ter o microrganismo como saprófito e passam a tê-lo como parasita (Zaitz et al., 2012).

É uma infecção de distribuição mundial, com maior prevalência em regiões tropicais e subtropicais; ocorre geralmente em adultos (20 a 40 anos), tendo igual incidência em ambos os sexos. Apresenta evolução crônica, e o paciente costuma buscar assistência médica por motivos relacionados à aparência pessoal (Oliveira, 2014; Zaitz et al., 2012).

O diagnóstico geralmente é clínico, realizado pelo aspecto e local das lesões. Com auxílio da lâmpada de *Wood* (luz ultravioleta com comprimento de onda entre 340 nm e 450 nm), é possível localizar melhor as lesões que adquirem fluorescência verde-amarelada nas regiões em que o fungo tem atividade (Mezzari; Fuentefria, 2012; Oliveira, 2014).

O diagnóstico laboratorial é realizado por meio da visualização do agente etiológico ao microscópio óptico (objetiva de 40×) nas escamas de pele do paciente, clarificadas com KOH 10-40%. A amostra pode ser obtida por raspagem da lesão ou com fita adesiva transparente, colando-se e descolando-se um pedaço da fita sobre a lesão do paciente e, depois, colocando-a sobre uma lâmina para observação ao microscópio (Mezzari; Fuentefria, 2012; Zaitz et al., 2012).

No exame micológico direto, são observadas numerosas leveduras esféricas agrupadas em cachos, podendo apresentar filamentos curtos e tortuosos, como mostra a Figura 4.21 (Mezzari; Fuentefria, 2012; Oliveira, 2014; Zaitz et al., 2012).

Figura 4.21 – Exame micológico direto positivo para *Malassezia* spp.

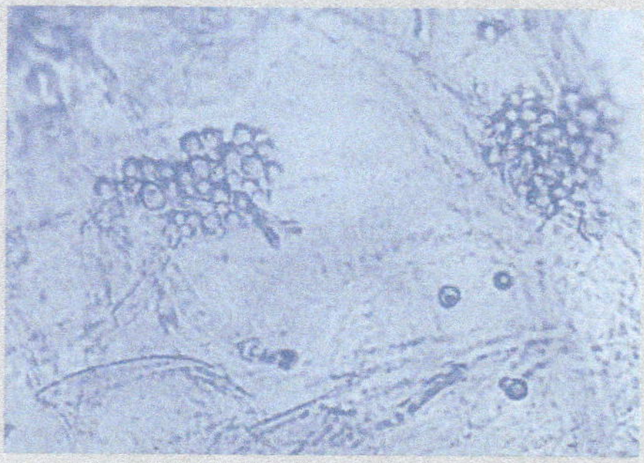

Luiza Souza Rodrigues

4.5.1.2 *TINEA NIGRA*

A *tinea nigra* é uma feohifomicose superficial benigna e crônica que se manifesta pelo aparecimento de mancha com tonalidade marrom na pele glabra, com bordas bem-definidas, predominantemente na palma da mão e, com menor frequência, na planta do pé do paciente (Mezzari; Fuentefria, 2012; Oliveira, 2014; Zaitz et al., 2012).

É uma infecção rara, com descrição de casos esporádicos, prevalente em regiões tropicais e subtropicais e causada pelo fungo negro, *Hortaea werneckii,* ambiental e capaz de tolerar altas concentrações de sal. Acomete ambos os sexos, com maior ocorrência em mulheres e adultos. Pouco se sabe sobre sua patogênese, mas é de entendimento comum ser uma infecção de origem exógena (Oliveira, 2014).

O diagnóstico é clínico, com observação das características da lesão, mas pode ser necessária confirmação laboratorial para descartar outras doenças com manifestação clínica parecida, como melanoma em estágio inicial (Oliveira, 2014; Zaitz et al., 2012).

O diagnóstico laboratorial é realizado pelo exame micológico direto e cultura das escamas de pele coletadas da lesão do paciente (Mezzari; Fuentefria, 2012; Oliveira, 2014; Zaitz et al., 2012).

No exame micológico direto com KOH 10-40%, observam-se hifas curtas acastanhadas, septadas e ramificadas. Na cultura em ASD, observa-se, após aproximadamente 15 dias de incubação, o crescimento de colônia pequena, castanha, de aspecto liso, brilhante e com reverso negro, que vai progressivamente se tornando aveludada e de tamanho médio. No exame direto da colônia, notam-se hifas castanhas, septadas e ramificadas e conídios castanhos com forma elíptica e com septos (Mezzari; Fuentefria, 2012; Zaitz et al., 2012).

4.5.1.3 *PIEDRA* BRANCA E NIGRA

As *piedras*, também conhecidas como *pedras* ou *tricomicoses nodulares*, são infecções fúngicas superficiais da cutícula dos pelos – cabelo, barba, bigode, axila ou região genitocrural –, que se apresentam como nódulos endurecidos na haste desses anexos, de coloração escura (variedade negra) ou branca-amarelada (variedade branca). Esses nódulos podem ser únicos ou múltiplos; entretanto, não atingem o folículo piloso do fio ou a pele próxima ao local de infecção (Mezzari; Fuentefria, 2012; Oliveira, 2014; Zaitz et al., 2012).

São infecções assintomáticas, de evolução crônica, benignas e de comprometimento estético (Mezzari; Fuentefria, 2012; Oliveira, 2014; Zaitz et al., 2012).

Trichosporon spp. é o agente etiológico da *piedra branca*, e *Piedraia hortae*, o fungo causador da *piedra nigra*. A primeira é causada, portanto, por uma levedura que faz parte da microbiota de pele de seres humanos, também presente na natureza; já o segundo é um fungo filamentoso demácio ambiental (Mezzari; Fuentefria, 2012; Oliveira, 2014; Zaitz et al., 2012).

Essa condição afeta ambos os sexos, porém é mais comum no sexo masculino. Ocorre em regiões tropicais e subtropicais e, no Brasil, é prevalente na Região Norte e relacionada a condições socioeconômicas desfavoráveis. Além disso, a *piedra nigra* é associada ao uso de cosméticos naturais como argilas e óleos extraídos de regiões endêmicas e, até mesmo, banhos de rio nessas áreas. Já a *piedra branca* não tem sua patogênese esclarecida (Oliveira, 2014; Zaitz et al., 2012).

O diagnóstico de *piedras* se baseia na análise microscópica e cultura do fio acometido pelos microrganismos, em que se observa o nódulo castanho ou de coloração branca-amarelada aderido na face externa do fio ao microscópio óptico e na cultura em ASD, como mostra a Figura 4.22. (Mezzari; Fuentefria, 2012; Oliveira, 2014; Zaitz et al., 2012)

Figura 4.22 – Observação microscópica de fio acometido pela variedade negra (*piedra nigra*)

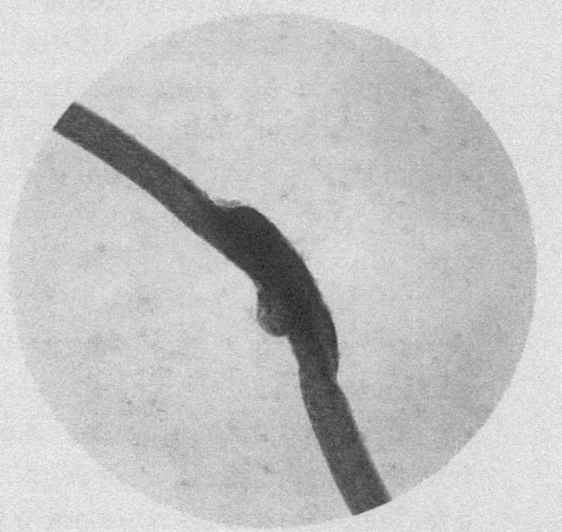

Mohd Firdaus Othman/Shutterstock

O *Trichosporon* spp. apresenta colônia pequena, branca, de aspecto cremoso, o qual, com o passar do tempo, adquire aspecto aveludado e cerebriforme. Ao exame direto da colônia, é possível observar abundantes artroconídios. Por sua vez, o *P. hortae* cresce formando colônias de tamanho pequeno e médio, inicialmente de aspecto cremoso, tornando-se aveludada e com coloração variando entre cinza, marrom e verde escuro, mas reverso sempre negro. Ao microscópio, observam-se hifas acastanhadas, septadas e ramificadas (Anvisa, 2004; Mezzari; Fuentefria, 2012; Zaitz et al., 2012).

4.5.1.4 DERMATOFITOSES

As dermatofitoses, também conhecidas como *tinhas* ou *tineas*, são micoses cutâneas dos tecidos queratinizados (pele, pelo e unha) de seres humanos e animais. São causadas por um grupo de fungos denominados *dermatófitos*, os quais utilizam a queratina como alimento (queratinofílicos). Essas infecções podem sofrer variações de nomenclatura de acordo com a região do corpo atingida: *tinea capitis e tinea corporis (facei, barbae, unguium, cruris e pedis)* (Mezzari; Fuentefria, 2012; Oliveira, 2014; Zaitz et al., 2012).

Os fungos dermatófitos estão distribuídos em diferentes gêneros, mas, se considerados os agentes etiológicos prevalentes, podem ser tomados quatro gêneros principais: *Trichophyton*, *Microsporum*, *Nannizia* e *Epidermophyton*. Com relação a seu hábitat, esses fungos podem ser classificados como antropofílicos (seres humanos), zoofílicos (animais) e geofílicos (solo). Espécies antropofílicas causam infecções menos sintomáticas, porém são mais resistentes aos tratamentos; já espécies zoofílicas e geofílicas causam infecções com sintomas mais expressivos, mas respondem bem ao tratamento (Mezzari; Fuentefria, 2012; Zaitz et al., 2012).

As dermatofitoses são mais frequentes em pacientes do sexo masculino e, a depender do estágio de desenvolvimento do hospedeiro, há mudanças quanto à região do corpo mais acometida. Por exemplo, em crianças, a *tinea capitis* é mais comum (raramente ultrapassa a puberdade), já no adulto jovem, as *tineas pedis* e *cruris* são prevalentes (Mezzari; Fuentefria, 2012; Oliveira, 2014).

A instalação do processo infeccioso pode acontecer por contato direto com seres humanos, animais e solos contaminados, ou indireto, por meio de fômites. Inicialmente, ocorre o contato da pele com artroconídios e, depois, o microrganismo coloniza o estrato córneo; a invasão depende de fatores vinculados ao hospedeiro (lesão ou escoriação cutânea, umidade e temperatura local, sexo, idade e imunidade) e ao patógeno (capacidade de adaptação, fatores de virulência e afinidade pela classe de queratina) (Mezzari; Fuentefria, 2012).

As manifestações clínicas de dermatofitoses são muito diversas, pois variam de acordo com a região do corpo acometida, o tipo de dermatófito e a resposta imune do hospedeiro (Mezzari; Fuentefria, 2012). Em geral, apresentam-se como lesões anulares (Figura 4.23) de desenvolvimento centrífugo, podendo ser única ou múltipla e acompanhada de intenso prurido e descamação (Mezzari; Fuentefria, 2012).

Figura 4.23 – Dermatofitoses: lesões *tinea corporis* (a, b); e *tinea pedis (c)*

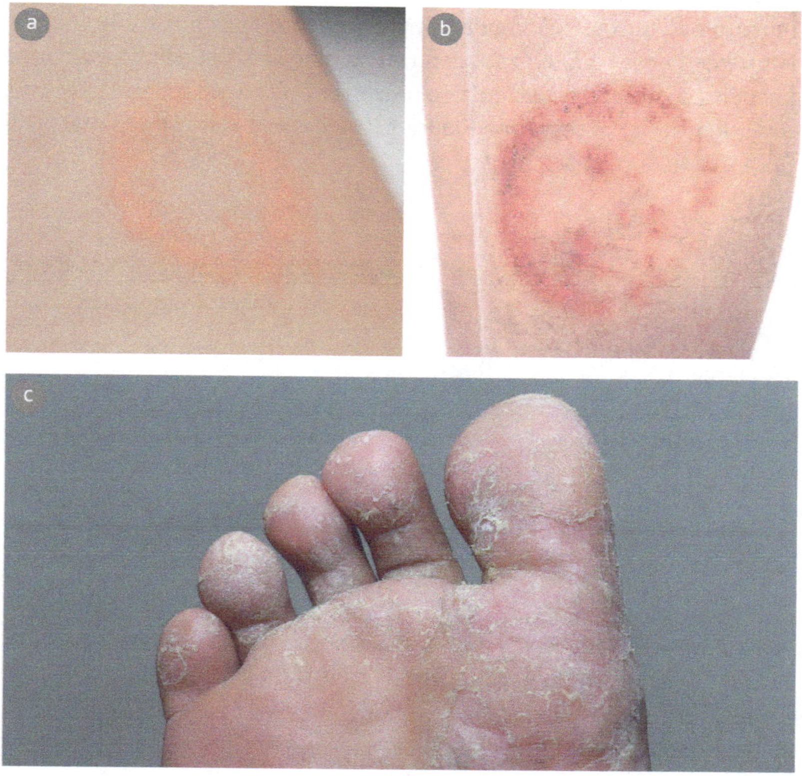

chaipanya, laksena e Photo Win1/Shutterstock

A *tinea pedis*, também conhecida como *frieira* ou *pé-de-atleta*, é uma das infecções mais comuns no adulto e frequentemente localizada nas regiões interdigitais, onde há maior umidade e calor. Dessa região, a infecção progride para a região plantar, borda e dorso do pé. A lesão mais frequente apresenta hiperceratose e aspecto descamativo, podendo haver fissura nas regiões interdigitais; pode, ainda, ser intensamente inflamada na ocorrência de fungos zoofílicos ou geofílicos, como mostra a Figura 4.23 (Mezzari; Fuentefria, 2012; Zaitz et al., 2012).

O termo *tinea unguium* refere-se, especificamente, ao acometimento da unha por fungos dermatófitos, entretanto compõe o grupo das *onicomicoses*, termo que engloba qualquer infecção fúngica neste sítio por fungos dermatófito, não dermatófitos e leveduras. As infecções por levedura nesse local, na maioria das vezes, causam quadros de paroníquia (comprometimento dos tecidos periungueais), já a infecção por dermatófito ocorre frequentemente pelo leito subungueal na porção distal da unha, embora também possa ocorrer pela porção proximal (trauma) ou superficialmente, como é possível observar na Figura 4.24 (Mezzari; Fuentefria, 2012; Oliveira, 2014; Zaitz et al., 2012).

Figura 4.24 – Onicomicoses: paroníquia(a); e *Tinea unguium (b, c, d)*

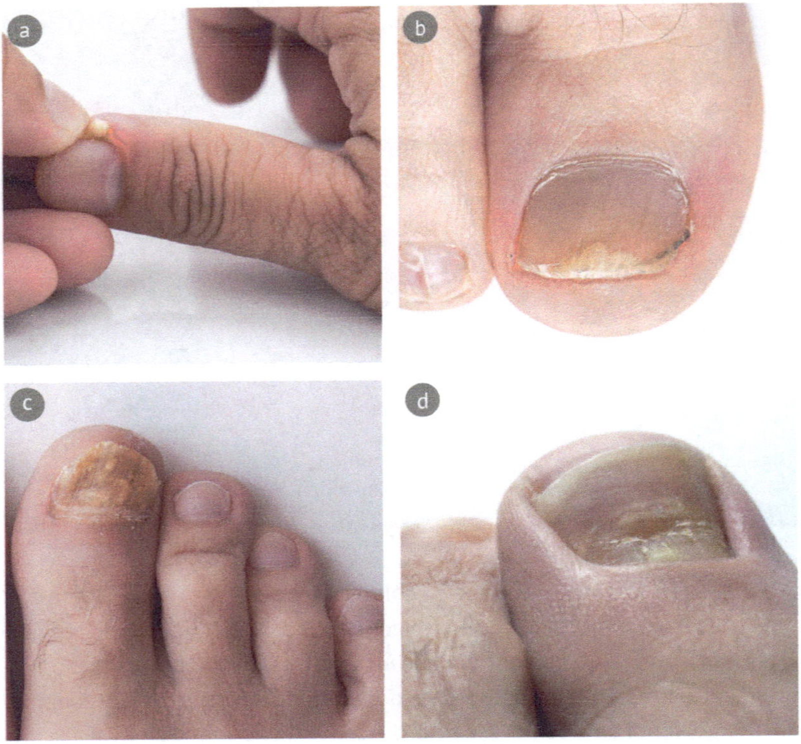

Evgeny Gubenko, speedshutter Photography, Savvapanf Photo e ThamKC/Shutterstock

Quando acomete o couro cabeludo, a apresentação clínica tonsurante é a mais frequente, com intenso prurido, eritema, descamação, podendo provocar pseudo-alopécia, como mostra a Figura 4.25. Pode ser lesão única, causada por fungos zoofílicos ou geofílicos, ou de múltiplas lesões, com agente etiológico representado por fungos antropofílicos. Além do couro cabeludo, os fios podem ser parasitados de dentro para fora (*endothrix*) ou de fora para dentro (*ectothrix*), tornando-se enfraquecidos e quebradiços. Na ocorrência de fungos não adaptados ao homem, pode ocorrer intenso processo inflamatório. Também é descrita a forma clínica favosa (*tinea* fávica), causada por *T. schoenleinii*, que leva à alopecia definitiva na região acometida e pode ocorrer em qualquer faixa etária, mas, atualmente, é muito rara (Mezzari; Fuentefria, 2012; Oliveira, 2014; Zaitz, 2012).

Figura 4.25 – Lesão tonsurante, *Tinea capitis*

Zay Nyi Nyi/Shutterstock

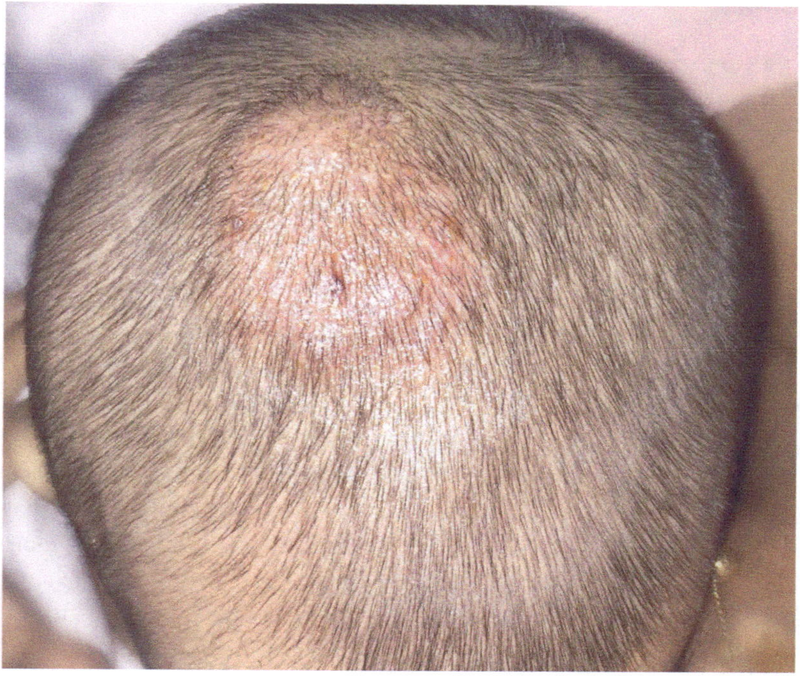

Na suspeita de dermatofitoses, o exame micológico direto é realizado em escamas de pele, unha e fio de cabelo, clarificados com KOH 10-40%.

Todos os dermatófitos são fungos filamentosos hialinos com hifas septadas e ramificadas, e como tal, realizam fragmentação. Por isso também é comum visualizar artroconídios no exame direto, situação exposta na Figura 4.26 (Anvisa, 2004).

Figura 4.26 – Exame micológico direto positivo para dermatófitos (escamas de pele)

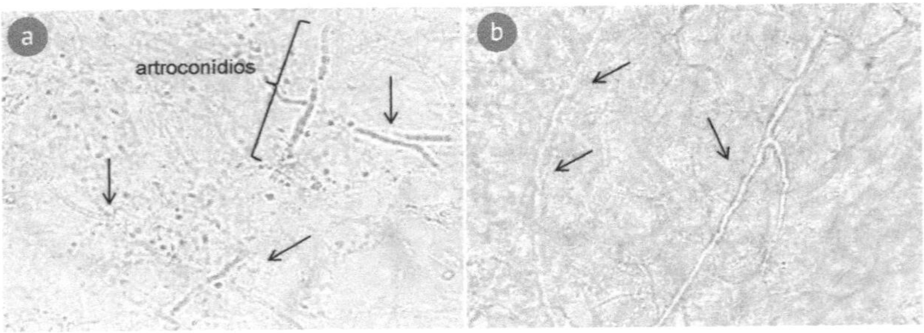

Luiza Souza Rodrigues

Pelo exame direto, só é possível verificar a presença ou não do fungo por sua visualização na amostra clínica; entretanto, não é possível determinar o gênero e a espécie envolvida na infecção. Além disso, a microscopia do fio de cabelo permite diferenciar se é um parasitismo do tipo *endothrix* ou do tipo *ectothrix* (Figura 4.27), avaliando se as hifas e esporos estão no interior do fio ou na parte externa, respectivamente (Mezzari; Fuentefria, 2012; Zaitz et al., 2012).

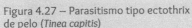

Figura 4.27 – Parasitismo tipo ectothrix de pelo (*Tinea capitis*)

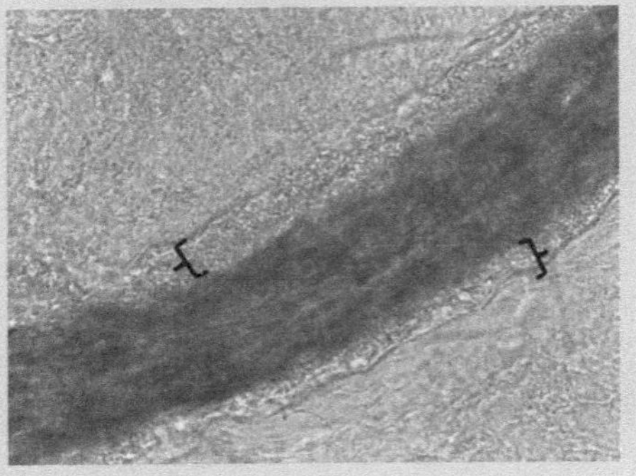

Luiza Souza Rodrigues

A cultura é importante para que se identifique o agente etiológico envolvido no processo infeccioso e, embora a sensibilidade seja descrita como menor em relação ao exame micológico direto (considerando profissional treinado e experiente), é mais específico, permitindo excluir dermatofitose no diagnóstico diferencial (Anvisa, 2004; Mezzari; Fuentefria, 2012).

As escamas de pele, unha e fios não precisam de processamento antes da cultura. Devem ser semeadas preferencialmente em ASD e mycosel por 30 dias em temperatura entre 25 e 25 °C 30 °C (Anvisa, 2004).

As espécies de dermatófitos mais frequentes em processos infecciosos humanos são: *T. rubrum*, *T. mentagrophytes*, *M. canis*, *T. tonsurans*, *Nannizzia gypsea* (antigo *M. gypseum)* e *E. floccosum*. Destas, *T. rubrum*, *T. tonsurans* e *E. floccosum* são classificados como antropofílicos; *N. gypsea*, como geofílico; *e M. canis e T. mentagrophytes* como zoofílicos. Embora existam variações de acordo com a região geográfica e o tipo de população estudada, o gênero *Trichophyton* é o prevalente (Mezzari; Fuentefria, 2012; Oliveira, 2014; Zaitz et al., 2012). Com exceção do gênero *Epidermophyton*, os dermatófitos produzem dois tipos de conídios (sésseis) micro e macroconídios e a morfologia deles auxilia muito da diferenciação das espécies (Figura 4.28).

Figura 4.28 – Macro (anverso e reverso) e micromorfologia dos principais dermatófitos envolvidos em infecções humanas: *Microsporum canis* (a); *Nannizzia gypsea* (antigo *M. gypseum*) (b); *Epidermophyton floccosum* (c); *Trichophyton mentagrophytes* (d); *Trichophyton rubrum* (e); *iTrichophyton tonsurans* (f)

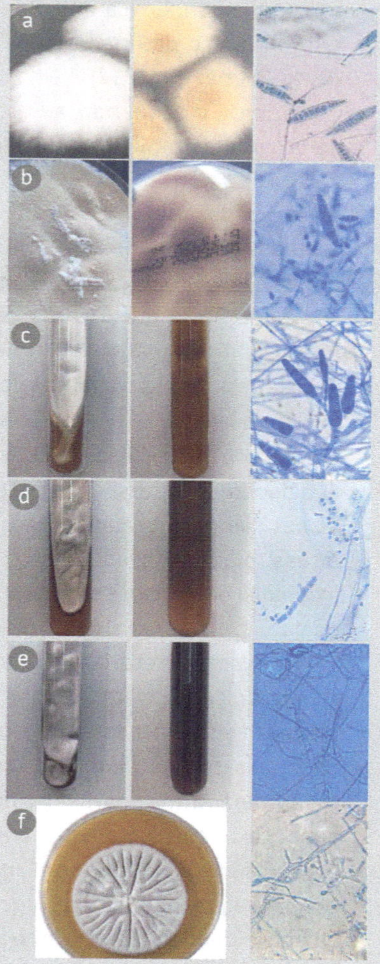

Juliasuena/Shutterstock

sruilk e Putita/Shutterstock; Luiza Souza Rodrigues

4.5.2 Micoses subcutâneas

As micoses subcutâneas, também conhecidas como *micoses de implantação*, envolvem fungos saprófitos presentes no solo e vegetais. Quando, acidentalmente inoculados em seres humanos, causam doença localizada nos tecidos subjacentes à pele e, eventualmente, doença disseminada (Anvisa, 2004; Mezzari; Fuentefria, 2012; Oliveira, 2014; Zaitz et al., 2012).

4.5.2.1 CROMOBLASTOMICOSE

Fonsecaea pedrosoi, *Fonsecaea compacta*, *Phialophora verrucosa*, *Cladosporium carrionii* e *Rhinocladiella aquaspersa* são alguns dos principais fungos negros ambientais associados à cromoblastomicose, uma micose subcutânea endêmica que, diferentemente da maioria das micoses, não tem um único patógeno associado (Mezzari; Fuentefria, 2012; Oliveira, 2014; Zaitz et al., 2012).

No Brasil e no mundo, a *F. pedrosoi* é o agente etiológico mais comum de cromoblastomicose, envolvida em cerca de 90% dos casos. Grande parte dos pacientes acometidos pela infecção é de zona rural e com idade entre 30 e 50 anos. No corpo, os membros inferiores são os mais afetados, seguidos pelos membros superiores e pela região glútea (Mezzari; Fuentefria, 2012; Oliveira, 2014; Zaitz et al., 2012).

A infecção se manifesta após trauma com material orgânico contaminado com um dos agentes etiológicos. A lesão inicia-se como uma pápula que surge após alguns meses do trauma e pode ser pruriginosa. Essa lesão inicial desenvolve-se lentamente ao longo dos anos e progride pela via linfática ou por autoinoculação para lesões em placas ou noduloverrucosas que podem, progressivamente, levar à perda funcional do membro. Nessas lesões são encontrados pontos sero-hemáticos (pontos enegrecidos nas lesões), os quais devem ser coletados para isolamento do agente etiológico. Infecções bacterianas secundárias são comuns, piorando o quadro clínico do paciente (Mezzari; Fuentefria, 2012; Zaitz et al., 2012).

No exame direto de amostra clarificada com KOH e na análise histopatológica do material da lesão, não são visualizadas hifas demácias septadas e ramificadas, mas sim o microrganismo com estrutura arredondada, acastanhada, podendo ter septos ou trabéculas, que evidenciam fissão binária (cissiparidade) no tecido do hospedeiro. Esta estrutura é conhecida como *célula muriforme*, *corpo fumagoide* ou *corpo esclerótico*; e a sua visualização fecha o diagnóstico de cromomicose, pois este é feito pelo aspecto parasitário do agente etiológico, como mostra a Figura 4.29. Quando identificada a presença de hifas demácias, é classificada como uma feohifomicose (Anvisa, 2004).

Figura 4.29 – Exame micológico direto positivo: células muriformes (a); e hifas demácias septadas (b)

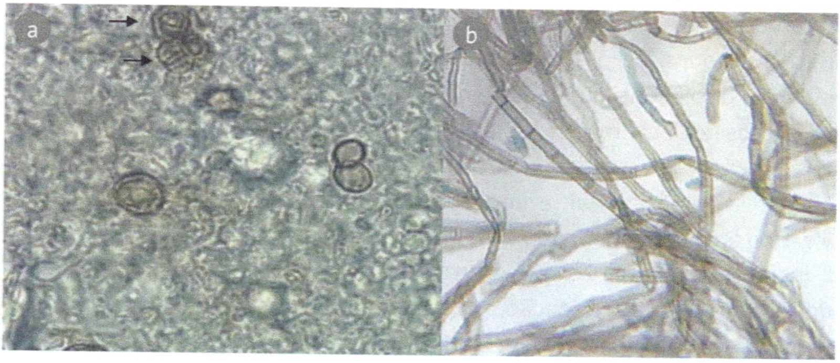

Nesse caso, a cultura é recomendada para que se determine o agente etiológico envolvido na infecção. Todos levam de 10 a 20 dias para crescer em cultura e apresentam colônia variando entre verde, marrom e preto, com aspecto aveludado e reverso negro. Para identificação do gênero e da espécie, faz-se o microcultivo para observação de seus conidióforos (Anvisa, 2004).

4.5.2.2 ESPOROTRICOSE

A esporotricose é uma micose de evolução subaguda ou crônica do homem e dos animais, tem distribuição universal e elevada prevalência em países tropicais e subtropicais. Atinge a pele e os tecidos subcutâneos, provocando lesões granulomatosas que tendem a ulcerar, além do tecido linfático no local de implantação do fungo. Embora a apresentação cutânea fixa e linfocutânea sejam as mais comuns, pacientes imunocomprometidos podem desenvolver doença extracutânea (pulmonar) ou cutânea disseminada (osteoarticular e no sistema nervoso central – SNC) (Mezzari; Fuentefria, 2012; Zaitz et al., 2012).

Essa micose é causada por microrganismos dimórficos do gênero *Sporothrix* spp. e, por muito tempo, foi conhecida como *doença da roseira* ou exclusivamente associada a profissionais de jardinagem e paisagismo. Na época de sua descrição, a doença era relacionada apenas às espécies *S. schenckii* ou *S. globosa*, após trauma da pele ou mucosa do hospedeiro com matéria orgânica em decomposição. Transmissão zoonótica era raramente relatada, bem como casos de infecções extracutâneas e cutâneas disseminadas (Mezzari; Fuentefria, 2012; Orofino-Costa et al., 2017).

Atualmente, duas rotas de aquisição da esporotricose são bem descritas: (i) a contaminação por **contato direto com solo**, plantas e matéria orgânica em decomposição contaminada; (ii) **transmissão zoonótica**, na qual os felinos (especialmente os gatos) participam ativamente da transmissão aos humanos. Nesta última, considerando que os gatos também realizam transmissão horizontal, é importante implementar medidas educativas visando ao diagnóstico precoce e o tratamento desses animais, assim como à incineração daqueles que morrem; isso deve ser feito com o objetivo de minimizar a disseminação do microrganismo no solo e sua progressão na natureza (Orofino-Costa et al., 2017; Rodrigues; Hoog; Camargo, 2015).

Atualmente, o gênero *Sporothrix* contém mais de 50 espécies, das quais *S. schenckii*, *S. globosa*, *S. brasiliensis* e *S. luriei* se destacam em infecções humanas. No Brasil, mais de 80% dos casos de esporotricose são causadas pela espécie *S. brasiliensis*, sendo isolada tanto em amostras humanas quanto em amostras extraídas de felinos, e é considerada a espécie mais virulenta do gênero (Orofino-Costa et al., 2017; Rodrigues; Hoog; Camargo, 2015). *Sporothrix* spp. adquire morfologia leveduriforme em temperaturas de 35°C-37 °C e filamentosa em 25 °C, sendo essa habilidade reconhecida como um fator de virulência que favorece a infecção em mamíferos (Anvisa, 2004).

O padrão ouro para o diagnóstico da esporotricose é a cultura da amostra biológica – secreção da lesão, biópsia, escarro, líquido sinovial, sangue e LCR – para isolamento do agente etiológico. É um diagnóstico simples e barato, no qual, cultivando o microrganismo entre 25°C-30 °C, é possível obter a forma filamentosa e observar sua macro e micromorfologia com o objetivo de elucidar sua identificação (Anvisa, 2004).

Na fase filamentosa, o microrganismo cresce entre 5 e 12 dias, e sua colônia apresenta um aspecto que varia entre membranoso e aveludado (pode ter protuberância central), com cor branca acinzentada e borda escura (marrom, cinza ou preto), como mostra a Figura 4.30. Ao microscópio óptico, o fungo é formado por hifas hialinas septadas e conidióforos delicados com estruturação simpodial de conídios dispostos em roseta (parecidos com "margaridas") (Anvisa, 2004; Zaitz et al., 2012).

Figura 4.30 – *Sporothrix* sp. (fase filamentosa): macromorfologia (a); e micromorfologia (b)

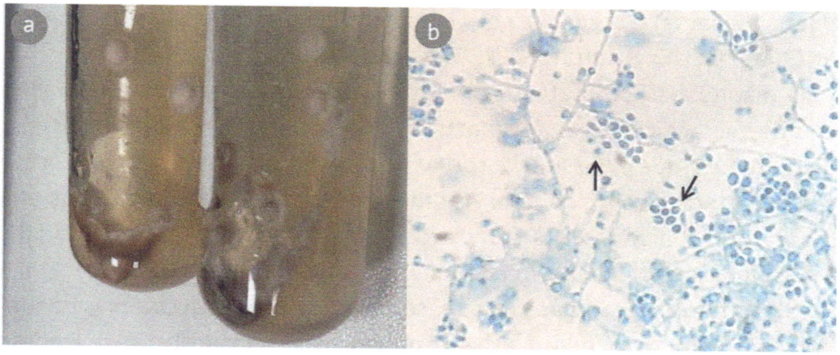

O exame direto e as análises histopatológicas são menos sensíveis e específicos do que a cultura devido à baixa carga parasitária do microrganismo no hospedeiro humano. As leveduras do gênero *Sporothrix* são descritas com morfologia alongada, com aspecto de "charuto". Também é possível converter o microrganismo da fase filamentosa para a fase leveduriforme submetendo a cultura à temperatura de 37 °C, mas demanda tempo de execução (Anvisa, 2004; Zaitz et al., 2012).

4.5.3 Micoses sistêmicas

4.5.3.1 CRIPTOCOCOSE

A criptococose é uma das principais infecções fúngicas invasivas em todo o mundo. É uma doença de caráter cosmopolita, que atinge principalmente pacientes imunocomprometidos, embora possa ocorrer em indivíduos imunocompetentes. Pode ter evolução aguda, subaguda ou crônica, e a manifestação clínica mais comum é a meningite (Mezzari; Fuentefria, 2012; Oliveira, 2014; Zaitz et al., 2012).

É causada por leveduras encapsuladas do gênero *Cryptococcus* spp., cujo hábitat são fezes de aves (principalmente de pombos), solo, vegetais em decomposição, ocos de árvore (eucalipto) e poeira. Embora o gênero seja formado por várias espécies, infecções em humanos são comumente causadas por *C. neoformans* e *C. gattii*, estando a primeira envolvida em cerca de 90% das infecções (Mezzari; Fuentefria, 2012; Oliveira, 2014; Zaitz et al., 2012).

A doença inicia nos pulmões e, assim como as demais micoses sistêmicas, pode ser assintomática com cura espontânea, progredir causando doença local ou disseminar por via hematogênica, especialmente para o SNC (Mezzari; Fuentefria, 2012; Oliveira, 2014).

O diagnóstico laboratorial de criptococose pode ser feito mediante exame micológico direto da amostra biológica de paciente suspeito (tinta da China), em que é possível observar a presença das leveduras com cápsulas, características do gênero. As amostras comumente processadas em laboratório clínico são: LCR, amostras respiratórias, secreção de lesão de pele, biópsia e urina após massagem prostática (Anvisa, 2004).

Em cultura, o microrganismo cresce entre 3-7 dias, com colônias pequenas, de cor branca ou bege e aspecto geralmente mucoide. Deve-se atentar ao fato de que a cicloheximida inibe o *Cryptococcus* spp.; portanto, não se deve semear amostras suspeitas em ágar mycosel. Para identificação do gênero e da espécie, são necessárias provas bioquímicas adicionais. O gênero é urease positivo, as espécies patogênicas ao homem produzem melanina quando cultivados em ágar semente de Niger, e a diferenciação da espécie é realizada por ágar CGB (*C. gattii* é positivo) – Figuras 4.14 e 4.15 (Anvisa, 2004; Zaitz et al., 2012). Atualmente, também é possível detectar antígenos capsulares (polissacarídeo) do *Cryptococcus* spp. no soro, no LCR ou na urina do paciente por teste rápido (Zaitz et al., 2012).

4.5.3.2 PARACOCCIDIOIDOMICOSE

Trata-se de uma doença infecciosa fúngica sistêmica conhecida como *doença de Lutz*. O Brasil registra o maior número de casos da doença, que é restrita às Américas do Sul e Central; por isso, também já foi conhecida como *blastomicose sul-americana* (Mezzari; Fuentefria, 2012).

Essa doença é prevalente no sexo masculino (15:1), o estrógeno parece ter um efeito protetor contra infecção em mulheres. É infecção granulomatosa, com evolução insidiosa, que acomete preferencialmente a pele, mucosas, sistema linfático e sistema respiratório. Apresenta grande variabilidade de manifestações clínicas, podendo resultar em óbito ou graves sequelas ao hospedeiro que não tiver acesso a diagnóstico e tratamento adequado (Mezzari; Fuentefria, 2012; Shikanai-Yasuda et al., 2018; Zaitz et al., 2012).

É causada pelo fungo dimórfico *Paracoccidioides* spp., mais especificamente pelas espécies *P. brasiliensis* e *P. lutzii*, sendo a primeira composta de pelo menos cinco variantes genéticas. Esse fungo tem como hábitat solos ricos em vegetação, o que explica sua relação com a atividade agrícola. Ela ocorre pela forma infectante do microrganismo (filamentosa), por meio da inalação de conídios dispersos no ar que são depositados nos alvéolos do hospedeiro. Como um fungo dimórfico, no homem adquire a forma de levedura, sendo invasiva (Mezzari; Fuentefria, 2012; Shikanai-Yasuda et al., 2018; Zaitz et al., 2012).

A infecção primária é a pulmonar e dificilmente é diagnosticada, provavelmente pelo fato de ser pouco sintomática ou até mesmo por não conseguir se instalar. A doença paracoccidioidomicose ocorre, geralmente, anos depois (10-20 anos), por reativação (por imunossupressão, por exemplo) ou reinfecção. O fungo se dissemina por via hematogênica ou linfática, sendo a manifestação clínica mais comum o surgimento de úlceras ou lesões granulomatosas na mucosa oral e linfonodomegalia. Embora essa seja a patogênese mais comum, a partir da primo-infecção o paciente pode evoluir de diferentes formas: resolução e cicatrização completa do complexo primário; fungos viáveis no parênquima pulmonar ou em focos metastásicos (crônica); doença pulmonar progressiva ou multissistêmica (aguda ou subaguda), também dita *juvenil* (Mezzari; Fuentefria, 2012; Shikanai-Yasuda et al., 2018; Zaitz et al., 2012).

O diagnóstico laboratorial normalmente é realizado por meio do exame direto de amostra de escarro, lavado broncoalveolar, raspado de lesão, aspirados ou biópsias clarificadas com solução de hidróxido de potássio, e são detectadas células leveduriformes hialina, esféricas ou ovoides, de parede celular espessa e duplo contorno, com múltiplas gemulações, conforme mostra a Figura 4.31 (Anvisa, 2004).

Figura 4.31 – Micromorfologia da fase leveduriforme do *Paracoccidioides* sp.

Luiza Souza Rodrigues

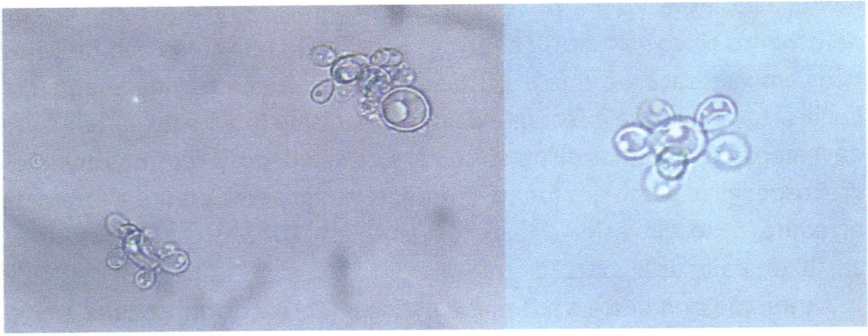

Em cultura, é um fungo de crescimento lento; em temperatura entre 25 °C-30 °C desenvolve colônia na fase filamentosa, com aspecto algodonoso, de cor branca com sulco central e reverso bege. Sua micromorfologia nessa fase não é muito característica, não sendo tão informativa no fechamento diagnóstico. É um fungo hialino, com hifas septadas delgadas com clamidósporos intercalares e terminais. Por isso, converter o microrganismo da fase filamentosa para a fase leveduriforme, submetendo a cultura à temperatura de 37 °C, nesse caso, pode ser importante para confirmar o microrganismo. Em temperatura entre 35°C-37 °C, a colônia tem coloração bege e aspecto cerebriforme, como ilustra a Figura 4.32 (Anvisa, 2004).

Figura 4.32 – Macromorfologia do *Paracoccidioides* sp.: fase filamentosa (a); e fase leveduriforme (b)

Luiza Souza Rodrigues

4.5.4 Micoses oportunistas

4.5.4.1 CANDIDÍASE OU CANDIDOSE

O gênero *Candida* reúne mais de 400 espécies, sendo muitas delas raramente descritas. Desse extenso grupo, de 20 a 30 espécies são consideradas de relevância médica, e cerca de 90% das infecções invasivas se restringem às espécies *C. albicans*, *C. glabrata*, *C. parapsilosis*, *C. tropicalis* e *C. krusei* (Anvisa, 2004; Bongomin et al., 2017).

Dos fungos causadores de infecção humana, *Candida* spp é o mais frequente e associado ao elevado tempo de internação e dos custos relacionados à saúde, representando um sério desafio à saúde pública (Anvisa, 2004; Mezzari; Fuentefria, 2012; Oliveira, 2014; Tortora; Funke; Case, 2017; Zaitz et al., 2012).

As micoses causadas pelas espécies de *Candida*, também conhecidas como *candidíase* ou *candidose*, cursam com um amplo espectro de apresentações clínicas e severidade, variando entre infecções mucocutâneas (superficiais) e sistêmicas (profundas). Quando a micose causada pelo gênero é sistêmica, é denominada *candidíase invasiva* (CI), da qual se destaca a infecção de corrente sanguínea, também designada *candidemia* (Anvisa, 2004; Zaitz et al., 2012).

Embora *C. albicans* seja a espécie mais relevante do gênero, a frequência de espécies não *albicans* vem ganhando destaque na literatura nos últimos anos. Além disso, espécies emergentes, como *C. auris,* em pacientes críticos com altas taxas de mortalidade, maior resistência aos antifúngicos utilizados na prática clínica e vinculada a surtos hospitalares também vêm sendo descritas (Anvisa, 2004; Bongomin et al., 2017). As razões para o aumento de infecções por espécies não *albicans* não estão esclarecidas, mas destacam-se os avanços no diagnóstico microbiológico que tem maior capacidade de diferenciação das espécies, o uso de profilaxia com fluconazol, considerando que as espécies não *albicans* apresentam maior nível de resistência a certas drogas antifúngicas. Em acréscimo, possivelmente essa mudança seja um reflexo do número crescente de pacientes que contemplam os fatores de risco para infecções fúngicas invasivas (imunossupressão) (Anvisa, 2004; Bongomin et al., 2017).

São descritos dois principais mecanismos de transmissão e patogênese na candidíase invasiva. O mais importante é por via endógena, isto é, quando espécies que constituem a microbiota endógena de determinados sítios anatômicos do hospedeiro, em condições de fragilidade como imunossupressão ou quebra de barreira, comportam-se como patógenos oportunistas, invadindo tecidos adjacentes e/ou disseminando. O outro mecanismo de transmissão de relevo é por via exógena, por contato direto ou indireto, principalmente pelas mãos de profissionais de saúde e fômites, como cateteres contaminados e soluções endovenosas (Anvisa, 2004; Bongomin et al., 2017).

Inúmeros fatores relacionados ao hospedeiro já foram descritos como facilitadores do desenvolvimento de candidíases invasivas. Entre eles, destacam-se uso de antibióticos de amplo espectro, tempo prolongado de internação hospitalar, internação em UTI, neutropenia, cirurgia prévia (especialmente gastrointestinal), nutrição parental, sonda vesical, ventilação mecânica, cateter venoso central (CVC) e colonização prévia de diferentes sítios anatômicos por leveduras (Anvisa, 2004; Bongomin et al., 2017).

Pacientes críticos ou imunocomprometidos também são mais propensos a desenvolver infecções fúngicas, sendo a candidíase orofaríngea, por exemplo, uma das infecções mais comuns em pacientes HIV positivo. Dessa forma, a expansão da população imunocomprometida e de idosos em todo o mundo contribui para o aumento dessas infecções (Anvisa, 2004; Bongomin et al., 2017; Zaitz et al., 2012).

A patogenicidade de espécies de *Candida* é atribuída aos fatores de virulência, que permitem evadir as defesas do hospedeiro, aderir em superfícies, formar biofilme, alterar sua estrutura celular (formando pseudo-hifas e/ou hifas verdadeiras) e graças à produção de enzimas hidrolíticas, que auxiliam na invasão e no dano tecidual. Em comparação com *C. albicans*, há relativamente poucos estudos elucidando os fatores de virulência de espécies não *albicans*, mas a emergência de espécies com perfis multirresistentes e relacionados à elevada morbimortalidade vem estimulando a pesquisa e a identificação de mecanismos diversos, como: a produção de adesinas, fosfolipases, hemolisinas e proteinases, bem como a capacidade de formação de biofilme (Anvisa, 2004; Mezzari; Fuentefria, 2012; Oliveira, 2014; Tortora; Funke; Case, 2017; Zaitz et al., 2012).

Apesar de os índices de candidíase invasiva sofrerem importantes variações dependendo da região geográfica estudada e do tipo de população avaliada, sua carga total permanece alta, particularmente nas populações de pacientes com risco de infecção oportunista. Dessa forma, entende-se que a detecção precoce e a discriminação da espécie envolvida na infecção são indispensáveis para a intervenção terapêutica adequada (Anvisa, 2004; Bongomin et al., 2017).

4.5.4.2 HISTOPLASMOSE

A histoplasmose é uma micose sistêmica que pode ter evolução aguda ou crônica e diferentes apresentações clínicas que envolvem os pulmões e o sistema reticuloendotelial (SRE) do hospedeiro. Essa micose acomete o homem e outros animais; entretanto, não é transmitida de uma pessoa para outra nem diretamente de um animal para o homem. Tem distribuição universal, sendo endêmica na América do Norte e no Brasil, apresentando-se geralmente como uma micose sistêmica oportunista em pacientes com AIDS (Mezzari; Fuentefria, 2012; Zaitz et al., 2012).

Os agentes etiológicos da doença humana são *Histoplasma capsulatum var. capsulatum* e o *H. capsulatum var. duboisii* (africano). O fungo é um parasita intracelular dimórfico. No ambiente, tem predileção por solos úmidos, ricos em nitrogênio e clima temperado ou tropical; sendo assim, seu hábitat natural são locais que contêm excrementos de aves ou morcegos, como cavernas, grutas e galinheiros (Mezzari; Fuentefria, 2012; Zaitz et al., 2012).

A transmissão do microrganismo ocorre por via respiratória, por inalação dos propágulos fúngicos presentes no meio ambiente que penetram no organismo do hospedeiro e se instalam nos alvéolos pulmonares, podendo disseminar via hematogênica para outros órgãos, como fígado, baço, linfonodos, mucosas e medula óssea. As manifestações clínicas na histoplasmose podem ser classificadas em infecção assintomática e pulmonar aguda ou doença pulmonar crônica, multifocal crônica, disseminada aguda (juvenil) e disseminada oportunista (Mezzari; Fuentefria, 2012).

Mais de 95% das infecções são assintomáticas, sendo a histoplasmose multifocal crônica a forma mais comum. Nela, a partir da reativação do fungo viável quiescente pela queda do sistema imune do hospedeiro, o paciente, geralmente adulto e do sexo masculino, manifesta lesões ulceradas na língua e na orofaringe (pela disseminação do microrganismo) e comprometimento pulmonar (Mezzari; Fuentefria, 2012).

Nesse caso, o exame micológico direto requer muita experiência e habilidade técnica, pois o fungo em sua fase leveduriforme apresenta leveduras de dimensões pequenas e que geralmente estão no interior de fagócitos (Figura 4.32). Dessa forma, fixar e colorir o material (Giemsa, por exemplo) ajuda a aumentar a sensibilidade do exame (Anvisa, 2004).

Considerando sua patogênese, as amostras comumente enviadas ao laboratório para pesquisa e cultura de fungos, na tentativa de diagnosticar histoplasmose, são: escarro, secreção traqueal e lavado broncoalveolar, sangue, punção de medula óssea e biópsia (Anvisa, 2004).

Em cultura, é um microrganismo de crescimento lento, que em temperatura ⩽30 °C cresce na fase filamentosa formando colônia algodonosa, branca e reverso bege/castanho, conforme mostra a Figura 4.33. Sua identificação é realizada pelo aspecto micromorfológico dessa fase, o qual é bem característico: hifas hialinas septadas delgadas com macroconídios arredondados com espículas (macroconídios tuberculados ou mamilonados, também denominados *estalagmósporos*) (Anvisa, 2004).

Figura 4.33 – Micromorfologia do histoplasma *capsulatum var.* sp.: fase leveduriforme no interior de macrófago (a); fase filamentosa (microcultivo) evidenciando seus macroconídios característicos (b)

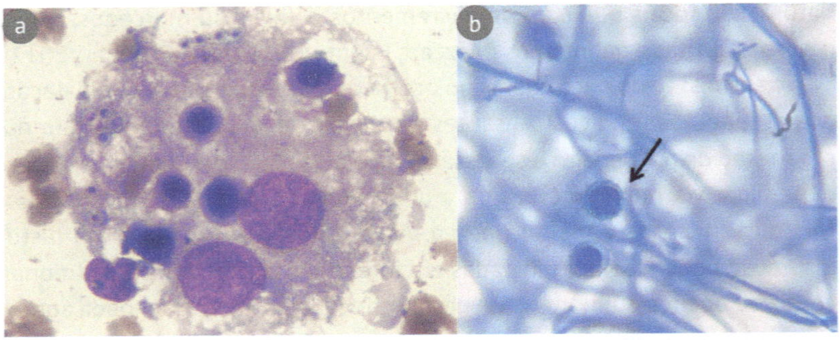

LindseyRN/Shutterstock; Luiza Souza Rodrigues

Figura 4.34 – Histoplasma *capsulatum var.* sp. macromorfologia na fase filamentosa (temperatura ambiente)

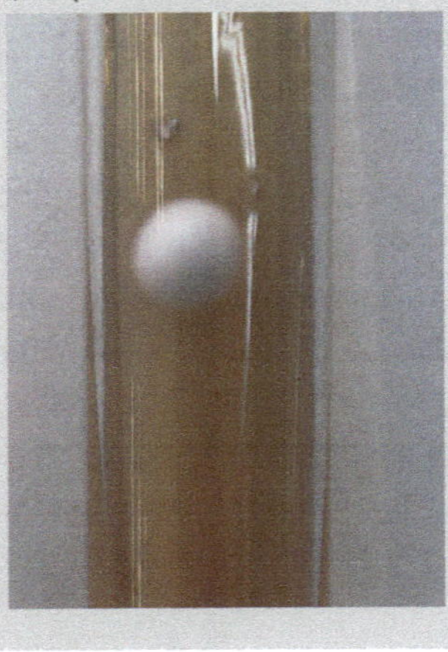

Luiza Souza Rodrigues

No cultivo em temperatura entre 35 °C-37 °C, o fungo cresce formando colônias pequenas, de aspecto cremoso e cor branca-amarelada. Ao microscópio óptico, observam-se leveduras pequenas, eventualmente com brotamento único (Anvisa, 2004).

4.5.4.3 ASPERGILOSE

A aspergilose é uma doença multiforme com diferentes apresentações clínicas que se distribuem entre as formas alérgica, saprofítica e invasiva, as quais, por sua vez, são determinadas pela resposta imune do hospedeiro.

A aspergilose invasiva está entre as principais micoses invasivas, a lado da candidíase invasiva e da criptococose. É uma infecção fúngica oportunista em pacientes imunocomprometidos (neutropênicos, transplantados, pacientes com AIDS), os quais têm fatores de risco específicos (Mezzari; Fuentefria, 2012; Oliveira, 2014; Zaitz et al., 2012).

O gênero *Aspergillus*, envolvido na principal hialohifomicose (infecção oportunista causada por fungo hialino) de ocorrência humana, contém mais de 300 espécies e é amplamente distribuído na natureza. A espécie que frequentemente está associada a quadro invasivo é *A. fumigatus*. Outras espécies descritas são: *A. terreus*, *A. niger* e *A. flavus*.

O processo infeccioso habitualmente inicia-se pelo pulmão, e sua progressão depende da interação hospedeiro-parasita, considerando os fatores de virulência da estirpe e a condição imune e pulmonar do paciente. A aspergilose invasiva é a principal causa de mortalidade por pneumonia em pacientes transplantados de órgãos sólidos e medula óssea (Mezzari; Fuentefria, 2012; Zaitz et al., 2012).

O diagnóstico laboratorial da infecção é feito com a demonstração do fungo em cultura e idealmente também no exame direto e histopatológico. Quanto mais evidências laboratoriais há, maior é a contribuição para o entendimento do processo infeccioso; afinal, trata-se de um fungo anemófilo, que poderia ser um contaminante (Anvisa, 2004).

No exame direto e histopatológico, observa-se a presença de hifas septadas hialinas com ramificação em ângulo agudo. Em cultura, é de crescimento rápido e a análise da macro e da micromorfologia auxilia na identificação do gênero e da espécie.

4.5.4.4 MUCORMICOSE

O agente etiológico mais comum causador de mucormicose em todo o mundo é o gênero *Rizhopus* sp., correspondendo a 50% dos casos, seguido por *Mucor* sp., com ocorrência em quase 20% dos casos. São fungos ambientais de crescimento rápido e que liberam uma grande quantidade de conídios, que ficam em suspensão no ar (Mezzari; Fuentefria, 2012; Zaitz et al., 2012).

Trata-se de uma infecção grave e de rápida evolução, que tem como apresentações clínicas mais comuns a doença rinocerebral e pulmonar após o paciente inalar grande quantidade de conídios. São observadas lesões necróticas invasivas em nariz e palato, evoluindo no comprometimento cerebral e em manifestações pulmonares. Em pacientes imunocomprometidos, a infecção costuma ser fatal (Mezzari; Fuentefria, 2012; Zaitz et al., 2012).

Assim como na aspergilose, o diagnóstico laboratorial é feito pela demonstração do fungo em cultura e nos exames direto e histopatológico. Nos exames microscópicos são detectadas hifas cenocíticas com ramificação em ângulo reto (Anvisa, 2004). Em cultura, o fungo cresce em menos de 72 horas de incubação, com micélio aéreo abundante. Na micromorfologia da colônia, são observadas hifas cenocíticas e esporangióforos (Anvisa, 2004).

Para saber mais

KOZEL, T. R.; WICKES, B. Fungal Diagnostics. **Cold Spring Harbor Perspectives in Medicine**, v. 4, i. 4, Apr., 2014. Disponível em: <https://www.ncbi.nlm.nih.gov/pmc/articles/PMC3968782/>. Acesso em: 28 abr. 2022.

Nesse artigo, os autores Thomas R. Kozel, Brian Wickes abordam as diferentes estratégias para o diagnóstico de infecções fúngicas invasivas, incluindo técnicas sorológicas, proteômicas e baseadas em amplificação de ácidos nucleicos, incluindo suas vantagens e limitações.

QUEIROZ-TELLES, F. et al. Neglected Endemic Mycoses. **The Lancet Infectious Diseases**, v. 17, n. 11, p. 367-377, 2017. Disponível em: <https://www.thelancet.com/journals/laninf/article/PIIS1473-3099(17)30306-7/fulltext#:~:text=Cutaneous%20implantation%20and%20systemic%20mycoses,therapeutic%20options%20are%20substantial%20issues.>. Acesso em: 28 abr. 2022.

Nesse artigo, Flávio Queiroz Telles e colaboradores fazem uma revisão crítica sobre as micoses endêmicas negligenciadas.

PARA o quê? Paracoccidioidomicose: não é palavrão e tem cura. Disponível em: <https://www.youtube.com/watch?v=zzhsIHCOO8I>. Acesso em: 28 abr. 2022.

Essa animação foi desenvolvida pelo pesquisador da Escola Nacional de Saúde Pública (Ensp/Fiocruz), Ziadir Francisco Coutinho, em parceria com os pesquisadores Antonio Carlos Francesconi do Valle e Bodo Wanke, do Instituto de Pesquisas Clínicas Evandro Chagas (Ipec/Fiocruz). Os especialistas visam esclarecer sobre essa doença considerada negligenciada, mas que tem cura e pode gerar graves sequelas se não for diagnosticada precocemente.

Síntese

Neste capítulo, abordamos desde os conceitos fundamentais sobre a estrutura e o metabolismo dos fungos, passando, brevemente, por sua taxonomia e as relações biológicas que mantêm com os seres humanos, chegando à classificação das micoses, à fisiopatologia e ao diagnóstico das principais infecções fúngicas.

Enfatizamos que, justamente por serem infecções negligenciadas, são subdiagnosticadas e seus reais prejuízos socioeconômicos são inestimáveis. Ressaltamos que as infecções fúngicas invasivas cursam com elevadas taxas de morbimortalidades. Justamente por isso, buscamos conectar o diagnóstico laboratorial ao contexto epidemiológico e clínico das principais micoses, a fim de incentivar uma rotina diagnóstica reflexiva que se adapte e oportunize diagnóstico de qualidade capaz de direcionar a terapia apropriada.

Questões para revisão

1. (INEP ENADE – 2016 – Biomedicina)

   Leveduras do gênero *Candida* são responsáveis por infecções superficiais e sistêmicas, principalmente em pacientes imunodeprimidos. Em micologia, o uso de ágar cromogênico auxilia na identificação presuntiva das espécies mais comumente isoladas de leveduras desse gênero.

   Com relação às metodologias utilizadas para a identificação e isolamento dessas leveduras, avalie as afirmações a seguir.

   I. O ágar cromogênico candida é o meio de cultura indicado para isolamento seletivo e identificação de leveduras e fungos filamentosos, com a propriedade para a diferenciação de *Candida albicans*, *Candida krusei* e *Candida tropicalis*.

   II. A inclusão de substratos cromogênicos no meio de cultura faz com que as colônias de *Candida albicans*, *Candida krusei* e *Candida tropicalis* produzam diferentes cores, o que permite a detecção direta dessas espécies de leveduras na placa.

III. Apesar de ser uma metodologia considerada sensível e específica para a identificação presuntiva das espécies mais comumente isoladas de leveduras do gênero *Candida*, a técnica de ágar cromogênico apresenta limitações por não diferenciar *Candida glabrata* e *Candida parapsilosis*.
IV. O meio de cultura ASD com cloranfenicol e o de ágar cromogênico para *Candida* são eficazes para o isolamento de leveduras, sendo o ASD aquele que apresenta maior eficácia na identificação presuntiva da maioria das leveduras do gênero *Candida*.

É correto apenas o que se afirma em:

a. I e IV.
b. II e III.
c. II e IV.
d. I, II e III.
e. I, III e IV.

2. (Prefeitura Chapecó/SC – 2019 – Farmacêutico/bioquímico/analista clínico)

Com o advento da infecção pelo vírus da imunodeficiência humana, algumas micoses oportunistas podem ocorrer em função do quadro crônico de imunossupressão, podendo ser observadas, sobretudo, em pacientes com contagens de linfócitos TCD4+ inferiores a 200 células/mm^3. Dentre as características observadas ao exame micológico direto, são sugestivas e relacionadas ao diagnóstico de histoplasmose:

a. Blastoconídeos, hifas e pseudo-hifas, observados com a coloração de prata.
b. Hifas hialinas, septadas ramificadas e artroconídeos retangulares.
c. Células muriformes, estruturas globosas e demácias com paredes espessas e septos em dois planos.
d. Blastoconídeos pequenos (2-4 μm) ovalados especialmente intranucleares, observados com a coloração de Giemsa.

3. (Universidade Federal do Ceará – 2012 – Médico micologista)
   É exemplo de levedura capsulada?
   a. *M. furfur.*
   b. *C. tropicalis.*
   c. *C. albicans.*
   d. *P. brasiliensis.*
   e. *C. neoformans.*

4. Fungos do gênero *Malassezia* estão relacionados ao desenvolvimento de micose superficial estrita caracterizada pelo aparecimento de manchas hipo ou hiperpigmentadas, bem-delimitadas e localizadas principalmente na parte superior do tórax. Há algum tempo, as leveduras do gênero não eram cultiváveis em meios de cultura artificiais, mas, atualmente, sabe-se que esses microrganismos são dependentes nutricionais de um suplemento que deve ser adicionado à formulação para cultivá-lo. Neste contexto, responda:
   a. Sobre qual micose superficial estrita o texto acima faz referência?
   b. Qual o suplemento necessário para o desenvolvimento de *Malassezia* ssp. em cultura?
   c. Descreva a micromorfologia presente no exame micológico direto do paciente com esta infecção.

5. (INEP ENADE – 2007 – Biomedicina) A paracoccidioidomicose é a micose sistêmica mais importante da América Latina, sendo que 80% dos pacientes com esta micose são diagnosticados no Brasil. O exame direto e o cultivo do material clínico são fundamentais para o diagnóstico da doença. A identificação desse fungo é caracterizada pela presença de
   a. leveduras e hifas no exame direto do material clínico, crescimento de leveduras multibrotantes durante o cultivo a 37 °C e fungos filamentosos à temperatura ambiente.
   b. hifas septadas no exame direto do material clínico, crescimento de fungos filamentosos durante o cultivo a 37 °C e leveduras multibrotantes à temperatura ambiente.
   c. leveduras multibrotantes no exame direto do material clínico e crescimento de leveduras e hifas durante o cultivo a 37 °C e à temperatura ambiente.

d. hifas cenocíticas e leveduras multibrotantes (não septadas) no exame direto do material clínico e cultura negativa nas temperaturas ambiente e a 37 °C.

e. leveduras multibrotantes no exame direto do material clínico, crescimento de leveduras durante o cultivo a 37 °C e de fungos filamentosos à temperatura ambiente.

Questões para reflexão

1. (UFRJ – 2003) Em uma espécie de levedura (fungo) utilizada na produção de cerveja foi identificada uma linhagem mutante, denominada *petit* (do francês pequeno). A linhagem petit não apresentava atividade mitocondrial. O gráfico a seguir relaciona as taxas de crescimento das linhagens original e petit à concentração de oxigênio no meio de cultura. Ambos os eixos utilizam unidades arbitrárias.

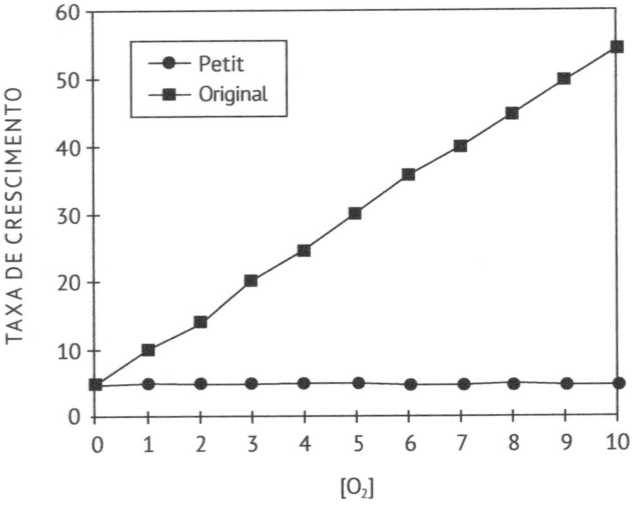

Explique as causas das diferenças entre as taxas de crescimento das duas linhagens.

2. Um médico dermatologista realizou, em seu consultório, em duplicata, biópsia na borda de lesão de pele presente no braço direito de paciente do sexo masculino. Os fragmentos foram colocados em dois frascos: um identificado com formol para o exame histopatológico, e outro identificado com solução fisiológica estéril para exame micológico direto e cultura para fungos.

   Os frascos foram encaminhados para laboratórios diferentes, para os setores de histopatologia e micologia, respectivamente. No setor de micologia, porém, o técnico observou odor de formol ao abrir o frasco. Reflita sobre como você conduziria essa situação a fim de garantir a qualidade do serviço laboratorial.

3. No laboratório de micologia, a utilização de meios de cultura é de grande importância para o isolamento de fungos e, consequentemente, para sua identificação. Os meios de cultura produzidos pelo laboratório devem ser esterilizados e controlados quanto a sua esterilidade e propriedades específicas.

   Qual é o principal método utilizado para esterilização de meios de cultura, e qual é a temperatura e o tempo que devem ser empregados nesse processo para a correta esterilização, segundo a Anvisa?

Capítulo 5

Parasitologia (I)

Profª. Ana Paula Weinfurter Lima Coimbra de Oliveira

Conteúdos do capítulo

» Características e epidemiologia dos parasitas humanos.
» Protozoários parasitas do homem.
» Doença de Chagas.
» Leishmanioses.
» Flagelados das vias digestiva e geniturinária: tricomoníase e giardíase.

Após o estudo deste capítulo, você será capaz de:

1. compreender as relações da situação socioeconômica e sanitária dos indivíduos com a situação epidemiológica das parasitoses em nosso país;
2. caracterizar diferentes protozoários de interesse para a saúde humana;
3. conhecer as características epidemiológicas, patológicas e de diagnóstico, assim como tratamento para doenças causadas por alguns protozoários de interesse para a saúde humana.

O conhecimento sobre doenças parasitárias é de suma importância, sobretudo pelo fato de, em sua maioria, essas condições estarem entre as doenças classificadas como doenças tropicais negligenciadas (DTNs) pela Organização Mundial da Saúde (OMS). Essa classificação agrupa doenças que afetam cerca de 1 bilhão de pessoas em todo o mundo, e que carecem de interesse em termos de pesquisas para melhores tratamentos e, quem sabe, para o desenvolvimento de vacinas.

5.1 Parasitas: características e epidemiologia dos principais parasitas humanos

Para iniciar o estudo de parasitologia, convém relembrarmos as principais regras de nomenclatura científica. Quando escrevemos os nomes dos parasitas, todo nome científico deve estar destacado no texto. Pode ser escrito em itálico, se for impresso, ou sublinhado, quando em textos manuscritos. A designação para espécies é binomial, mas para subespécies é trinomial. Por exemplo:

» *Mycobacterium tuberculosis hominis* (tuberculose humana);
» *Mycobacterium tuberculosis bovis* (tuberculose bovina);
» *Mycobacterium tuberculosis avis* (tuberculose aviária).

Nas regras de nomenclatura científica de seres vivos, sobretudo na zoologia, a família é denominada pela adição do sufixo "idae" ao radical correspondente ao nome do gênero-tipo (gênero mais característico da família). Já para a denominação de subfamílias, o sufixo adotado é "inae". Eis alguns exemplos:

» Gato – gênero: *Felis*; família: Felidae; subfamília: Felinae.
» Cascavel – gênero: *Crotalus*; família: Crotalidae; subfamília: Crotalinae.

Além das regras de nomenclatura, temos de reforçar algumas definições e conceitos basilares da área.

Define-se ***ecossistema*** como uma unidade funcional básica em ecologia que representa uma comunidade ecológica ou ambiente natural no qual há o relacionamento estreito entre as várias espécies animais, minerais e vegetais. Já o termo ***ecologia*** diz respeito ao estudo das relações entre os seres vivos e destes com o meio ambiente. Essas relações ou associações entre os seres vivos podem ser classificadas como *harmônicas* ou *desarmônicas*. Entre as **relações harmônicas**, estão o comensalismo, o mutualismo e a simbiose. Já as **relações desarmônicas** são a competição, o canibalismo, o predatismo e o parasitismo.

Por definição, **parasitismo** é uma relação entre organismos em que há benefícios apenas para uma das partes envolvidas. É uma associação entre seres vivos de espécies diferentes em que há uma relação duradoura e íntima, na qual há também dependência metabólica de grau variado.

Para compreensão das relações de parasitismo, temos de esclarecer alguns termos que serão utilizados durante a abordagem das parasitoses de interesse humano.

Hospedeiro é o vocábulo utilizado para designar o organismo que alberga o parasita. Alguns parasitas apresentam mais de um hospedeiro ao longo do seu ciclo biológico de desenvolvimento. Há dois tipos principais de hospedeiros: (i) o definitivo e (ii) o intermediário. De modo simplificado, no organismo do hospedeiro definitivo, o parasita realiza seu ciclo de reprodução "sexuada" ou se apresenta na forma adulta. Já no hospedeiro intermediário, ocorre a parte do ciclo com reprodução assexuada ou o parasita se encontra em fases mais imaturas de desenvolvimento.

É importante não confundir os conceitos de hospedeiro e vetor. Os **vetores** são, em geral, artrópodes ou moluscos capazes de transmitir o parasita entre dois hospedeiros, sendo diferenciados em mecânicos ou biológicos. Um **vetor mecânico** é aquele que transfere o parasita de um hospedeiro para outro sem que transcorra fase de desenvolvimento do parasita em seu organismo. Costuma-se dizer que esse vetor apenas carrega o parasita entre dois hospedeiros. Por outro lado, o vetor biológico é parte fundamental do processo de transmissão, pois em seu organismo ocorre alguma fase do ciclo biológico do parasita, transformando-o na forma que será infectante para o hospedeiro seguinte.

A palavra ***infecção*** indica a entrada e o desenvolvimento de endoparasitas no corpo do hospedeiro. É denominado ***infestação*** o desenvolvimento de parasitas e seu alojamento na superfície do corpo e das roupas do hospedeiro, como ocorre com os ectoparasitas (Figura 5.1).

Figura 5.1 – Hospedeiro com ectoparasitas

Lightspring/Shutterstock

Figura 5.2 – Endoparasitas em luz intestinal do hospedeiro

Christoph Burgstedt/Shutterstock

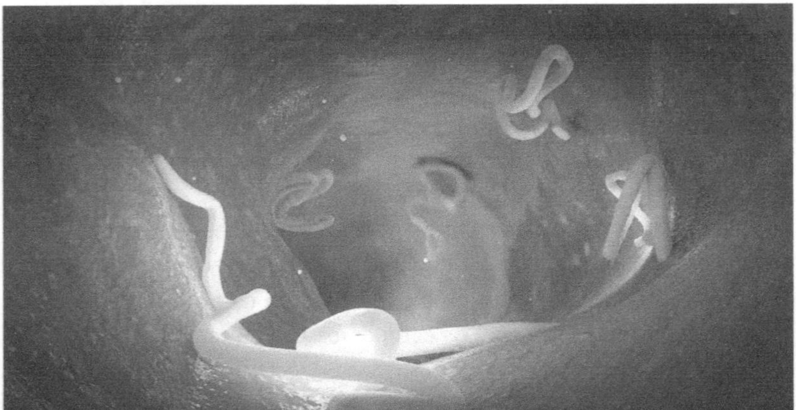

Os parasitas executam diferentes ações quando em associação a um hospedeiro, o que inclui os seres humanos, entre elas:

» **Ação mecânica**: alguns tipos de parasitas impedem o fluxo da bile e a absorção de alimentos, além de causar obstruções intestinais que obstam a passagem do bolo fecal.

» **Ação espoliadora**: ocorre quando o parasita absorve nutrientes ou suga o sangue do hospedeiro.

» **Ação irritativa**: o parasita causa irritação no local onde está instalado em razão de sua presença, porém, sem produção de lesões traumáticas.

» **Ação traumática**: costuma ser provocada principalmente por formas larvárias de helmintos que causam lesões traumáticas em tecidos. Também pode ser provocada por protozoários ou formas adultas de helmintos.

» **Ação tóxica**: pode ser causada pela produção e liberação de enzimas ou metabólitos das formas parasitárias.

5.1.1 Epidemiologia

As infecções parasitárias constituem um problema de saúde pública no Brasil. Causadas por protozoários ou helmintos, essas infecções têm distribuição geográfica ampla, com ocorrência tanto em áreas rurais quanto em zonas urbanas. As condições socioeconômicas e de higiene/saneamento têm influência direta na ocorrência.

No caso de muitos parasitas do trato gastrointestinal humano, a transmissão tem como determinantes as condições de moradia, vida, nutrição e saneamento básico. Alguns dos principais parasitas intestinais são transmitidos por meio do consumo de água e/ou alimentos contaminados, como: *Entamoeba histolytica, Ascaris lumbricoides* e *Enterobius vermicularis* (Silva; Fernandes; Fontes-Dantas, 2017).

As doenças infecciosas e parasitárias foram a sexta causa de morbidade no Brasil em 2014. Nesse período, estas patologias foram causa de 776.358 internações, correspondendo a 7,28% da morbidade hospitalar registrada (Santos et al., 2017).

A contaminação humana com enteroparasitas associa-se ao consumo de água ou de alimentos contaminados por resíduos fecais animais ou humanos e que apresentem cistos ou ovos de parasitas. Isso é particularmente importante no caso de alimentos consumidos crus, fazendo da educação sanitária e da educação em saúde medidas cruciais no combate às doenças parasitárias.

As doenças parasitárias estão entre as DTNs, grupo de doenças infecciosas consideradas endêmicas em 149 países, afetando mais de 1 bilhão de pessoas no mundo. O Ministério da Saúde, com o intuito de diminuir a carga das DTNs no Brasil, aderiu ao plano global para combate a essas doenças proposto pela OMS. Desde 2011, o Brasil vem desenvolvendo e aprimorando o chamado *Plano integrado de ações estratégicas de eliminação da oncocercose, esquistossomose, filariose e hanseníase*, com o objetivo de eliminar essas doenças do rol de problemas de saúde pública, além de erradicar o tracoma como causa de cegueira e estimular o controle das geohelmintíases (Brasil, 2018).

Segundo dados do Boletim Epidemiológico do Ministério da Saúde (Brasil, 2018), a oncocercose, conhecida popularmente como *cegueira dos rios*, costuma atingir populações de índios Yanomami nos estados de Roraima e Amazonas. Graças às estratégias de controle, considerando o período de 1995 a 2016, verificou-se uma queda de prevalência de 62,7% para 3,5%, representando uma diminuição de 35% nos dados observados nos polos sentinela Xitei. Não houve registros de óbitos por essa patologia nesse período, e os demais polos sentinela também registraram importantes quedas de prevalência, havendo alteração de 56,2% para 1,3%, em Tootobi, e de 75,8% para zero, em Balawau.

O sistema brasileiro de vigilância epidemiológica, por meio da Secretaria de Vigilância em Saúde, trabalhou com 12.411.898 pessoas entre os anos de 2008 e 2016; destas, 425.231 eram portadoras de esquistossomose. Nesse período, 2.275 pessoas foram internadas e houve 4.473 óbitos. As estratégias de contenção conseguiram reduzir a positividade de 5,3% para 3,4%, e a taxa de mortalidade em razão dessa doença passou de 0,29 para 0,23 óbitos para cada mil habitantes.

A filariose linfática, por sua vez, se trata de uma doença de transmissão vetorial que costuma ser detectada principalmente em quatro municípios do estado de Pernambuco: Olinda, Recife, Paulista e Jaboatão dos Guararapes. O Boletim Epidemiológico do Ministério da Saúde de 2018 apontou um total de 516 casos positivos nesses municípios entre 2008 e 2013, e de 2014 a 2016 não foram registrados novos casos.

No caso das geohelmintíases, o Brasil estabeleceu como meta a redução de carga parasitária em 85% dos indivíduos em idade escolar entre 5 e 14 anos. As parasitoses intestinais colocam em risco o desenvolvimento apropriado das crianças e até mesmo sua sobrevivência, uma vez que levam à diarreia e à desnutrição, o que as deixa suscetíveis a outras patologias. O aumento da adesão dos municípios com um esforço concentrado para profilaxia coletiva em estudantes de 5 a 14 anos de escolas públicas continua sendo meta durante as campanhas integradas para DTNs (Brasil, 2018).

5.2 Protozoários parasitas do homem

Protozoários são organismos eucariontes, unicelulares e heterótrofos que são classificados com base na presença ou na ausência de estruturas utilizadas para locomoção, bem como no tipo de estrutura quando esta está presente. Usando essa classificação, há quatro grupos: (i) rizópodes ou sarcodíneos; (ii) mastigóforos ou flagelados; (iii) cilióforos ou ciliados e (iv) esporozoários.

Protozoários se alimentam de compostos orgânicos e inorgânicos, incluindo hidrocarbonetos associados a oxigênio, nitrogênio, enxofre, fósforo, além de água e sais minerais. Também podem se alimentar de outros protistas, bactérias e de matéria orgânica em decomposição. Os ciliados e alguns flagelados apresentam um citóstoma, ou "boca celular", que é um orifício que permite a ingestão de partículas alimentares.

No Quadro 5.1 indicamos a classificação dos protozoários conforme suas características.

Quadro 5.1 – Classificação dos protozoários

Filo	Subfilo	Ordem	Família	Gênero	Espécie
Sarcomastigophora (flagelos ou pseudópodes)	Mastigophora (com flagelos)	Kinetoplastida	Trypanosomatidae	*Trypanosoma*	*T. cruzi*
				Leishmania	*L. braziliensis* *L. chagasi*
		Diplomonadida	Hexamitidae	*Giardia*	*G. lamblia*
		Tricomonadida	Tricomonadidae	*Trichomonas*	*T. vaginalis*
	Sarcodina (com pseudópodes)	Amoebida	Entamoebidae	*Entamoeba*	*E. histolytica* *E. coli*
			Acanthamoebidae	*Acanthamoeba*	*A. culbertsoni*
			Hartmaneliidae	*Hartmanella*	
		Schizopyrenida	Schizopyrenidae	*Naegleria*	*N. fowleri*
Apicomplexa (complexo apical – todas as espécies são parasitas)		Piroplasmida	Babesiidae	*Babesia*	*B. microti*
		Eucoccidiida	Eimeriidae	*Cyclospora*	*C. cayetanensis*
				Isospora	*I. belli*
			Sarcocystidae	*Sarcocystis*	*S. hominis*
				Toxoplasma	*T. gondii*
			Plasmodiidae	*Plasmodium*	*P. falciparum* *P. vivax*
			Cryptosporidiidae	*Cryptosporidium*	*C. parvum*
Ciliophora	Kinetofragminophorea	Trichostomatida	Balantididae	*Balantidium*	*B. coli*
Microspora		Chytridiopsida	Enterocytozoonidae	*Enterocytizoon*	*E.bieunesi*

É possível observar que no filo Sarcomastigophora, subfilo Sarcodina, as ordens Amoebida e Schizopyrenida têm protozoários que se locomovem por meio de pseudópodes. Os principais exemplos desse grupo são as amebas, que, em sua maioria, são de vida livre, havendo também algumas comensais e outras parasitas. Esses protozoários se alimentam por fagocitose.

Já no filo Sarcomastigophora, subfilo Mastigophora, os protozoários se locomovem por meio de flagelos e, por vezes, têm uma membrana ondulante. Também há representantes de vida livre, comensais e parasitas. São importantes exemplos de interesse para a saúde humana o *Trypanosoma cruzi* e a *Leishmania* spp., ambos da ordem Kinetoplastida, e que, portanto, apresentam o cinetoplasto, uma mitocôndria diferenciada única e alongada com concentrações discoides de DNA mensageiro (DNAm). Ainda nesse subfilo, há a ordem Diplomonadida, em que os organismos têm pares de flagelos e à qual pertence a *Giardia lamblia*, também de grande importância para a saúde humana.

No filo Apicomplexa, duas características a serem ressaltadas são a ausência de estruturas de locomoção e o fato de todos os integrantes serem parasitas.

Os representantes do filo Ciliophora têm uma grande quantidade de cílios na superfície celular, a maioria é de vida livre, podendo ser natantes ou sésseis. Algumas espécies são simbiontes no trato digestivo de ruminantes, sendo responsáveis pela digestão da celulose.

5.3 Tripanossomíase por *Trypanosoma cruzi*: Doença de Chagas

O personagem central nas pesquisas sobre essa doença foi Carlos Chagas (1879-1934). Ele chefiou os trabalhos de combate à malária durante a construção da ferrovia Central do Brasil em Minas Gerais e, entre 1907 e 1909, mudou-se para Lassance, onde usava um vagão de trem como laboratório e moradia. Durante suas pesquisas em barbeiros (triatomíneos), encontrou um tripanossoma até então desconhecido. Depois de enviar alguns exemplares para seu colega, Oswaldo Cruz, ficou comprovado que se tratava, de fato, de uma nova espécie que circulava entre mamíferos e barbeiros (insetos).

Com base nessa nova evidência, Chagas iniciou suas pesquisas no sangue de pessoas e animais nas regiões que apresentavam infestações desses barbeiros. Em 1909, ele identificou o protozoário no sangue de uma criança de 2 anos de idade que se encontrava febril e cujos sinais relatados pela mãe correspondiam aos que haviam sido obtidos anteriormente em animais de laboratório. Essa criança, chamada Berenice, foi o primeiro caso registrado de Doença de Chagas humana no país.

A doença de Chagas é considerada uma antropozoonose, ou seja, uma doença primária de animais que pode ser transmitida para os seres humanos, causada pelo protozoário *Trypanosoma cruzi*.

O vetor da doença de Chagas é popularmente chamado de *barbeiro*. Há muitas espécies de triatomíneos hematófagos que atuam como vetores dessa doença na família *Reduviidae*, subfamília *Triatominae*. Entre as espécies mais importantes, podemos citar: *Triatoma infestans*, *Panstrongylus megistus*, *Rhodnius neglectus*, *Triatoma sordida* e *Triatoma brasiliensis*. Diferentemente de outros insetos hematófagos, no caso dos barbeiros, todos os estágios de desenvolvimento e ambos os sexos fazem repasto sanguíneo. Por serem hematófagos obrigatórios, é comum permanecerem locais próximos a abrigos de vertebrados dos quais possam sugar sangue. Sendo assim, há espécies desses insetos que já se tornaram exclusivamente domésticas ou peridomésticas.

A colonização europeia introduziu no Brasil novas relações de produção, e com elas vieram novas formas de morar e de ocupar a terra. Entre essas moradias estão as casas de pau a pique, que são moradias com paredes de barro e madeira, além dos casebres de palha que passaram a ser erguidos por famílias mais pobres. Essas construções fornecem abrigo ideal aos barbeiros, que gostam muito de fazer seus ninhos em frestas. Como hábito, esses insetos se recolhem durante o dia e saem à noite para se alimentar, e sua picada é indolor em razão do efeito anestésico da sua saliva. Entretanto, é importante salientar que, embora a picada seja determinante, não é na picada que ocorre a transmissão, mas sim na deposição das fezes do inseto sobre a pele do indivíduo como reflexo do preenchimento do trato digestivo durante o repasto sanguíneo.

As fezes do barbeiro, contaminadas com as formas parasitárias infectantes do *T. cruzi* são carregadas pelo indivíduo durante o ato de coçar a região e são levadas até o próprio local da picada ou a uma área com mucosa, sendo muito comum que os olhos sejam portas de entrada do parasita. A entrada do parasita nessas regiões provoca reação tecidual, o que causa inchaço e vermelhidão. O sinal de entrada do parasita no organismo é chamado de *chagoma* ou *sinal de Romaña*.

Figura 5.3 – Casa de pau a pique

Alf Ribeiro/Shutterstock

Figura 5.4 – Inseto barbeiro *Triatoma vitticeps*

schlyx/Shutterstock

Figura 5.5 – Inseto barbeiro durante o repasto sanguíneo e a deposição das fezes sobre a pele do indivíduo que foi picado

Sinclair Stammers/Science Photo Library/Fotoarena

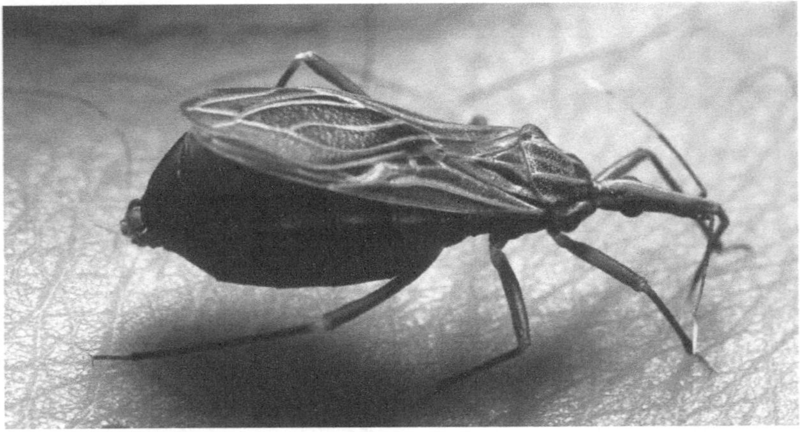

O Brasil tem muitos casos crônicos em razão da transmissão vetorial domiciliar, considerada interrompida em 2016. O número estimado de casos no país está entre 2 e 3 milhões de infectados. Desde 2016, os números de ocorrência de doença de Chagas aguda têm aumentado, especialmente na região da Amazônia Legal. Muitos desses casos ocorreram por transmissão oral (Brasil, 2016).

Com a alteração do quadro epidemiológico nacional da doença, um novo modelo de vigilância epidemiológica foi adotado, com mudanças nas estratégias de vigilância, prevenção e controle, embasadas nos padrões de transmissão nas diferentes áreas geográficas. Nas regiões que já apresentam originalmente risco para transmissão vetorial (AL, BA, CE, DF, GO, MA, MG, MS, MT, PB, PE, PI, PR, RN, RS, SE, SP, TO), a vigilância tem o objetivo de detectar a presença e prevenir a formação de colônias domiciliares de barbeiros. Já na região da Amazônia Legal, a vigilância fica concentrada na detecção de casos agudos e de surtos de forma precoce, em parceria com a Vigilância Epidemiológica da Malária, com a capacitação de profissionais para identificação do *T. cruzi* nas lâminas usadas para triagem de malária.

Essa doença tem duas fases, uma aguda e uma crônica. Na transmissão vetorial, uma parte do ciclo biológico do parasita ocorre dentro do organismo do vetor, e a outra, dentro do organismo do hospedeiro.

Figura 5.6 – Ciclo biológico e de transmissão do *Trypanosoma cruzi*

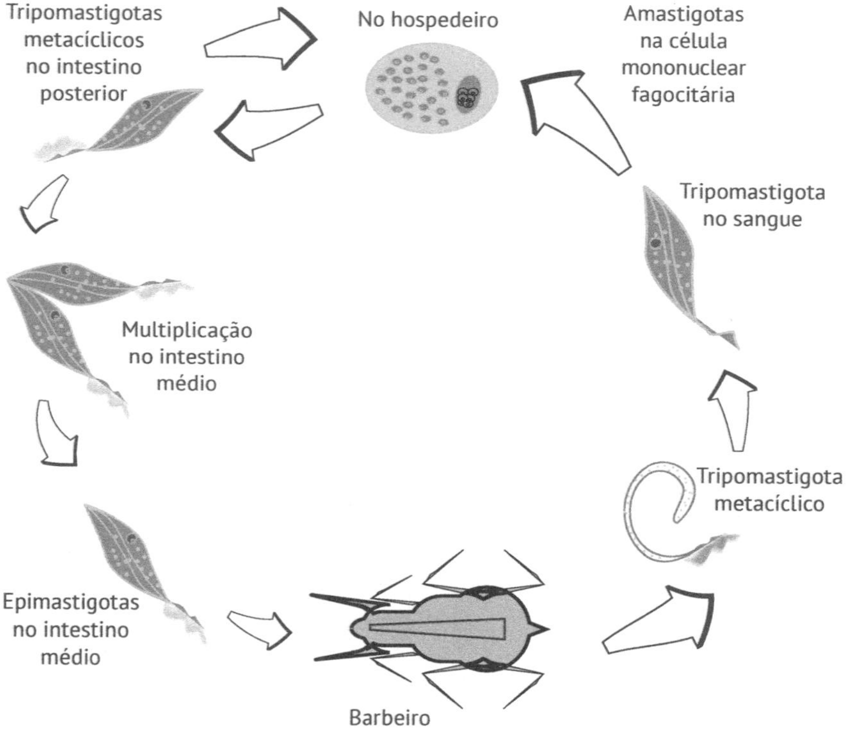

As formas epimastigotas se multiplicam no intestino posterior do inseto e se tornam tripomastigotas metacíclicos, que constituem a forma infectante do parasita para os mamíferos. Esses tripomastigotas metacíclicos se estabelecem na ampola retal do inseto e são expelidas com as fezes durante o repasto sanguíneo.

As principais áreas de entrada do protozoário no organismo do hospedeiro são o local da picada e a região ocular, mas os tripomastigotas metacíclicos penetram facilmente por meio de qualquer mucosa, conjuntiva ou solução de continuidade com a pele. As formas infectantes são carregadas para essas áreas de entrada durante o ato de coçar a região da picada.

Uma vez que o protozoário penetra no organismo do hospedeiro, as formas flageladas invadem células do sistema mononuclear fagocitário (SMF), sobretudo os macrófagos, e se multiplicam como amastigotas. Após vários ciclos de multiplicação, algumas células se rompem e liberam as formas parasitárias, as quais invadem novos macrófagos e reiniciam o processo de multiplicação como amastigotas, ou que se transformam em tripomastigotas no sangue e são carregados disseminando a outros tecidos.

O ciclo biológico completa-se quando o indivíduo infectado tem o sangue sugado por outro barbeiro e as formas tripomastigotas circulantes (tripomastigotas sanguícolas) chegam ao intestino desse inseto para dar origem a novas formas infectantes que poderão ser passadas a outra pessoa no próximo repasto sanguíneo.

Na **fase aguda**, a maior parte dos pacientes infectados apresenta-se assintomática, e, em muitos, o único sinal seria justamente o que indica a "porta de entrada" do parasita ou a infecção local, o chagoma ou sinal de Romaña. Desse ponto de entrada, a infecção dissemina-se tendo como alvos preferenciais as células de Kupffer, os macrófagos do baço e as células do miocárdio. Nessa fase, os pacientes sintomáticos podem apresentar febre, astenia, cefaleia, mialgia, podendo ocorrer óbito por meningoencefalite ou miocardite aguda em cerca de 10% dos casos.

O paciente costuma apresentar parasitemia (presença do parasita no sangue circulante) iniciando entre o 8° e o 12° dia de infecção, mantendo-se por cerca de um mês. Além disso, várias alterações podem ser verificadas no sangue do paciente, como aumento das alfa, beta e gamaglobulinas, redução da albumina, tendência a leucopenia, e pode ocorrer uma anemia particularmente grave em alguns casos.

Um dos tecidos-alvo mais afetados é o cardíaco. No coração, por análise histológica, podem ser observados "ninhos" de formas amastigotas do *T. cruzi* graças à multiplicação do parasita no interior das fibras da musculatura cardíaca. A dissociação parcial das fibras cardíacas pode levar a edema intersticial e podem se formar granulomas ao redor das fibras afetadas em reação ao infiltrado inflamatório. Alterações nas arteríolas também podem precipitar lesões isquêmicas e infartos (Rey, 2008).

Na **fase crônica**, 70% dos pacientes evoluem sem sintomatologia aparente. Há baixa parasitemia e os pacientes iniciam uma evolução com aumento do coração, dilatação dos ventrículos e/ou miosite no esôfago, intestino delgado ou grosso. Também podem ocorrer redução da força de contração pela substituição de células musculares por elementos conjuntivos, e microinfartos devido a arterites necrosantes. No intestino e no esôfago, as lesões na musculatura lisa podem levar à atonia e ao quadro de megaesôfago ou megacólon. Em decorrência das alterações causadas pela evolução da doença, muitos pacientes ficam incapacitados para exercer suas atividades laborais, o que gera, ainda, consequências econômicas (Rey, 2008; Neves et al., 2016).

O diagnóstico pode ser feito por meio da observação de formas parasitárias em extensões sanguíneas de pacientes que se encontram na fase aguda ou por meio de métodos imunológicos na fase crônica.

Ainda não há vacina para essa doença, e até este momento não existe um tratamento específico curativo ou preventivo para doença de Chagas crônica, de forma que os tratamentos atualmente disponíveis se prestam principalmente a atuar na doença em fase aguda.

Apesar de ainda não haver vacina, estudos já apontaram que é requerida uma resposta complexa para o controle do parasita, a qual envolve anticorpos líticos, linfócitos T citotóxicos (LTC) e citocinas de perfil Th1. O tratamento existente é baseado no uso do benzonidazol na dose de 5 a 6 mg/kg administrada por 30 a 60 dias. Esse tratamento tem eficiência de cerca de 90% na fase aguda, mas de apenas 50% a 60% nos pacientes em fase crônica. As principais desvantagens desse tratamento são seus efeitos colaterais e o tempo de tratamento, que é considerado longo. Além disso, já são conhecidas variantes do parasita que se mostraram resistentes a esse medicamento.

Para profilaxia, recomenda-se evitar a entrada do inseto nas casas para criar ninhos, para tanto, pode-se usar como auxílio os mosquiteiros e telas metálicas nas janelas. É importante manter medidas de proteção individual, sobretudo em áreas endêmicas, durante a realização de atividades em áreas externas à noite.

De acordo com um levantamento de Malafaia e Rodrigues (2010), muitos estudos têm sido desenvolvidos com o intuito de criar novas alternativas de tratamento. Todavia, ainda se tem enfrentado alguns revezes, como período prolongado de tratamento, variabilidade genética dos parasitas, reações adversas e cepas que se mostram naturalmente resistentes aos compostos testados. Não obstante, a busca por novos alvos bioquímicos e por novas moléculas com ação potente contra tripanosomas continua. Infelizmente, ainda há um longo caminho a ser trilhado para que as indústrias farmacêuticas e os pesquisadores disponibilizem no mercado novos medicamentos seguros e eficazes.

Apesar dos avanços na compreensão da doença e na resposta imune humana ao parasita, os resultados ainda se assemelham muito àqueles revisados por diversos pesquisadores nas últimas três décadas. Isso evidencia que ainda há necessidade de investimentos em pesquisas nesse campo.

5.4 Leishmanioses

A leishmaniose é uma parasitose causada por protozoário flagelado do gênero *Leishmania*, cujo ciclo biológico envolve um hospedeiro e um vetor.

O agente etiológico foi descrito pela primeira vez em 1898, por Borovsky, no caso de um paciente no Uzbequistão. Em 1903, Leishman e Donovan descreveram o parasita em um caso de Calazar, na Índia. Nesse mesmo ano, o pesquisador que descreveu o ciclo biológico do plasmódio batizou o parasita de *Leishmania donovani*. Em 1909, os pesquisadores Lindenberg, Paranhos e Carini demonstraram a presença de parasitas em lesões de pacientes no Brasil (Rey, 2008).

Há dois tipos de leishmaniose: (i) a visceral ou calazar e (ii) a tegumentar; esta última é dividida em cutânea, mucocutânea e cutâneodifusa.

Há várias espécies de parasitas do gênero *Leishmania* que causam leishmanioses e, aparentemente, existe uma correlação maior de determinadas espécies com a doença do tipo visceral ou do tipo tegumentar. A leishmaniose visceral, por exemplo, pode estar associada a infecções por *L. donovani*, *L. infantum* e, no Brasil, com *L. chagasi*. Já a leishmaniose tegumentar costuma ser causada por *L. tropica*, *L. major*, *L. aethiopica*, *L. mexicana*, *L. pifanoi* e, no Brasil, por *L. braziliensis*, *L. guyanensis*, *L. chagasi*, *L. lainsoni* e *L. amazonensis*.

No continente americano, atualmente, são reconhecidas 11 espécies dermotrópicas de *Leishmania* causadoras de doença humana e 8 espécies que causam doença apenas em animais. Em território nacional foram identificadas sete espécies, sendo seis no subgênero *Viannia* e uma no subgênero *Leishmania* (Brasil, 2016).

No vetor, o parasita se desenvolve na luz do trato digestivo, e no hospedeiro, no interior de células do SMF, principalmente os macrófagos.

Figura 5.7 – Ciclo biológico da *Leishmania spp.*

Sappasit/Shutterstock

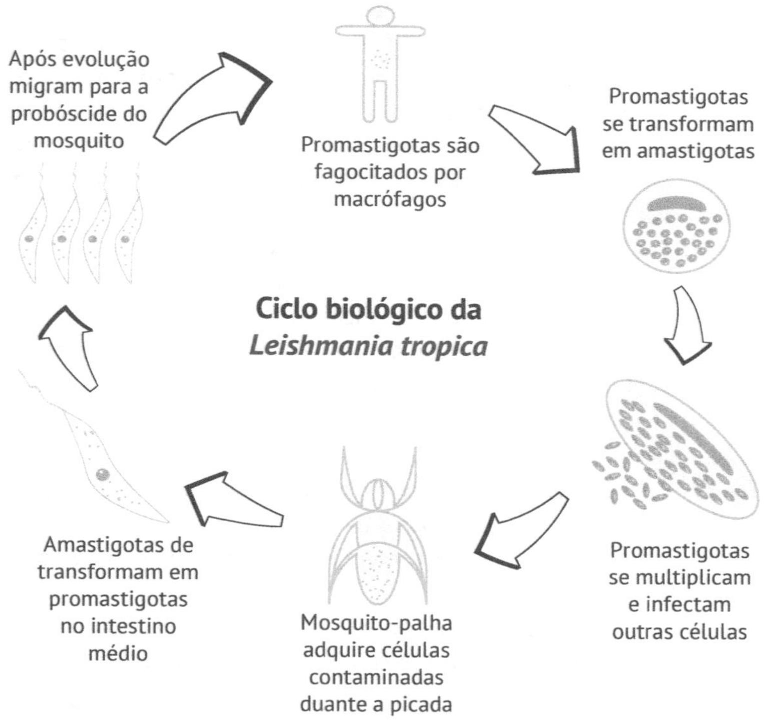

Figura 5.8 – Mosquito-palha, ou *sandfly*

rozbeh/Shutterstock

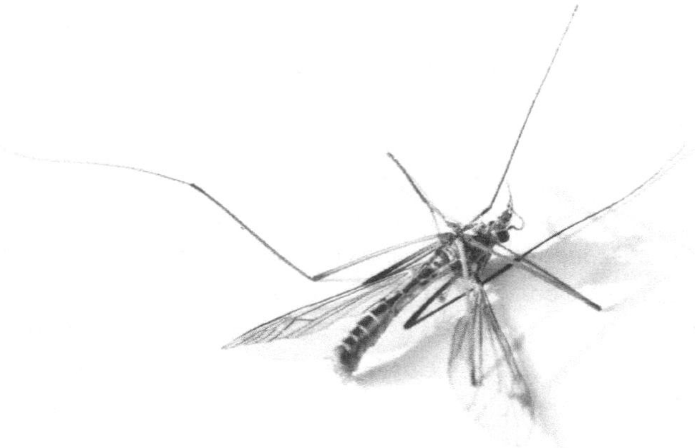

As formas infectantes da *Leishmania* spp. são os promastigotas metacíclicos que se alojam nas partes anteriores do trato digestivo do mosquito-palha (vetor). Estes são expelidos na saliva do vetor durante a picada e depositados na derme do hospedeiro. Então, são fagocitados por macrófagos, dentro dos quais se transformam em amastigotas e iniciam sua multiplicação. Em dado momento, em razão do grande número de formas parasitárias, o macrófago é rompido liberando os amastigotas que são, então, fagocitados por outros macrófagos.

Os macrófagos infectados são ingeridos por vetores (mosquito-palha – *Lutzomiya* spp.). Os amastigotas ingeridos no momento da picada se transformam em promastigotas e se multiplicam dentro do tubo digestivo do mosquito. Estes se diferenciam em paramastigotas que vão aderindo em partes diferentes do tubo digestivo do mosquito, sendo a multiplicação dessa forma parasitária estimulada quando a fêmea (única que suga sangue) se alimenta de seiva vegetal.

Depois de três a cinco dias, as formas parasitárias diferenciadas em promastigotas metacíclicos migram ativamente para a glândula salivar do vetor e ficam aguardando para serem transmitidas ao próximo hospedeiro durante a picada.

A leishmaniose visceral inicialmente era considerada uma zoonose de caráter rural. Entretanto, a doença se expandiu para áreas urbanas de médio a grande porte e passou a constituir um problema de saúde pública em determinadas regiões do continente americano, incluindo o Brasil. Atualmente, o calazar é uma endemia em franca expansão geográfica. Essa é uma doença de caráter sistêmico em que o paciente tem febre de longa duração, perda de peso, astenia, anemia, entre outras manifestações clínicas. Mais de 90% dos pacientes evoluem para óbito quando não recebem acompanhamento e tratamento adequados (Brasil, 2016). A leishmaniose visceral é uma doença crônica que leva ao desenvolvimento de um sinal característico: a hepatoesplenomegalia.

A leishmaniose tegumentar é dividida em três tipos: (i) cutânea, (ii) mucocutânea e (iii) cutaneodifusa. A **cutânea** é caracterizada por uma infecção limitada à derme e na qual a epiderme fica ulcerada. Já na **mucocutânea**, as úlceras formadas por infecção na derme viabilizam a invasão do parasita para mucosas e a destruição de cartilagens. Por causa disso, os pacientes desenvolvem lesões desfigurantes que acometem sobretudo a região da face. Por fim, a leishmaniose **cutaneodifusa** é caracterizada também por infecção limitada à derme, porém, nesse caso, os nódulos não são ulcerados e há frequentemente disseminação das lesões por todo o corpo.

O diagnóstico da leishmaniose tegumentar pode ser feito clinicamente, levando-se em consideração as características das lesões e os dados epidemiológicos. Para lesões cutâneas, é importante fazer o diagnóstico diferencial com hanseníase, tuberculose cutânea e neoplasias. Pode ser feita também a análise de esfregaços corados com material coletado nas lesões.

O diagnóstico de leishmaniose visceral é feito por meio de exames de imagem para demonstrar as alterações no fígado e no baço. Também é possível chegar ao diagnóstico por demonstração do parasita em esfregaços corados que podem ser elaborados com material obtido por punção.

No tratamento da doença, empregam-se medicamentos antimoniais, como o glucantime (antimoniato trivalente) e o pentosan (antimoniato pentavalente). Como profilaxia, recomenda-se, além do controle do vetor, a identificação de reservatórios da doença. Os principais reservatórios no continente americano são: roedores silvestres como *Rattus* sp., alguns marsupiais como o *Didelphis* spp., endentados como a paca e a cutia, e o cão doméstico; e no caso da leishmaniose visceral, também a raposa. Uma estratégia atualmente disponível para o controle da leishmaniose visceral em cães é a vacina canina para leishmaniose.

Figura 5.9 – Aspecto clínico da lesão primária – botão do oriente – em indivíduo com leishmaniose tegumentar

Jair Ferreira Belafacce/Shutterstock

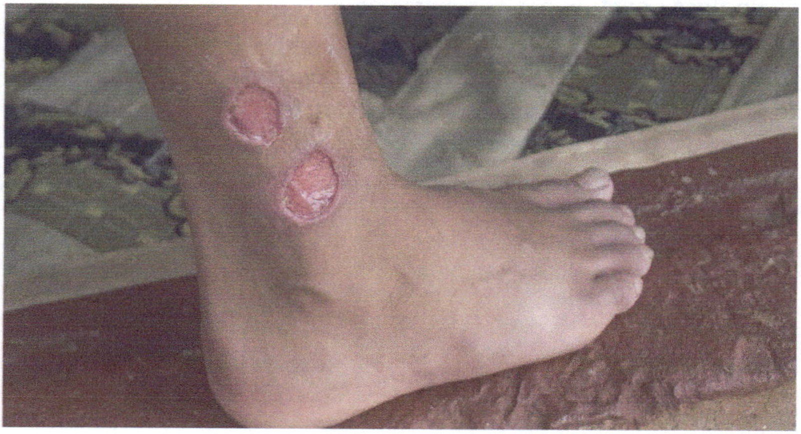

5.5 Flagelados das vias digestivas e geniturinárias: tricomoníase e giardíase

5.5.1 Tricomoníase

Há diversas espécies de protozoários do gênero *Trichomonas* capazes de infectar o homem. Entre elas a mais importante do ponto de vista de saúde pública é a *Trichomonas vaginalis*. Trata-se de um protozoário flagelado com formato piriforme que mede entre 10μm e 30μm que tem núcleo ovoide, quatro flagelos livres e um sistema de estruturas fibrilares chamado de *axóstilo*. Geralmente cresce melhor em pH entre 5,5 e 6,0, sobrevive por várias horas em secreção vaginal e por 2 h em água a cerca de 40 °C.

É um tipo de infecção sexualmente transmissível de distribuição cosmopolita. A instalação do parasita em mulheres está relacionada a certas modificações no ambiente vaginal como: alteração da microbiota, diminuição da acidez local, descamação acentuada do epitélio e diminuição do glicogênio nas células escamosas locais. As mulheres são de 4 a 6 vezes mais infectadas do que os homens expostos à mesma condição. Nos homens, há maior tendência de que a infecção seja oligossintomática, o que reduz a frequência de diagnósticos.

Quando a infecção é sintomática, observa-se secreção amarelo-esverdeada de odor fétido, irritação local e disúria. No exame de Papanicolaou, é possível verificar a condição denominada *cervicocolpite tricomonisíaca* ou *colo em morango*, na qual o colo uterino apesenta-se avermelhado e com alguns locais puntiformes de sangramento.

Como profilaxia, recomenda-se o uso de preservativos e a educação em saúde para permitir o diagnóstico precoce e o tratamento. O tratamento é feito com metronidazol e/ou tinidazol, sendo de suma importância tratar também o(s) parceiro(s) sexual(is). É possível fazer o tratamento local por aplicação de cremes vaginais ou por via oral.

5.5.2 Giardíase

Essa doença é causada pelo protozoário flagelado *Giardia lamblia* ou *Giardia intestinalis*. Seu ciclo é monoxênico, isto é, tem apenas um hospedeiro.

Sua distribuição é cosmopolita e costuma afetar principalmente crianças, com prevalência em taxas de até 30% em regiões brasileiras com baixas condições sanitárias. Em locais como creches e abrigos pode levar a surtos localizados.

A contaminação ocorre pela ingestão de água não tratada ou de alimentos contaminados com cistos do parasita, o qual vive na luz intestinal na forma de trofozoíto, com a possibilidade de alguns se tornarem cistos que são eliminados pelas fezes. Muitas infecções são assintomáticas, e o paciente pode eliminar cistos nas fezes por longo período sem ter conhecimento. Os cistos resistem por até dois meses no ambiente externo em boas condições de umidade, o que facilita sua disseminação.

Indivíduos que não entraram em contato com o parasita anteriormente podem desenvolver um quadro conhecido como *diarreia do viajante*, com dor abdominal e diarreia líquida e fétida.

Em crianças, os sintomas mais comuns são diarreia, esteatorreia, náuseas, vômitos e irritabilidade. Quadros crônicos podem levar a desnutrição, má absorção de gorduras, de vitaminas lipossolúveis, de ferro e de vitamina B12.

O diagnóstico é feito por exame parasitológico de fezes no qual se pesquisa a presença de cistos do parasita, e o tratamento é feito com medicamentos derivados imidazólicos, como metronidazol e tinidazol por via oral.

A profilaxia baseia-se em medidas de educação sanitária e de investimento em saneamento básico e tratamento da água de consumo.

Figura 5.10 – Ciclo biológico *Giardia lamblia*

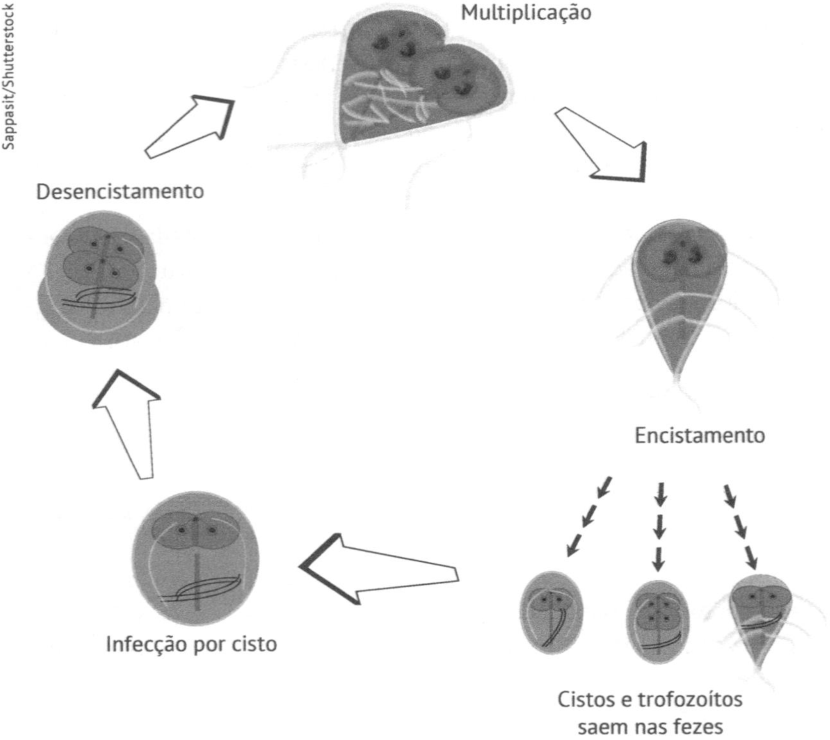

Para saber mais

SOUZA, H. P. de et al. Doenças infecciosas e parasitárias no Brasil de 2010 a 2017: aspectos para vigilância em saúde. **Revista Panamericana de Salud Publica**, v. 44, p. 1-7, 2020. Disponível em: <https://iris.paho.org/bitstream/handle/10665.2/51858/v44e102020.pdf?sequence=1&isAllowed=y>. Acesso em: 29 abr. 2022.

Para compreender melhor as características das doenças parasitárias em nosso país e se aprofundar nas questões epidemiológicas envolvidas em sua ocorrência, indicamos a leitura desse artigo.

Síntese

Neste capítulo, estudamos os principais aspectos epidemiológicos que interferem na ocorrência de doenças parasitárias no Brasil. Observamos que muitas dessas doenças têm a profilaxia dependente da melhoria nas condições de disponibilidade de água tratada, rede de esgoto, melhores condições de moradia e alimentação, além de educação em saúde. Tendo isso em vista, percebemos que, de maneira geral, ainda temos um longo caminho a trilhar no que diz respeito à aplicação de medidas sanitárias e do combate à iniquidade social no país.

Questões para revisão

1. Parte da população brasileira vive na periferia das grandes cidades, onde os serviços de saneamento básico, como sistema de esgoto, abastecimento de água e coleta do lixo costumam ser precários. Nesses ambientes, podem ser observadas com facilidade as seguintes características:
   I. Locais com água parada, como lagos e açudes.
   II. Aumento da população de ratos e insetos.
   III. Liberação de esgotos a céu aberto.

   Assinale a alternativa que lista, respectivamente, as doenças associadas a essas características.

   a. I – amebíase, transmitida por cistos que se reproduzem em água parada; II – doença de Chagas, cujo protozoário causador utiliza ratos como transmissores; III – ancilostomíase, transmitida pela ingestão de ovos do parasita em água contaminada.
   b. I – giardíase, transmitida principalmente por contato com água parada; II – toxoplasmose, que tem nos ratos seus reservatórios; III – leishmaniose, transmitida por contato com água contaminada.
   c. I – meningite amebiana, causada por *Naegleria fowleri*; II – ascaridíase, dispersão facilitada dos ovos do parasita por vetores mecânicos; III – giardíase, cuja forma infectante do parasita pode ser ingerida com água ou alimentos contaminados.

d. I – doença de Chagas, cujo transmissor se reproduz em água parada; II – leishmaniose, que tem nos ratos hospedeiros intermediários; III – toxoplasmose, causada por cistos que podem ser consumidos com a água contaminada com fezes humanas.
e. I – doença de Chagas, cujo protozoário causador se reproduz em água parada; II – amebíase, transmitida por ratos; III – meningite amebiana, transmitida por pelo consumo de ovos do parasita em água contaminada.

2. Sobre as manifestações clínicas da Leishmaniose, verifique nas proposições a seguir aquelas que apresentam doenças com as quais se deve estabelecer uma linha de diagnóstico diferencial no caso da Leishmaniose visceral:
I. Doenças hepáticas como hepatites e cirrose.
II. Úlceras de pele indolores como as presentes no "pé diabético".
III. Tuberculose cutânea.
IV. Condições que levam a esplenomegalia.

Assinale a alternativa que lista todas as proposições corretas:

a. II e II.
b. I, II e III.
c. II, III e IV.
d. I e IV.
e. III e IV.

3. (Vestibular UFSC, 2006) Em março de 2005, foi constatado um surto da doença de Chagas na região litorânea de Santa Catarina, atingindo 25 pessoas e resultando em três mortes. Esse fato, totalmente inesperado para uma área não endêmica da doença, dificultou inicialmente o diagnóstico por parte dos profissionais de saúde e chamou a atenção dos meios de comunicação, tendo grande repercussão em todo o país. A constatação da infecção natural pelo *Trypanosoma cruzi* em um gambá e em vários exemplares de triatomíneos confirmou a existência de um ciclo de transmissão do parasita naquela região.
Texto adaptado da Revista Ciência Hoje: Nº 217, Jul. 2005.

Sobre a origem, transmissão, aspectos clínicos, diagnóstico e tratamento da Doença de Chagas, é **CORRETO** afirmar que:

01. em geral, a doença tem duas etapas distintas no homem: a fase inicial, aguda, caracterizada por elevada parasitemia e estado febril, seguida de uma fase crônica, caracterizada pela diminuição do número de parasitas circulantes.
02. os hospedeiros intermediários do Trypanosoma cruzi podem ser tanto vertebrados como invertebrados.
04. uma vez instalado no hospedeiro vertebrado, o parasita invade os tecidos penetrando nas células, estabelecendo-se no citoplasma e se multiplicando, o que provoca a seguir o rompimento do conteúdo celular, com consequente liberação dos novos indivíduos para o meio extracelular e a corrente sanguínea.
08. as formas mais comuns de transmissão da doença são o contato com fluidos orgânicos de doentes e ingestão de alimento contaminado.
16. o tratamento mais eficaz da Doença de Chagas baseia-se na aplicação de antibióticos potentes.

Resposta: [   ]

4. Com relação à giardíase, indique o tipo de parasita que causa essa doença, a forma infectante, a forma de infecção do indivíduo e uma medida profilática eficiente para essa parasitose.
5. Imagine a seguinte situação: certa parasitose é transmitida por meio da ingestão de ovos de um parasita. Esses ovos podem ser ingeridos com alimentos contaminados. As moscas podem ter papel no auxílio da transmissão desse tipo de infecção, carregando os ovos de parasitas para contaminar alimentos que serão ingeridos crus ou até uma fonte de água. Nesse caso, a mosca executaria a função de qual tipo de vetor?

Questões para reflexão

PFFA, 35 anos, masculino, solteiro, aposentado, natural do município de Goiana, no Pernambuco, atualmente mora em Maranguape. Deu entrada no atendimento a doenças infecciosas e parasitárias apresentando como queixa principal mal-estar, febre, abdome aumentado e astenia. Relatou que mora no campo e que, nos arredores de sua residência, existem muitos cachorros. Refere também ser portador de HIV desde 2006. O paciente confirmou que em sua família dois sobrinhos tiveram leishmaniose visceral. Em sua infância, teve caxumba, sarampo e paralisia infantil. Como consequência da paralisia, amputou o membro inferior esquerdo aos 8 anos. Relatou ter sido usuário de drogas ilícitas por 17 anos. Tem cateter na veia jugular interna direita.

Foram solicitados os seguintes exames: mielograma, eletrocardiograma, hemograma, coagulograma, raio X de tórax e cultura para ponta de cateter.

Foram encontradas formas amastigotas de *Leishmania* spp. no material de punção da medula óssea.

Medicamentos em uso: anfotericina B, bactrim (Sulfametoxazol e trimetoprim), dipirona, hidrocortisona e glucantime.

O prognóstico é orientado com mais segurança a partir da avaliação do resultado do mielograma que evidenciou o parasita na medula óssea. O paciente não obteve um bom prognóstico, pois há grandes riscos de recidivas por conta da imunodepressão. O paciente segue em tratamento no leito sem perspectiva de liberação.

Com relação ao relato de caso apresentado, analise os pontos a seguir e responda:

1. O prognóstico do paciente está correto? A presença de formas amastigotas na medula constitui, de fato, um mau prognóstico para este paciente? Por quê?
2. Entre os medicamentos citados no caso, qual(is) é(são) indicado(s) para o tratamento da leishmaniose?
3. O quadro do paciente pode ser agravado e dificultar sua recuperação por conta da coinfecção com o vírus HIV?

Capítulo 6

Parasitologia (II)

Profª. Ana Paula Weinfurter Lima Coimbra de Oliveira

Conteúdos do capítulo

- » Amebíase.
- » Nematelmintos parasitas do homem.
- » Platelmintos parasitas do homem.
- » Artrópodes parasitas do homem.
- » Moluscos vetores de doenças.

Após o estudo deste capítulo, você será capaz de:

1. descrever a infecção por *Entamoeba histolytica*, nematelmintos e platelmintos, seu tratamento e profilaxia;
2. citar as infestações por artrópodes que parasitam o homem.
3. indicar características e detalhar o envolvimento de algumas espécies de moluscos no desenvolvimento de doenças parasitárias humanas.

Estudos recentes em contexto nacional mostram que 40,5% dos municípios têm alta criticidade para ocorrências de doenças infectocontagiosas e parasitárias. As regiões mais afetadas são Norte e partes de Nordeste e Centro-Oeste. Souza et al. (2020) verificaram que alguns indicadores estavam particularmente relacionados com essa criticidade, como proporção de pobreza, presença de lixo e esgoto no entorno. Também constataram que esgoto tratado é indicador com potencial fator de proteção.

O reconhecimento de áreas críticas na ocorrência de doenças infecciosas e parasitárias é de suma importância, assim como o estabelecimento da relação entre essas doenças e determinados indicadores socioeconômicos. Essas constatações são imprescindíveis para o desenvolvimento de estratégias de vigilância em saúde e de ações direcionadas para a população.

6.1 Amebíase

A ordem Amoebida tem muitos representantes, entre eles alguns organismos comensais; entretanto, o termo *amebíase* costuma ser usado para designar especificamente a infecção por *Entamoeba histolytica*.

Esse protozoário apresenta duas formas parasitárias: trofozoíto e cisto. O trofozoíto é considerado a forma patogênica ou forma magna do parasita e tem cerca de 20 µm a 30 µm, apresentando um único núcleo bastante nítido nas formas coradas observadas ao microscópico, porém bem pouco visível nas formas vivas. Quando observado ao microscópio em exame a fresco, é possível denotar seu formato ameboide e as projeções do corpo celular, denominadas *pseudópodes*.

Já os cistos se formam no intestino grosso do indivíduo infectado e são eliminados com as fezes. São estruturas arredondadas, com uma parede mais resistente, dita *parede cística*, que permite ao cisto resistir no ambiente por vários dias ou até mesmo por semanas, a depender das condições de umidade e temperatura.

Admite-se que existam duas espécies morfologicamente idênticas, impossíveis de serem distinguidas em microscopia, fenômeno chamado de *complexo Entamoeba histolytica*, o qual é composto de uma ameba considerada não patogênica, chamada *Entamoeba dispar*, e por uma ameba considerada patogênica, a *Entamoeba histolytica*. A primeira seria o organismo causador da infecção em indivíduos que desenvolvem a forma não invasiva da doença, na qual não ocorre sinal de invasão da mucosa (Rey, 2008).

Em muitos casos, a infecção em humanos não produz sintomatologia, porém, uma das apresentações clínicas da doença é a disenteria amebiana ou, nos casos de doença invasiva, a formação de lesões denominadas *amebomas*.

O ser humano infecta-se ao ingerir cistos maduros presentes em água ou alimentos contaminados ou por qualquer tipo de contato que permita a contaminação fecal-oral. Ao atingir o intestino delgado, os cistos se rompem, liberando os trofozoítos, os quais migram para o intestino grosso.

Os trofozoítos iniciam o processo de multiplicação por divisão binária simples; parte deles se transforma em cistos que são eliminados com as fezes. No caso de pacientes com diarreia líquida, os trofozoítos podem ser eliminados, porém não sobrevivem no meio externo e, caso sejam ingeridos, não são infectantes, pois não resistem às enzimas digestivas.

No processo de encistamento, os trofozoítos se tornam arredondados, reduzem seu metabolismo e começam a produzir a parede cística. Nessa etapa, o núcleo, antes único, sofre ao menos duas divisões sucessivas dando origem a quatro novos núcleos. Também se formam no citoplasma estruturas reconhecíveis na microscopia, que são os corpos cromatoides e os vacúolos de glicogênio. As características que indicam amadurecimento do cisto são justamente a diminuição do tamanho do vacúolo de glicogênio e a redução da quantidade de corpos cromatoides.

O ciclo desse parasita é monoxênico, ou seja, todo o ciclo completa-se em um único hospedeiro. O ciclo de transmissão é bastante simples: o indivíduo infecta-se pela ingestão de cistos; estes se transformam em trofozoítos na luz intestinal; e os novos cistos formados são eliminados com as fezes, podendo infectar outros indivíduos.

Nas **formas não invasivas** da doença, os trofozoítos continuam se multiplicando e se alimentando na luz intestinal, e muitos indivíduos passam a ser portadores assintomáticos. Já na **forma invasiva**, há invasão da mucosa intestinal e os trofozoítos caem na corrente sanguínea, alojando-se em outros órgãos, como fígado, cérebro e pulmão. Instala-se o que chamamos de doença *extraintestinal* e surgem nesses órgãos lesões em forma de abcesso, denominadas *amebomas*.

Para realizar o diagnóstico correto, é necessário analisar entre três e seis amostras de material fecal. O diagnóstico de amebíase é realizado por busca microscópica de cistos de *Entamoeba histolytica* em fezes formadas e de trofozoítos em fezes diarreicas. Como alternativa, faz-se o imunodiagnóstico por reação de imunofluorescência indireta (Rifi) ou por ensaio imunoenzimático (Elisa). A Rifi é empregada para pesquisar anticorpos específicos contra o parasita no soro do paciente, e o teste Elisa detecta coproantígenos (Rey, 2008).

O tratamento envolve a necessidade de maior ação do medicamento na luz intestinal ou maior ação tissular no caso dos amebomas. Há alguns fármacos que funcionam bem como amebicidas para tratamento por via oral, como iodoquinol, paramomicina e diloxanida. Para os casos mais graves de infecções extraintestinais, costuma-se utilizar metronidazol ou desidroemetina. É importante realizar acompanhamento e analisar amostras após um, três e seis meses, para garantir que o tratamento foi efetivo (Rey, 2008). Com maior ação tissular, há os derivados nitroimidazólicos (metronidazol, tinidazol e secnidazol), a cloroquina, a emetina e desidroemetina. Já com maior ação luminal temos os derivados da dicloroacetamida (etofamidae e teclosan), a paromomicina e a diloxanida.

A profilaxia baseia-se em medidas sanitárias de melhoria das condições de oferta de água tratada e rede de esgoto adequada à população, bem como em medidas de educação em saúde para prevenir a contaminação fecal-oral.

6.2 Nematelmintos parasitas do homem

Os nematelmintos são organismos pluricelulares com corpo alongado e adelgaçado nas extremidades, têm uma cavidade geral espaçosa, comumente têm sexos separados (macho e fêmea) e não dispõem de aparelho circulatório ou respiratório. Pertencem ao filo Nematoda e seguem a classificação que consta no Quadro 6.1.

Quadro 6.1 – Classificação dos nematelmintos

Filo	Classe	Família	Gênero	Espécie
Nematoda	Secernentea	Ascarididae	*Ascaris*	*Ascaris lumbricoides*
			Toxocara	*Toxocara canis*
		Oxyuridae	*Enterobius*	*Enterobius vermicularis*
		Strongyloididae	*Strongyloides*	*Strongyloides stercoralis*
		Ancylostomidae	*Ancylostoma*	*Ancylostoma duodenale*
			Necator	*Necator americanus*
		Trichuridae	*Trichuris*	*Trichuris trichiura*
		Onchocercidae	*Wuchereria*	*Wuchereria bancrofti*
			Onchocerca	*Onchocerca volvulus*

6.2.1 Ascaridíase

O causador da ascaridíase em humanos é o *Ascaris lumbricoides*, conhecido popularmente como *lombriga*. Além dele, tem relevância o *Toxocara canis*, parasita intestinal de cães que é capaz de desencadear em humanos o quadro conhecido como *larva migrans visceral*.

O *Ascaris lumbricoides* é um nematelminto de corpo alongado e cilíndrico de cor esbranquiçada e que pode chegar até 20 ou 30 cm de comprimento. Eles são dioicos, sendo que o macho costuma ser um pouco menor que a fêmea.

Figura 6.1 – Vermes adultos de *Ascaris lumbricoides* (macho e fêmea)

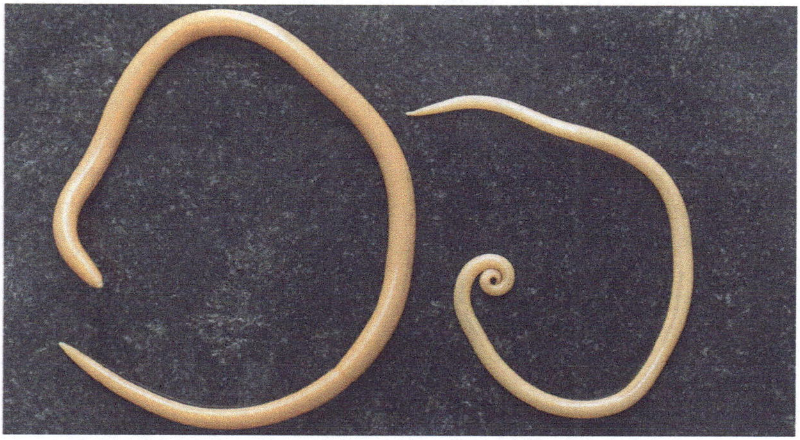

Rattiya Thongdumhyu/Shutterstock

Esses parasitas, quando adultos, habitam o intestino delgado humano e, para manter a enorme produção de ovos férteis, consomem uma grande quantidade de nutrientes, absorvendo aminoácidos, carboidratos, lipídios e vitaminas (principalmente A e C). Cada fêmea pode produzir cerca de 200 mil ovos por dia durante um ano.

A forma infectante para o ser humano é o ovo que contém a larva L3 (estágio larval infectante), o qual contamina o hospedeiro ao ser ingerido. Após a ingestão, o ovo eclode liberando a larva, que passa por uma série de transformações ao longo do que chamamos de *ciclo de Loos* ou *ciclo pulmonar.* Nesse processo, a larva entra na circulação sanguínea, passa pelo coração, pelo pulmão e ascende pela traqueia, onde desencadeia o reflexo de tosse no hospedeiro, culminando com a deglutição das formas já mais evoluídas do parasita se alojam no intestino, como vermes adultos. Por isso, sobretudo em infecções maciças, as larvas podem causar lesões hepáticas e pulmonares, levando à formação de focos hemorrágicos, infiltrados eosinofílicos, além de febre, bronquite e pneumonia.

Os parasitas adultos alojados no intestino delgado costumam causar diarreia, vômitos, urticária, espoliação nutricional e podem levar à oclusão intestinal. Os sinais e sintomas variam de acordo com a quantidade de parasitas e com a situação nutricional e de saúde do hospedeiro.

Além da ação espoliadora, os parasitas adultos também podem desencadear ações tóxicas graças à interação entre os antígenos parasitários e o organismo. Também ocorre ação mecânica com irritação da parede intestinal ou pelo enovelamento dos vermes adultos.

Em crianças subnutridas ou desnutridas, é comum o aumento do abdome, associado ao aspecto de depauperamento físico e palidez.

É possível observar e reconhecer vermes adultos nas fezes, quando porventura estes são expelidos, na maioria dos casos já mortos. No entanto, o diagnóstico da ascaridíase é laboratorial e realizado pela observação de ovos do parasita nas fezes, associando microscopia ótica e métodos parasitológicos quantitativos como Stoll e Kato-Katz ou métodos qualitativos como o de Hoffmann.

Figura 6.2 – Ovos de *Ascaris* no exame parasitológico de fezes

Jarun Ontakrai/Shutterstock

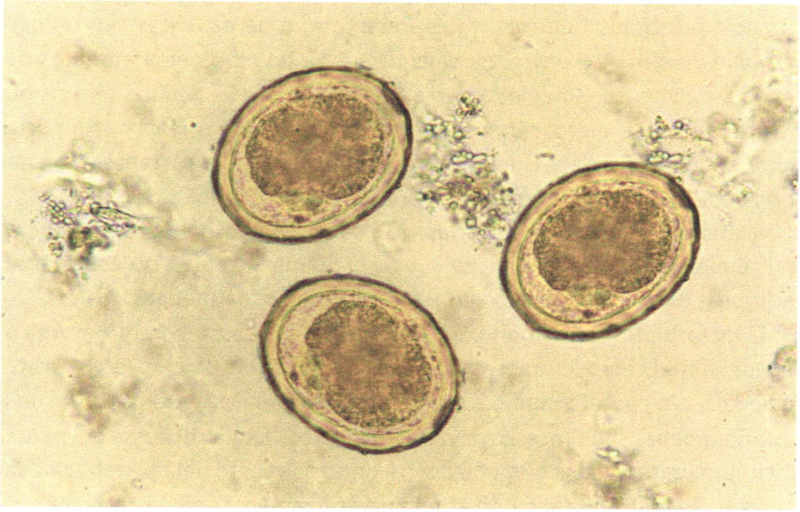

Para o tratamento da ascaridíase, é preciso tomar alguns cuidados com casos de obstrução intestinal. Afinal, se a luz intestinal estiver obstruída por um novelo com grande número de parasitas adultos, a administração de um anti-helmíntico pode provocar a morte local dos parasitas sem que eles consigam ser efetivamente expelidos. As consequências, nesse caso, podem ser muito graves para o paciente.

Nos casos de obstrução intestinal, costuma-se administrar piperazina na dose de 100 mg/kg por sonda nasogástrica e, concomitantemente, 10 ml a 30 ml de óleo mineral, repetindo o procedimento de 3 em 3 horas por 24 h, sem exceder o máximo de 6 g de piperazina. Durante o tratamento, o paciente deve receber hidratação por via parenteral. Para as infecções não graves, pode ser feito tratamento por via oral com pamoato de pirantel, mebendazol, albendazol ou ivermectina (Neves et al., 2016).

6.2.2 Ancilostomídeos

Os dois principais representantes desse grupo de parasitas são o *Ancylostoma duodenale* e o *Necator americanus*. Ambos são nematelmintos de pequena dimensão, medindo entre 1 cm e 1,5 cm. Os adultos têm corpo fusiforme, são dioicos, sendo a fêmea maior do que o macho. Na parte anterior, os adultos têm uma cavidade oral com placas cortantes ou espinhos que servem para prender o parasita à mucosa intestinal.

A ancilostomíase e a necatoríase são semelhantes; uma das diferenças entre elas é que o *Ancylostoma duodenale* é mais comum no continente europeu, e o *Necator americanus* é mais comum nas Américas.

O ciclo biológico é monoxênico, ou seja, processa-se em um único hospedeiro. O indivíduo infectado elimina nas fezes os ovos do parasita, os quais, em contato com o solo, permanecem viáveis, e a larva em seu interior finaliza seu processo de maturação (geo-helminto) nesse ambiente. A contaminação do ser humano ocorre principalmente pela penetração da larva em estágio L3 de modo ativo através da pele, sendo mais comum a entrada por pés e mãos. Também é possível a contaminação por ingestão dos ovos larvados do parasita, mas esta forma é mais rara.

Após a penetração pela pele ou boca, as larvas caem na corrente sanguínea e realizam o ciclo de Loos. No intestino, as larvas já em estágio final de maturação tornam-se vermes adultos que se prendem à mucosa intestinal por meio das estruturas de fixação existentes em seu aparelho bucal. Os parasitas adultos têm uma ação espoliadora importante, tendo em vista que sugam sangue do hospedeiro alojados na mucosa intestinal. As fêmeas depositam ovos na luz intestinal, os quais são carregados para o meio externo com as fezes e, uma vez no solo com boas condições de umidade, os ovos eclodem e liberam as larvas.

O período de incubação pode durar de 30 a 45 dias, e muitos indivíduos são assintomáticos, mas quando desenvolvem sinais e sintomas, os mais comuns são: anemia, desnutrição, urticária, dor abdominal, diarreia e geofagia. Os sinais e sintomas variam de pessoa para pessoa e costumam não se agravar, mas, em casos de maior gravidade, são observadas complicações como caquexia, amenorreia, partos com feto natimorto, no caso de gestantes, e transtornos do crescimento em crianças.

Figura 6.3 – Verme adulto de *Ancylostoma duodenale* (detalhe do aparelho bucal)

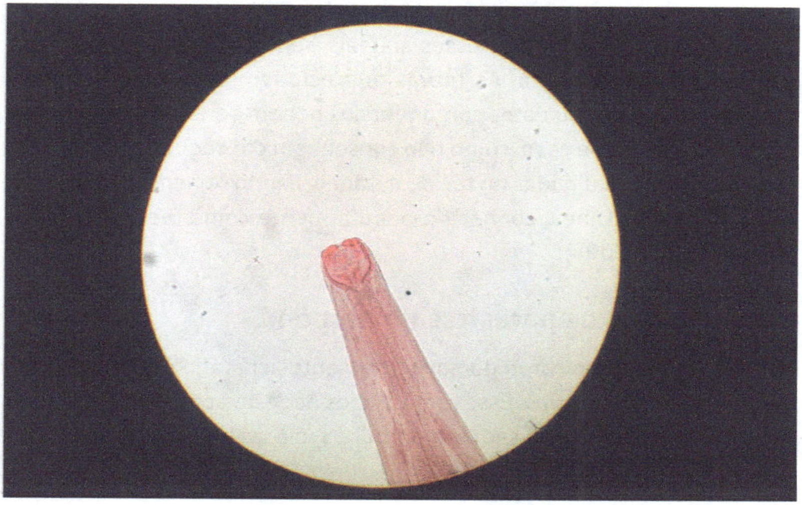

Anestial/Shutterstock

Figura 6.4 – Ovos de *Ancylostoma* observados por microscopia no exame parasitológico de fezes

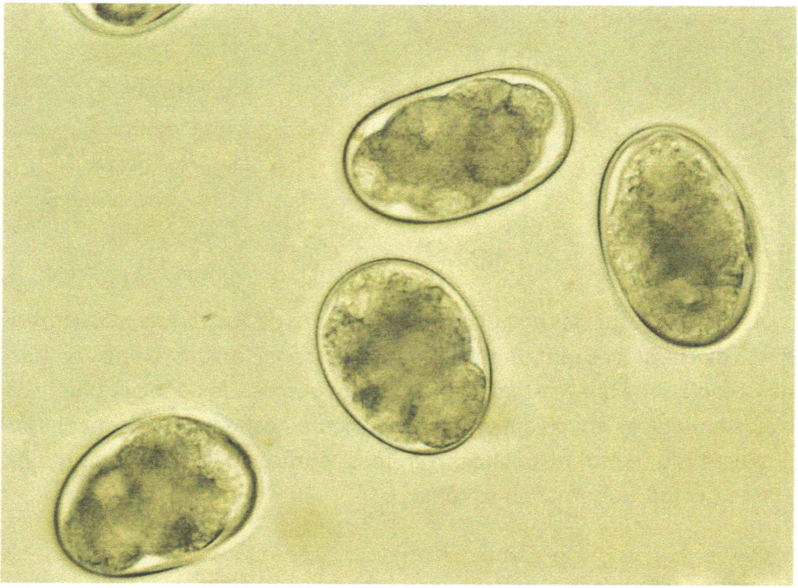

Todorean-Gabriel/Shutterstock

Também de interesse para a saúde humana, o *Ancylostoma caninum* é um parasita intestinal de cães e gatos domésticos e que usualmente causa diarreia com sangue nesses animais, sendo o homem hospedeiro acidental desse parasita. As larvas que eclodem de ovos eliminados pelas fezes de cães ou gatos contaminados podem penetrar a pele do ser humano; mas, nesse caso, como não conseguem dar seguimento ao ciclo, as larvas ficam confinadas no tecido cutâneo, dando origem ao quadro de larva *migrans* cutânea, conhecido popularmente como *bicho geográfico* (Oliveira et al., 2008).

6.3 Platelmintos parasitas do homem

Os platelmintos têm corpo dorsoventralmente achatado e uma cavidade geral denominada *celoma*. Esses organismos não têm aparelho circulatório ou respiratório; em geral são hermafroditas; e a maioria é parasita.

Quadro 6.2 – Classificação dos platelmintos

Filo	Classe	Família	Gênero	Espécie
Platyhelminthes	Trematoda	Schistosomatidae	*Schistosoma*	*Schistosoma mansoni*
				Schistosoma japonicum
				Schistosoma haematobium
		Fasciolidae	*Fasciola*	*Fasciola hepatica*
	Cestoda	Taeniidae	*Taenia*	*Taenia solium*
				Taenia saginata
			Echinococcus	*Echinococcus granulosus*
		Hyminolepididae	*Hymenolepis*	*Hymenolepis nana*
				Hymenolepis diminuta

As diversas espécies do gênero *Schistosoma* e da *Fasciola hepática* fazem parte da classe dos platelmintos, mas serão considerados, neste capítulo, na Seção 6.5, na qual tratamos de moluscos vetores de doenças, pois seus ciclos biológicos envolvem um molusco como hospedeiro intermediário.

Neste momento, nos concentraremos, então, nos representantes da classe Cestoda, abordando as tênias.

6.3.1 Classe Taeniidae – Gênero *Taenia*

A classe Cestoda é constituída de organismos parasitas que, em geral, apresentam hospedeiro intermediário, tendo as tênias o corpo dividido em anéis. São representantes da família Taeniidae a *Taenia solium* e a *Taenia saginata*, ambas com importância para a saúde humana.

A *Taenia saginata* é popularmente conhecida como "tênia do boi", porque sua transmissão está relacionada ao consumo de carne bovina. No ciclo biológico, o boi é o hospedeiro intermediário, e o ser humano é o hospedeiro definitivo. Já a *Taenia solium* costuma ser popularmente denominada *tênia do porco*, pois sua transmissão tem relação com o consumo de carne suína. Nesse caso, o porco é o hospedeiro intermediário, e o homem, o definitivo. Ambas causam teníase, mas apenas a infecção por *Taenia solium* pode causar cisticercose, como detalharemos nas descrições de seus ciclos biológicos.

A *Taenia saginata* mede de 4 m a 12 m quando o verme é adulto; apresenta escólex quadrangular sem rostro e sem acúleos. Cada tênia tem de mil a duas mil proglotes, e cada proglote grávida pode conter de 80 a 100 mil ovos.

Já a *Taenia solium* mede de 2 m a 8 m quando adulta; tem escólex globoso com rostro e duas fileiras de acúleos. Cada tênia tem de oitocentas a mil proglotes, e cada proglote grávida pode conter até 50 mil ovos.

Os ovos dessas duas tênias são indistinguíveis.

Figura 6.5 – Escólex de *Taenia saginata* (a) e *Taenia solium* (b)

Crevis/Shutterstock

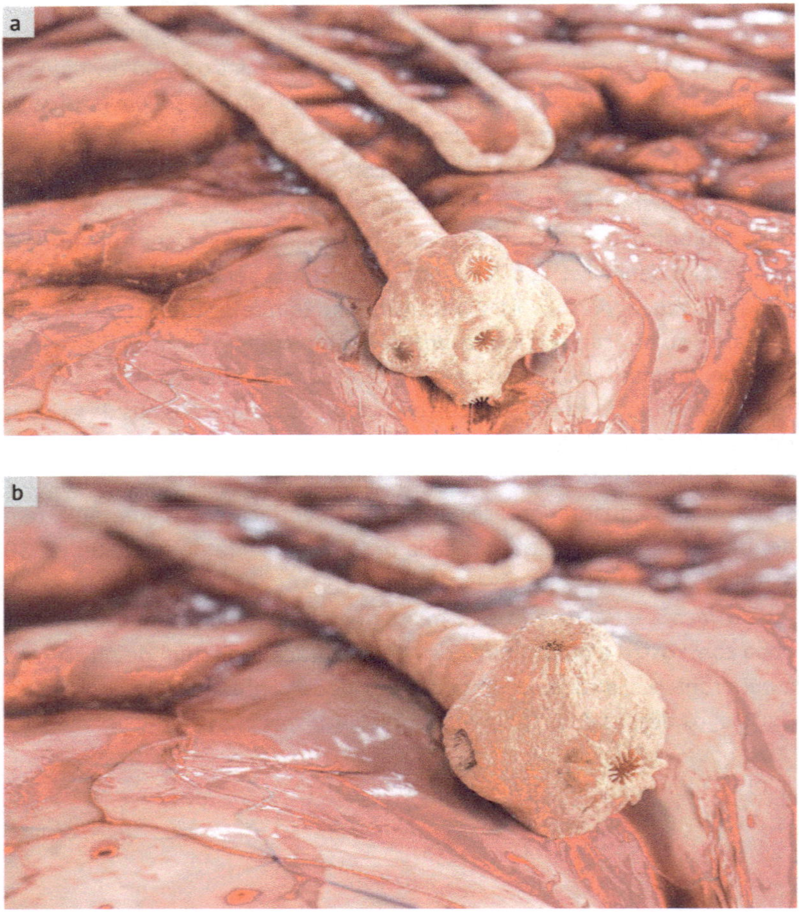

Figura 6.6 – Diferenciação entre uma proglote madura e uma proglote grávida

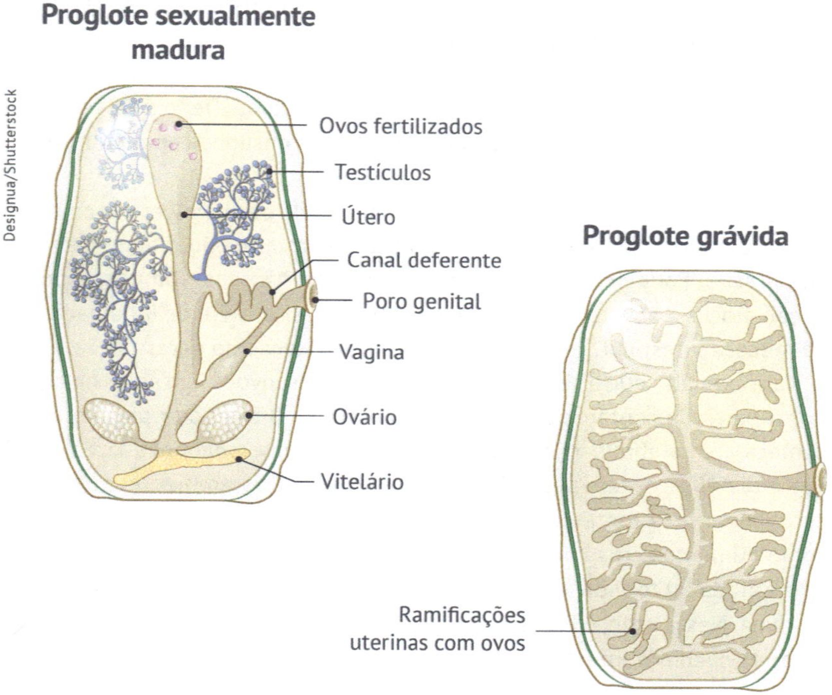

Na teníase, o ciclo biológico inicia-se quando um ser humano contaminado elimina nas fezes proglotes grávidas e/ou ovos diretamente no ambiente ou em situações sem saneamento adequado para o esgoto. Com o vento e as chuvas, esses ovos se espalham contaminando o ambiente e as fontes de alimento do gado bovino (*Taenia saginata*) ou do suíno (*Taenia solium*). Ao ingerir os ovos férteis de tênia, o embrião é liberado no intestino desses animais e alcança a corrente sanguínea depois de invadir a parede intestinal. Esses embriões atingem locais-alvo como olhos, cérebro, coração e músculos, nos quais se transformam em cisticercos. Essa forma parasitária pode permanecer viável nos tecidos desses animais por alguns anos e tem entre 0,5 cm e 1 cm.

Os seres humanos se contaminam por consumo de carne crua ou malcozida de animais com cisticercos. Uma vez ingeridos, esses cisticercos liberam o escólex que se encontra em seu interior, o qual se prende à mucosa intestinal por meio de ventosas que fazem parte de sua estrutura e, no caso da *Taenia solium*, também de seus acúleos. Depois de ter se estabelecido no intestino do hospedeiro, a tênia consegue completar seu desenvolvimento em até dois meses.

Instalado o quadro de teníase, o indivíduo pode desenvolver sintomas tóxico-alérgicos que se devem à liberação de produtos do metabolismo do parasita. Pode ocorrer, então, dor abdominal, náuseas, vômitos, espoliação graças à absorção de nutrientes pelo parasita, além de inflamação da mucosa intestinal, sobretudo nos locais de fixação do parasita.

Vale assinalar que a cisticercose somente se desenvolve em seres humanos a partir da contaminação com *Taenia solium*. O ciclo de transmissão começa com a eliminação de ovos férteis de *Taenia solium* nas fezes de um indivíduo contaminado. Esses ovos, uma vez no ambiente, podem contaminar uma fonte de água e/ou alimentos. Quando o indivíduo consome alimentos crus contaminados sem a devida higienização ou água não tratada ou fervida, ele pode se contaminar ingerindo os ovos férteis da tênia. Nesse caso, o homem faz o papel que seria cumprido pelo porco como hospedeiro intermediário no ciclo do parasita. Com isso, em seus tecidos-alvo desenvolvem-se cisticercos por meio da invasão do embrião a partir da mucosa intestinal. No homem, os tecidos mais acometidos são olhos, cérebro, coração e músculos.

As manifestações clínicas dependem da localização dos cisticercos. A instalação musculoesquelética de cisticercos costuma causar dor, fadiga e cãibras. A cisticercose ocular desencadeia opacificação do humor vítreo, uveítes e pantoftalmias – alterações que podem levar à perda total ou parcial da visão ou mesmo à perda do olho. Na cisticercose cardíaca, os cisticercos instalados nas válvulas levam a palpitações e a ruídos anormais. No sistema nervoso central (SNC), as manifestações são bastante variadas, dependendo da localização das lesões indo desde hipertensão do líquido cefalorraquiano (LCR) até crises de epilepsia e hidrocefalia.

Figura 6.7 – Ciclo biológico para desenvolvimento de teníase (*Taenia saginata e Taenia solium*)

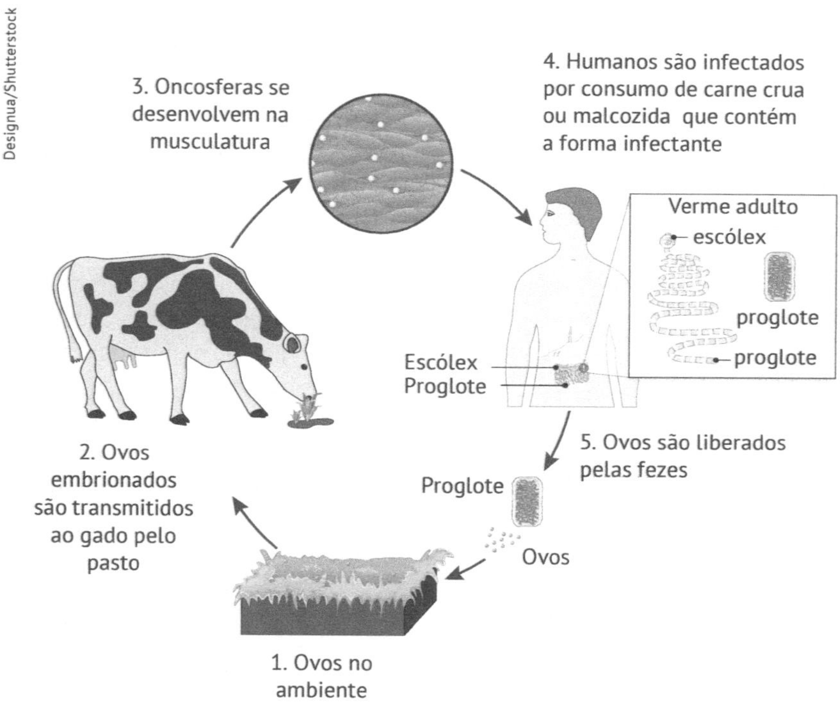

O diagnóstico é realizado por meio da visualização de proglotes ou ovos no exame parasitológico de fezes. No caso da cisticercose, é possível associar a epidemiologia, a clínica e os exames de imagem para localização de calcificações causadas por cisticercos nos tecidos-alvo (olhos, coração, cérebro e músculos).

No tratamento da teníase, são administrados principalmente niclosamida ou praziquantel. A niclosamida tem ação importante, pois é capaz de imobilizar o parasita e facilitar sua expulsão. Para a cura completa, o paciente precisa expelir o escólex, garantindo que o parasita não voltará a crescer (Rey, 2008; Neves et al., 2016).

O albendazol vem sendo utilizado como medicamento de escolha nos casos de neurocisticercose, pois se revelou mais eficaz com 88% de eficácia contra apenas 50% do praziquantel nesses casos.

6.3.2 Classe Taeniidae – Gênero *Echinococcus*

O *Echinococcus granulosus* é um cestódeo parasita intestinal de cães e outros canídeos, que são seus hospedeiros definitivos, causando nesses animais o quadro denominado *equinococose*. No ser humano e nos ungulados (animais de casco), esse parasita causa hidatidose.

O verme adulto mede de 3 mm a 6 mm de comprimento e é constituído por quatro segmentos: escólex, proglote imatura, proglote madura e proglote grávida. O escólex é piriforme com quatro ventosas e tem um rostro com duas fileiras de acúleos.

Figura 6.8 – Morfologia *Echinococcus granulosus*

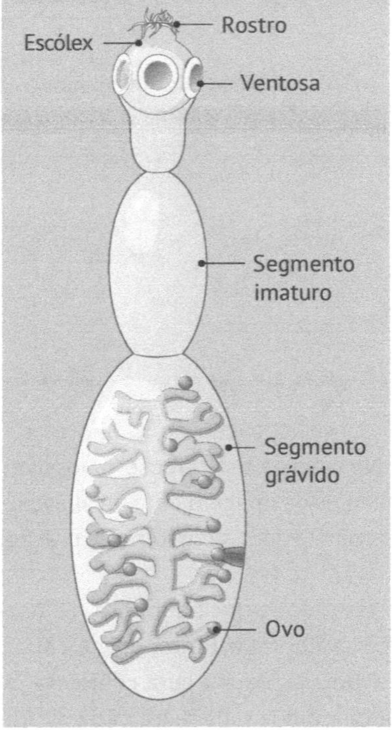

Designua/Shutterstock

No intestino do cão, os vermes adultos produzem ovos nas proglotes grávidas que são eliminadas com as fezes. Os hospedeiros intermediários, em geral ovinos, caprinos, bovinos, suínos, equinos ou humanos, ingerem esses ovos por meio de água ou alimentos contaminados. Os ovos eclodem no intestino delgado e liberam uma oncosfera que invade a parede intestinal e alcança a circulação, sendo conduzida a dois principais órgãos-alvo: os pulmões e o fígado.

Ao atingir esses órgãos, a oncosfera torna-se um cisto que vai aumentando gradualmente e, dentro desses cistos primários, formam-se cistos secundários e protoescólex. Os hospedeiros definitivos se contaminam ao ingerir vísceras (de hospedeiros intermediários) infectados com cistos hidáticos. No intestino dos canídeos, os protoescólex se libertam e aderem à mucosa intestinal, tornando-se vermes adultos de 30 a 80 dias.

Figura 6.9 – Ciclo biológico *Echinococcus granulosus*

Andcurrant/Shutterstock

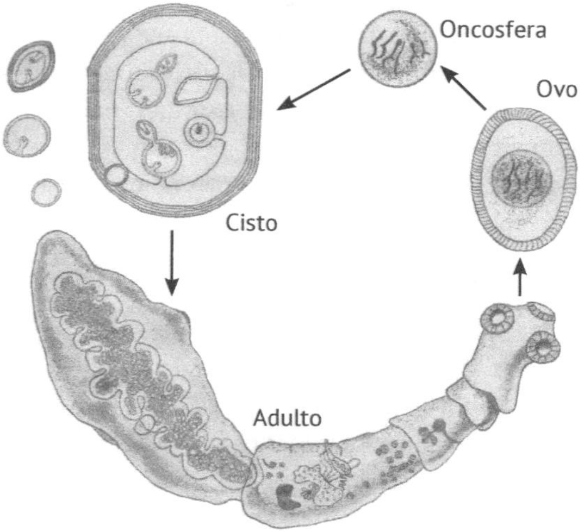

Figura 6.10 – Etapas da hidatidose no hospedeiro intermediário

Eduardo Borges

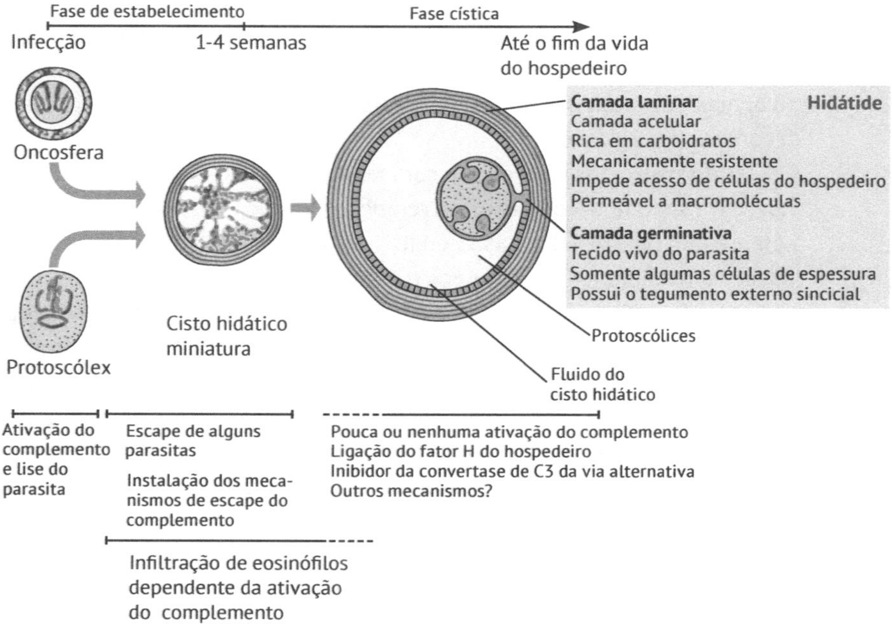

O líquido hidático é composto de substâncias antigênicas, e a areia hidática é formada pelos protoescólex isolados.

A infecção intestinal nos canídeos costuma ser assintomática, mas em casos de infecções maciças pode ocorrer diarreia catarral hemorrágica. Em humanos, a hidatidose hepática é a ocorrência mais comum, seguida das lesões pulmonares.

Tendo em vista que, no hospedeiro intermediário, o cisto hidático é recoberto por tecido conjuntivo do próprio hospedeiro e que seu crescimento costuma ser lento, é possível que o indivíduo leve alguns anos para apresentar manifestações clínicas. Apesar de serem mais comuns nos pulmões e no fígado, as lesões podem se instalar em qualquer região do organismo, e a sintomatologia varia de acordo com o órgão ou tecido afetado.

O rompimento de um cisto, de forma natural ou acidental, induz à liberação de grande quantidade de antígenos parasitários, o que, por sua vez, pode levar a choque anafilático e a óbito. A liberação de grande quantidade de protoescólex nesse caso também pode dar origem a novos cistos e, ainda, causar embolia.

As formações de cistos hidáticos podem ser reconhecidas com certa facilidade em exames de imagem como raios X, ultrassonografia ou tomografia, apesar de ser necessário realizar diagnóstico diferencial com outras patologias. O exame da areia hidática é que fornece o diagnóstico definitivo, mas em razão dos riscos inerentes à coleta, costuma-se optar pelo diagnóstico sorológico.

O tratamento dos cães é feito com medicamentos tenicidas. Em humanos, o tratamento é complexo e a remoção cirúrgica dos cistos é indicada sempre que possível. Em caso negativo, é recomendado o uso de mebendazol no tratamento farmacológico de pacientes com cistos menores.

Entre as ações preventivas estão: manter os cães longe das áreas de abatedouros; dar destino correto às vísceras e carcaças de animais abatidos no ambiente rural; investir em educação sanitária; oferecer tratamento adequado da água para consumo; fazer controle ou tratamento das populações de cães selvagens em áreas endêmicas; realizar monitoramento e tratamento adequado de cães domésticos nas regiões com maior número de casos.

6.4 Artrópodes parasitas do homem

Muitos artrópodes são benéficos para os seres humanos como controladores de pragas na agricultura, a exemplo dos polinizadores, ou como fonte de alimento, tal qual o mel das abelhas, os camarões e as lagostas.

Entretanto, estima-se que as doenças transmitidas por vetores sejam responsáveis por mais de 17% das doenças infecciosas no planeta. Como exemplos do panorama mundial, podemos citar a malária, que é a causa de 600 mil mortes por ano. Há, ainda, doenças, como Chagas e leishmaniose, que afetam milhões de pessoas em todo o mundo. Outros exemplos são os mosquitos do gênero *Aedes*, capazes de transmitir várias doenças importantes como dengue, chikungunya, febre amarela e zika.

Ademais, os artrópodes, além de vetores, podem ser parasitas. E é sobre isso que trataremos deste ponto em diante. Há várias classes, famílias e gêneros diferentes dentro do filo dos artrópodes; alguns dos principais grupos são os crustáceos, os insetos e os quelicerados. O Filo Arthropoda é o maior entre os seres vivos, tanto no número de espécies quanto na quantidade de indivíduos.

Além de serem capazes de atuar como vetores de doenças, como informamos anteriormente, os artrópodes podem prejudicar o homem apenas por sua presença (ectoparasitas) e ainda por serem peçonhentos ou urticantes ao contato (aranhas, escorpiões, besouros e lacraias).

A seguir, abordaremos os ectoparasitas de principal interesse para a saúde humana.

6.4.1 Moscas

Os insetos que são conhecidos pela população geral como *moscas* pertencem à ordem Diptera, que reúne uma infinidade de espécies, sendo algumas de interesse no campo da agricultura, da veterinária e da área médica.

No campo da saúde, o principal interesse nas moscas está relacionado à ocorrência de miíases. Essa patologia é conhecida popularmente como *bicheira*, e o inseto causador é a mosca-varejeira (Pinto; Grisard; Ishida, 2011). A mosca-varejeira ou mosca-berneira pertence à família Cuterebridae e seu nome científico é *Dermatobia hominis*.

Nos seres humanos, a infecção típica pela larva da mosca *Dermatobia hominis* é chamada de *berne*. As fêmeas colocam seus ovos na parte abdominal de outros insetos, denominados *insetos foréticos* (comensalismo de transporte), e depois de seis dias as larvas, em seu primeiro estágio evolutivo, já estão formadas. Essas larvas L1 saem dos ovos e migram em direção ao hospedeiro mamífero atraídas pelo calor quando os insetos foréticos pousam sobre a pele do hospedeiro. A larva penetra na pele do mamífero de forma ativa e fica imersa na derme, deixando para fora o aparelho respiratório. O término do desenvolvimento varia entre hospedeiros; no ser humano, leva cerca de 30 dias. Após esse período, a larva já em estágio L3 sai do hospedeiro e cai no solo, onde se torna uma pupa e, posteriormente, dá origem ao inseto adulto.

Quando detectada a presença de miíase, o tratamento é baseado na retirada mecânica das larvas após assepsia do local, por profissional habilitado. Para facilitar a remoção, é possível fechar o orifício com esparadrapo ou vaselina sólida, pois a larva terá de se mover para buscar respirar. Atualmente, pode-se utilizar ivermectina por via oral para auxiliar no tratamento.

A prevenção baseia-se em evitar a entrada da larva, cobrindo áreas expostas da pele, principalmente regiões com ferimentos, para não atrair insetos. Esses cuidados devem ser tomados sobretudo em regiões rurais ou de mata.

Figura 6.11 – Aparência de uma larva de *Dermatobia hominis* ("berne")

Tacio Philip Sansonovski/Shutterstock

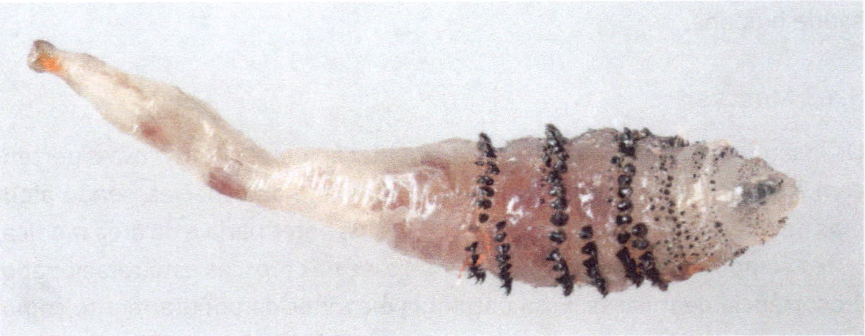

6.4.2 Piolhos

Todos os insetos conhecidos popularmente como *piolhos* pertencem à ordem Anoplura. São insetos sem asas e que costumam ser ectoparasitas de aves e mamíferos. No caso dos seres humanos, há três espécies importantes: o *Pediculus capitis*, o *Pediculus humanus* e o *Pthirus pubis*, que são, respectivamente, o piolho da cabeça, o piolho do corpo e o piolho pubiano, mais conhecido como *chato* (Pinto; Grisard; Ishida, 2011).

Quando o paciente está contaminado com *Pediculus capitis*, a condição é chamada de *pediculose*, e é muito comum em crianças em idade escolar, principlamente. O *Pediculus capitis* é um inseto hematófago com etapas de desenvolvimento que passam de ovo a ninfa e, em seguida, para inseto adulto. As fêmeas depositam seus ovos comumente próximo à base dos fios de cabelo e os aderem ali com uma substância que elas produzem. Esse ovo aderido aos fios de cabelo é chamado de *lêndea*.

Como esses insetos não têm asas, a transmissão exige contato direto (pessoa a pessoa) ou indireto (bonés, chapéus, escovas de cabelo etc.).

Há muitos métodos e receitas populares para tratamento de pediculose, mas a forma mais correta de controle é a catação manual com auxílio de pente fino. Em infestações intensas, pode-se fazer uso de medicamentos à base de deltametrina para auxiliar na remoção dos parasitas. A deltametrina costuma ser ativa contra piolhos da cabeça, pubianos e contra sarna.

Figura 6.12 – *Pediculus capitis*: inseto adulto (a) e lêndea (b)

Rattiya Thongdumhyu e Good Shop Background/Shutterstock

O *Pediculus humanus* tem a mesma morfologia do *Pediculus capitis*, entretanto, costuma viver na superfície do corpo, e as fêmeas, em vez de prenderem seus ovos aos pelos, colocam seus ovos nas "dobras" das roupas (Pinto; Grisard; Ishida, 2011). Por isso, as infestações são mais comuns nas pessoas que não têm hábito ou condições de trocar e higienizar suas roupas, como é o caso das pessoas em situação de rua.

As infestações são menos comuns do que as causadas pelos piolhos da cabeça e costumam acometer mais os adultos do que as crianças. Uma das razões para essa infestação ser menos comum reside, justamente, no fato de os ovos necessitarem do calor do corpo para se desenvolver. Portanto, apenas o hábito de colocar uma roupa diferente ao final do dia para dormir costuma ser o suficiente para inviabilizar os ovos de se alojar.

O *Pthirus pubis* é morfologicamente diferente dos insetos do gênero *Pediculus*. Entretanto, as fêmeas desse gênero também fazem postura dos ovos, deixando-os aderidos, nesse caso, aos pelos. É mais comum que a infestação de restrinja aos pelos pubianos, mas é possível encontrar esses insetos nas axilas, na barba ou até mesmo nos cílios. Uma vez que esteja presente na região pubiana, a infestação é considerada uma infecção sexualmente transmissível (IST).

Figura 6.13 – *Pthirus pubis* inseto adulto

Wettern_9/Shutterstock

Socialtruant/Shutterstock

6.4.3 Ácaros e carrapatos

Diferentemente do que muitos pensam, os ácaros e os carrapatos não são insetos, eles pertencem à classe Arachnida, que é a mesma das aranhas.

Entre os ácaros, o mais importante em parasitologia é o *Sarcoptes scabiei*, que é o agente etiológico da escabiose, conhecida como *sarna*. Esse ácaro forma galerias como se fossem túneis na epiderme de seus hospedeiros e no interior dessas galerias coloca seus ovos. Além dos ovos, ali ficam retidas as secreções e as fezes desse ácaro, e tanto a destruição do tecido quanto essas deposições causam grande irritação e prurido característico. A manutenção da infecção e o seu aumento se devem à maturação e eclosão dos ovos (Pinto; Grisard; Ishida, 2011).

A transmissão costuma ocorrer por contato direto com indivíduo contaminado, mas a transmissão indireta por meio do compartilhamento de roupas também é possível.

O tratamento é feito com o uso de medicamentos de uso tópico que visam matar o parasita, como é o caso dos medicamentos à base de deltametrina.

Há uma verdadeira infinidade de espécies diferentes de carrapatos e todas elas são hematófagas. Uma das espécies mais importantes no país é o *Amblyoma sculptum,* que é transmissor da doença denominada *febre maculosa brasileira*. Popularmente, esse carrapato é conhecido como *carrapato-estrela*, *carrapato-pólvora* ou *micuim*. Essa doença é uma zoonose causada pela bactéria *Rickettsia rickettsii*, que é inoculada no indivíduo por meio da picada de carrapatos infectados.

A transmissão depende que o carrapato fique na pele por pelo menos quatro horas, que é o tempo mínimo estimado para que as bactérias sejam introduzidas no organismo (Campinas, 2019).

Esse carrapato apresenta quatro etapas de desenvolvimento sequenciais: (i) ovo, (ii) larva, (iii) ninfa e (iv) adulto. É importante ressaltar que, por se alimentarem de sangue, pode haver transmissão desde o estágio de larva até o estágio adulto.

O carrapato adulto parasitam, principalmente, capivaras e cavalos para sugar sangue, já as larvas e as ninfas muitas vezes sugam sangue humano. A picada das larvas e ninfas é virtualmente indolor, o que facilita a aderência messes organismos ao indivíduo por tempo suficiente para a transmissão da doença. Seu tamanho reduzido em relação à forma adulta também é um facilitador (Campinas, 2019).

Figura 6.14 – *Amblyoma sculptum* ou carrapato-estrela adulto

Anest/Shutterstock

O carrapato-estrela difere da espécie que comumente parasita cães, o *Rhipicephalus sanguineus*, mas caso cães e gatos frequentem regiões em que o carrapato-estrela está presente, também podem ser por ele parasitados.

Os sinais e sintomas da febre maculosa brasileira não aparecem logo após a picada, mas depois de 2 a 15 dias, sendo as manifestações mais comuns em um período de 7 a 10 dias. Observam-se febre alta, dor de cabeça, mal-estar geral, diarreia e, em poucos dias, manchas vermelhas pelo corpo. Com a evolução da doença, podem ocorrer vômitos e hemorragias (Campinas, 2019).

É muito importante que o tratamento seja iniciado rapidamente, pois, em até cinco dias depois do início dos sintomas, é comum que o quadro clínico se agrave e que haja menor eficácia no tratamento aplicado.

A principal forma de se proteger é evitar o contato com os carrapatos e, no caso de uma picada, impedir que se atinja o tempo necessário para a transmissão da doença. Para tanto, algumas medidas podem ser tomadas sobretudo ao desenvolver atividades em regiões de campo ou mata. Entre elas, o uso de vestimentas claras, calças compridas (colocar as meias por cima e vedar com fita adesiva), botas de cano alto preferencialmente justas na perna, camisa por dentro da calça, passar repelente sobre as roupas.

Além dessas medidas, é importante verificar com frequência se não há nenhum carrapato aderido às roupas e, ao final do dia, tirar toda a vestimenta e colocar dentro de um saco plástico. Antes de lavar as roupas, colocar em água fervente e depois proceder à lavagem normal.

6.5 Moluscos vetores de doenças

Versaremos aqui sobre três doenças parasitárias importantes que têm em seu ciclo de transmissão a participação de moluscos, são elas a esquistossomose, a fasciolose hepática e a angiostrongilose abdominal.

6.5.1 Esquistossomose

Há três principais espécies parasitas no gênero *Schistosoma*: o *Schistosoma mansoni*, que ocorre na África, nas Antilhas e na América do Sul; o *Schistosoma haematobium*, que ocorre no Egito, na bacia do Mediterrâneo e no Oriente Médio; e o *Schistosoma japonicum*, que ocorre na China, no Japão, nas Filipinas e no Sudeste Asiático.

O *Schistosoma haematobium* causa esquistossomose vesical e hematúria; os ovos são eliminados pela urina e seu hospedeiro intermediário são moluscos do gênero *Bulinus*.

Já o *Schistosoma japonicum* causa uma esquistossomose hepatoesplênica e intestinal conhecida como *moléstia de Katayama*. Os parasitas vivem no sistema porta-hepático e os ovos são eliminados pelas fezes. Seus hospedeiros intermediários são moluscos do gênero *Oncomelania*.

Concentraremos nossa atenção na esquistossomose mansônica, por sua ocorrência em nosso país. Essa infecção é conhecida popularmente como *barriga-d'água*, *doença dos caramujos* ou *moléstia de Pirajá*. É uma esquistossomose intestinal em razão da localização dos parasitas também nas vênulas da parede do intestino grosso, sigmoide e reto. O parasita pertence à classe Trematoda e é dioico; o macho mede cerca de 1 cm, e a fêmea, 1,5 cm.

O hábitat dos vermes adultos é o sistema porta-intra-hepático, e após a cópula, a fêmea se dirige ao plexo hemorroidário para postura dos ovos.

O ciclo biológico é heteroxênico, ou seja, precisa de mais de um hospedeiro para se completar. Os hospedeiros intermediários são moluscos de água doce do gênero *Biomphalaria*. O ciclo tem início quando um indivíduo contaminado elimina fezes com ovos do parasita de forma que esse material fecal atinja uma fonte de água doce. Uma vez na água, os ovos eclodem e liberam uma larva ciliada, denominada *miracídio*. Os miracídios penetram no hospedeiro intermediário (caramujo) e começam a se multiplicar. Depois de quatro a seis semanas, as larvas já na fase evolutiva de cercárias saem do hospedeiro intermediário e começam a nadar ativamente na água. A contaminação do ser humano ocorre por penetração ativa de cercárias através da pele, sendo as pernas e os pés as áreas mais atingidas. Após a entrada, as cercárias se transformam em esquistossômulos e entram na circulação sanguínea, sendo levados ao sistema porta-hepático onde evoluem para a forma adulta. Os miracídios sobrevivem de 8 a 10 horas na água, e as cercárias, de 8 a 12 horas.

As áreas de maior transmissão são valas de irrigação, açudes e pequenos córregos que sejam hábitat do hospedeiro intermediário.

Figura 6.15 – Ciclo biológico *Schistosoma mansoni*

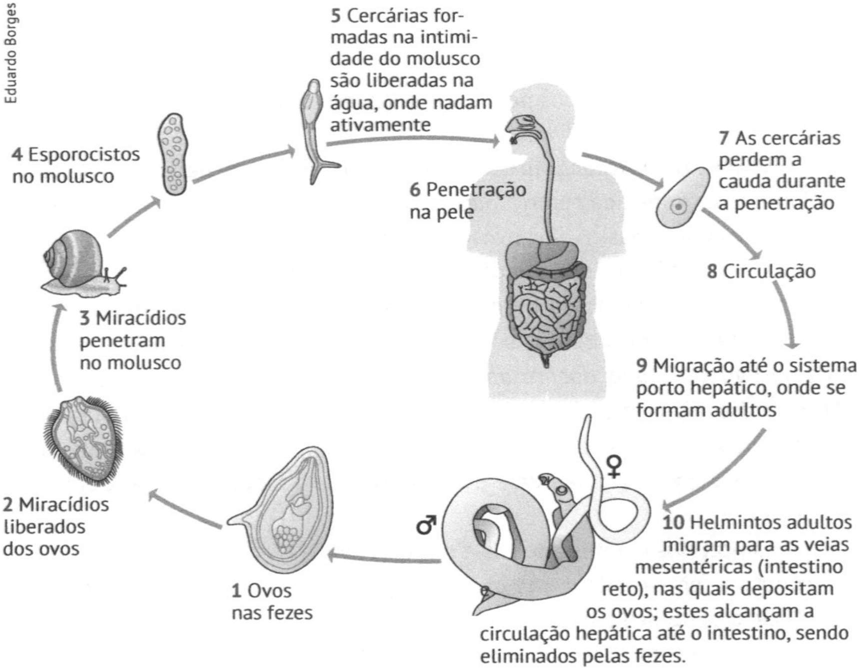

No homem, os parasitas adultos têm importante ação espoliadora, pois são capazes de consumir cerca de 2,5 mg de ferro por dia a partir do sangue.

A **fase inicial** da doença (fase pré-postural) costuma ser assintomática e pode durar de 10 a 35 dias desde a infecção. Em seguida, inicia-se a **fase aguda**, que ocorre entre 50 e 120 dias após a infecção e que corresponde a uma fase com febre contínua, diarreia, hepatomegalia dolorosa em cerca de 95% dos pacientes e é conhecida como *fase toxêmica*. Depois, o paciente pode evoluir para uma **fase crônica** marcada por fibrose da alça retossigmóide, diminuição do peristaltismo, constipação, emagrecimento, entre outras manifestações.

O diagnóstico costuma ser feito por meio de observação de ovos do parasita no exame parasitológico de fezes, mas também é possível fazer testes sorológicos.

Figura 6.16 – Ovo de *Schistosoma mansoni*

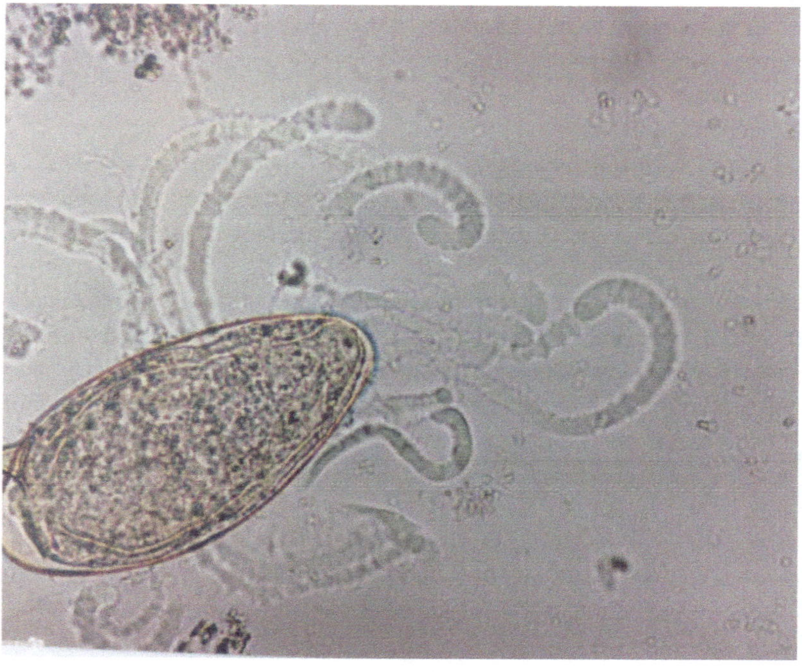

Alexander Campos/Shutterstock

Para o tratamento, há alguns medicamentos disponíveis, como o oxamniquine, que age sobre as formas adultas do parasita. Também pode ser utilizado o praziquantel na dose única de 40 mg/kg por via oral.

6.5.2 Fasciolose hepática

A fasciolose hepática é uma zooantroponose, ou seja, uma doença que pode ser transmitida dos animais para o ser humano. Ela tem ampla distribuição geográfica e é veiculada em ambientes aquáticos, que é o hábitat do hospedeiro intermediário, sobretudo em regiões tropicais e subtropicais.

Tem certa relevância na saúde humana, mas é mais importante do ponto de vista veterinário e econômico, pois acomete animais de criação como o gado bovino, ovino e suíno. Nesses animais, a estrutura hepática é muito comprometida e eles se tornam impróprios para consumo humano (Agudo-Padrón; Veado; Saalfeld, 2013). A doença não constitui propriamente um problema de saúde pública no Brasil, pois há registro de poucas dezenas de casos humanos, diferentemente da esquistossomose, que acomete milhões de pessoas.

Essa condição é causada pela *Fasciola hepática,* que é um trematoda aquático com aspecto de folha. Esse parasita é popularmente conhecido como *baratinha do fígado*, e os hospedeiros intermediários são moluscos do gênero *Lymnaea*.

O parasita faz a postura dos ovos que são conduzidos para as fezes por meio da bile. O ciclo biológico inicia quando um indivíduo contaminado elimina ovos pelas fezes, os quais, estimulados pela luz solar e pelo contato com a água, liberam o miracídio (larva ciliada). Este nada até encontrar o caramujo, o qual atua como hospedeiro intermediário. Dentro do caramujo, há a transformação em rédias que geram cercárias que perdem a cauda; estas se encistam logo depois de sair do caramujo. Essas estruturas encistadas (metacercárias) aderem em plantas aquáticas (como o agrião) e homens e animais podem se contaminar ao ingerir essas plantas sem a devida sanitização ou água sem tratamento que estejam contaminadas por essa forma parasitária. Depois de ingeridas, essas metacercárias desencistam no intestino delgado do hospedeiro definitivo, perfuram a mucosa intestinal e caem na cavidade peritoneal, migrando para o fígado. Quando chegam à vesícula biliar, alcançam a maturidade e iniciam a postura dos ovos, fechando o ciclo.

Nas infecções crônicas, os indivíduos podem ser assintomáticos ou desenvolver colelitíase, colangite, pancreatite e dor abdominal intermitente. Em casos graves, a colangite pode ser esclerosante e ocorrer cirrose biliar.

O diagnóstico pode ser feito por localização de ovos nas fezes e por sorologia. O tratamento se baseia no uso de triclabendazol ou, em alguns casos, nitazoxanida.

6.5.3 Angiostrongilose abdominal

É uma doença parasitária nativa das Américas, causada pelo parasita *Angiostrongylus costaricensis*, que é um nematoda que parasita originalmente roedores e, ocasionalmente, o homem (Agudo-Padrón; Veado; Saalfeld, 2013).

Os parasitas adultos medem entre 20 mm e 30 mm e, no hospedeiro definitivo, seu hábitat são os ramos das artérias mesentéricas. Os parasitas são dioicos e as fêmeas (nos hospedeiros convencionais), após a cópula, fazem a postura dos ovos que são eliminados na mucosa intestinal. Esses ovos eclodem na luz intestinal e liberam larvas que são eliminadas com as fezes, as quais podem ser ingeridas por lesmas ou caracóis, dentro dos quais terminam seu desenvolvimento tornando-se larvas infectantes para hospedeiros vertebrados.

O ser humano ou outros hospedeiros vertebrados se contaminam ao consumir moluscos contaminados crus ou vegetais contaminados com secreção mucosa destes moluscos.

O quadro clínico evolui com febre, astenia e dor aguda que simula quadros de apendicite. Parte dessa condição está relacionada à capacidade do parasita de causar obstrução e até mesmo necrose nos ramos da artéria mesentérica. O paciente pode ser levado à morte por perfuração intestinal seguida de peritonite e hemorragia. Tendo em vista que o homem não é um hospedeiro convencional desse parasita, não há liberação pelas fezes das larvas, que eclodem dos ovos, formando nódulos na submucosa intestinal (Agudo-Padrón; Veado; Saalfeld, 2013).

No Brasil, há relato de casos nas regiões Sul e Sudeste, além do Distrito Federal. Recomenda-se o controle dos hospedeiros intermediários (moluscos) e dos principais roedores que atuam como hospedeiros vertebrados deste parasita, que seriam reservatórios naturais. Também são importantes ações de orientação para educação sanitária e correto manuseio da água de consumo e de alimentos consumidos crus.

Os hospedeiros intermediários são variados e constituem lesmas e caramujos terrestres, muitos deles comuns em hortas e jardins. Entre eles, podemos citar o *Bradybaena similaris*, caracol de jardim; *Helix aspersa*, *escargot* europeu; *Belocaulus angustipes* e *Phyllocaulis variegatus*, lesma-lixa (Agudo-Padrón; Veado; Saalfeld, 2013).

Até o momento, não existe tratamento específico para infecções por esse parasita em seres humanos. Muitas infecções desaparecem de maneira espontânea e os anti-helmínticos, além de não terem se mostrado eficazes, podem piorar a sintomatologia, por aumentarem a migração dos parasitas.

Para saber mais

SOCIEDADE BRASILEIRA DE PEDIATRIA. Parasitoses intestinais: diagnóstico e tratamento. **Guia Prático de Atualização**, n. 7, 2020. Disponível em: <https://www.sbp.com.br/fileadmin/user_upload/22207d-GPA_-_Parasitoses_intestinais_-_diagnostico_e_tratamento.pdf>. Acesso em: 3 abr. 2022.

Para compreender melhor a relação da ocorrência de doenças parasitárias no país, sobretudo em crianças, leia o artigo indicado.

Síntese

Neste capítulo, apresentamos os principais parasitas de interesse humano, os platelmintos, nematelmintos e artrópodes. Também descrevemos algumas doenças cuja transmissão envolve moluscos.

Evidenciamos que muitas dessas patologias exigem cuidados relativamente simples para diminuir sua ocorrência e que, em sua maioria, há uma estreita relação com o tratamento e oferecimento de água de qualidade para consumo, bem como com a introdução de redes adequadas de coleta e tratamento de esgoto doméstico para conter o avanço destas infecções.

Fica claro, portanto, que ainda é preciso avançar na diminuição das desigualdades de acesso a esses recursos, para proteger a população.

Questões para revisão

1. Uma das doenças endêmicas do Brasil é a esquistossomose, popularmente conhecida como *barriga-d'água*, que afeta mais de 10 milhões de brasileiros. Essa doença é causada pelo *Schistosoma mansoni*, um endoparasita platelminto da classe dos trematódeos que utiliza o homem e um caramujo planorbídeo para completar seu ciclo de vida. A seguir, leia as alternativas que listam as formas parasitárias pertencentes ao ciclo desse parasita e indique aquela que corresponde à forma infectante para o homem.

a. ovo depositado no ambiente com as fezes do indivíduo infectado.
b. larva miracídio que eclode do ovo e nada na água.
c. esporocisto, que se forma dentro do caramujo.
d. cercária, que abandona o caramujo e nada na água.
e. fêmea do verme adulto repleta de ovos.

2. Analise o seguinte caso: uma criança com 3 anos de idade, sexo feminino, é atendida em consulta de puericultura, com queixa de dor abdominal associada a episódios de diarreia com evolução de aproximadamente 3 meses. A mãe da paciente relata que a família reside em bairro sem pavimentação e sem rede de esgoto. A criança não frequenta creche, brinca muito na rua com os irmãos de 5 e 7 anos, não bebe água filtrada e anda descalça. Após orientar corretamente a mãe acerca das condutas de higiene e prevenção das parasitoses, o pediatra solicita exame parasitológico de fezes. O resultado do exame parasitológico indica infestação por *Ascaris lumbricoides*, *Giardia lamblia* e *Necator americanus*.

   Com relação a esse caso, associe as colunas a seguir correlacionando o parasita com a fonte ou causa mais provável ou mais comum de infecção de acordo com o relato:

   1) *Ascaris lumbricoides*

   2) *Giardia lamblia*

   3) *Necator americanus*

   ( ) Não beber água filtrada.
   ( ) Andar descalça em ruas sem pavimentação.
   ( ) Brincar em bairro sem rede de esgotos, ter pouca idade e irmãos pequenos.

   A sequência correta de preenchimento dos parênteses, de cima para baixo, é:

   a. 1 – 2 – 3.
   b. 1 – 3 – 2.
   c. 2 – 1 – 3.
   d. 3 – 2 – 1.
   e. 3 – 1 – 2.

3. (INEP ENADE – 2010) Avalie as asserções a seguir:

   As parasitoses intestinais provocadas por protozoários e helmintos são infestações que podem desencadear alterações no estado físico, psicossomático e social, interferindo diretamente na qualidade de vida de seus portadores, principalmente em crianças.

   PORQUE

   A disseminação das parasitoses também pode ocorrer por meio do contato interpessoal com pessoas infectadas que habitam a mesma residência, principalmente em moradias menores que favorecem o confinamento, reforçando a importância da investigação parasitária na população materno-infantil.

   Analisando a relação proposta entre as duas assertivas, assinale a alternativa correta.

   a. As duas asserções são proposições verdadeiras, e a segunda é uma justificativa correta da primeira.
   b. As duas asserções são proposições verdadeiras, mas a segunda não é uma justificativa correta da primeira.
   c. A primeira asserção é uma proposição verdadeira, e a segunda é uma proposição falsa.
   d. A primeira asserção é uma proposição falsa, e a segunda é uma proposição verdadeira.
   e. As duas asserções são proposições falsas.

4. No exame, a olho nu, das fezes de uma criança foi constatada a presença de uma estrutura esbranquiçada, similar a pedaços de macarrão, cujo nome técnico é *proglote*. Sua mãe foi informada por algumas pessoas que não havia motivos para preocupação, uma vez que eram pedaços de um animal que morreu e estava se desmanchando. Nesse caso, qual seria o parasita envolvido na situação? E a afirmação de que o parasita estaria morto e se desmanchando é correta?

5. Uma criança, depois de passar férias em uma fazenda, foi levada a um posto de saúde com quadro sugestivo de pneumonia. Os resultados dos exames descartaram pneumonia por vírus ou bactéria. A doença regrediu sem necessidade de tratamento. Algumas semanas depois, um exame de fezes de rotina detectou parasitismo por ______________________.
A pneumonia pode ter sido causada pelo fato de esse parasita fazer ________________________.

Com base nos conhecimentos abordados neste capítulo, complete as lacunas com as informações corretas.

Questões para reflexão

J.M.S., sexo feminino, 4 anos, paraense, procedente do bairro do Guamá, Belém, Pará. Foi admitida na UTI em 15.09.2010, acompanhada por um conselheiro tutelar, que deu as informações. Permaneceu neste setor por 1 dia. Na anamnese, há apenas referência sobre quadro de febre há 5 dias, tosse e dispnéia, além de uma queixa de abuso que foi descartada pelo médico do PROPAZ que atendeu a criança e a encaminhou para o hospital. Ao exame físico, a paciente encontrava-se hipocorada e com creptações difusas à ausculta pulmonar, sem outras alterações. Foi prescrito Penicilina G Cristalina (PGC) e solicitado exames (hemograma, EAS, urocultura, PPF, AntiHIV, VDRL, BAAR no lavado gástrico e RXTorax). No dia seguinte, a criança foi transferida para a enfermaria onde a mãe referiu que há 7 dias da internação criança iniciou quadro de febre, que durou por 4 dias, tosse com expectoração hialina e diarreia, sendo as fezes líquidas e claras sem muco ou sangue. A criança apresentou também queda do estado geral e recusa alimentar. No momento da admissão na enfermaria, a mãe negava febre, vômitos ou diarreia, referindo apenas tosse e constipação intestinal (2 dias sem evacuar). Dos antecedentes pessoais, a criança apresentava uma internação anterior, com mais ou menos 1 ano de idade, devido "infestação por parasitas". Dos exames admissionais observou-se alteração apenas no hemograma que evidenciou eosinofilia importante (3159 cels–27%), valor de referência até 5%.
Fonte: Alves; Sousa; Sanches, 2012.

Com relação ao relato de caso apresentado, analise os pontos a seguir e responda:

1. Sabendo que a paciente se encontrava poliparasitada e que foram encontrados nas fezes dessa criança cistos de determinado parasita e ovos de outro parasita, indique dois possíveis patógenos que poderiam ter sido identificados nas fezes da criança.
2. Justifique a escolha feita na questão anterior.
3. Os achados pulmonares têm relação com o parasitismo?

Considerações finais

Esta obra foi produzida por docentes da área da saúde e é direcionada a acadêmicos e profissionais de saúde, para a construção e a consolidação do processo de aprendizado e aplicação dos conteúdos descritos na prática profissional em áreas que contemplam a microbiologia: bacteriologia básica, bacteriologia clínica, virologia humana, micologia e parasitologia.

Abordamos aqui, no Capitulo 1, conceitos gerais sobre bactérias, estrutura celular, características, crescimento e genética, ou seja, conceitos básicos à área acadêmica, além de uma revisão geral para os profissionais da saúde que estão adentrando a área microbiológica, seja na prática profissional seja na pesquisa. Contemplamos, ainda, questões relacionadas à classificação de bactérias e à epidemiologia das doenças bacterianas. Conceituamos microbiota normal, patogênese, defesas do hospedeiro e diagnóstico laboratorial. A compreensão dos fatores de resistência e vacinas bacterianas são assuntos que sempre devem estar em pauta entre os profissionais da área, motivo pelo qual o evidenciamos nesse capítulo. A compreensão da formação de biofilme bacteriano e os processos de esterilização e desinfecção encerram esse apanhado introdutório, sem esgotar as informações sobre essa temática.

No Capítulo 2, o foco foi a bacteriologia clínica, com aprofundamento dos conhecimentos tratados no capítulo anterior. Bactérias anaeróbicas, cocos Gram-positivos e Gram-negativos e bacilos Gram-positivos e Gram-negativos foram pormenorizados para proporcionar para a compreensão e a aplicação desse conteúdo na prática clínica laboratorial. Micobactérias, espiroquetas, micoplasmas, clamídias, riquétsias e patógenos bacterianos menos frequentes também foram descritos nesse capítulo, ou seja, mostramos todo o universo da bacteriologia clínica para os acadêmicos e profissionais de saúde.

No Capítulo 3, nos debruçamos sobre tema que esteve em evidência nesses últimos anos graças á pandemia do Covid-19. Explicamos a virologia humana, abrangendo as propriedades gerais e estratégias de replicação dos vírus, classificação dos vírus e a epidemiologia das infecções virais. Ainda, tratamos de virologia clínica, patogênese e defesas do hospedeiro, diagnóstico laboratorial, vacinas virais e antivirais – conhecimento essencial para todos os profissionais de saúde.

O enfoque do Capítulo 4 foi a micologia, ou seja, a morfologia e a biologia dos fungos. É difícil encontrar informações completas sobre as principais doenças causadas por fungos. Aqui, descrevemos a coleta e o processamento inicial de amostras biológicas, a identificação de fungos de importância médica e as principais micoses humanas.

Nos dois últimos capítulos, 5 e 6, reunimos dados sobre a parasitologia, conteúdo essencial para o trabalho em laboratório clínico, pois exames parasitológicos são rotineiros. Discorremos, então, sobre protozoários parasitas do homem, nematelmintos, platelmintos, artrópodes parasitas do homem e moluscos vetores de doenças.

Este livro foi pautado no conhecimento e na experiência profissional que reunimos ao longo de nossas vivências como docentes da área da saúde, com formação ampla nas ciências biológicas, biomedicina e farmácia.

Lista de Siglas

3SR replicação de sequências autossustentável (do inglês *self-sustained sequence replication*)

3TC lamivudina

ABC abacavir

AIDS síndrome da imunodeficiência adquirida (do inglês *acquired immunodeficiency syndrome*)

AMP adenosina monofosfato

Asana ágar sangue anaeróbio

ASD ágar Sabouraud dextrose

ATP adenosina trifosfato

BAAR bacilo álcool-ácido resistente

BBE ágar bacteroides bile-esculina

BCR receptor de células B (do inglês B-cell receptor)

BCYE ágar extrato de levedura com carvão (do inglês *buffered charcoal yeast extract*)

BGN bacilo Gram-negativo

BGP bacilo Gram-positivo

BHI ágar cérebro coração (do inglês *brain-heart infusion*)

BHK rim de hamster recém-nascido (célula) (do inglês *baby hamster kidney*)

CAMP Christie Atkins e Munch-Petersen (teste)

CBGN cocobacilo Gram-negativo

CBV-TP carbovir trifosfato

CGB ágar canavanina-glicina-azul de bromotimol

CHIKV vírus Chicungunha (do inglês *Chikungunya virus*)

CI candidíase invasiva

CMV citomegalovírus

CTA ágar cistina-tríptico semissólido (do inglês *cystine tryptic agar*)

CVC cateter venoso central

d4T estavudina

DENV vírus da dengue (do inglês *dengue virus*)

DGN diplococo Gram-negativo

DIP doença inflamatória pélvica

DNA ácido desoxirribonucleico (do inglês *deoxyribonucleic acid*)

DNAc DNA complementar

DNAm DNA mensageiro

dNTP desoxinucleotídeos trifosfatados

dNTP desoxirribonucleotídeo fosfatado

dNTP didesoxinucleotídeo trifosfato

DPOC doença pulmonar obstrutiva crônica

DTN doença tropical negligenciada

DTPa difteria-tétano-coqueluche acelular (vacina) (do inglês *Diphtheria-Tetanus-Pertussis*)

EAS elementos anormais do sedimento

EBV vírus Epstein-Barr vírus (EBV (do inglês *Epstein-Barr virus*)

EDTA ácido etilenodiamino tetra-acético (do inglês *ethylenediaminetetraacetic acid*)

EIA ensaio imunoenzimático

Elisa ensaio de imunoabsorção enzimática (do inglês *enzyme linked immuno sorbent assay*)

EPI equipamento de proteção individual

EPS substâncias poliméricas extracelulares

EYA ágar gema de ovo (do inglês *egg yolk agar*)

FEA ágar feniletanol

FITC isotiocianato de fluoresceína (do inglês *fluorescein isothiocyanate*)

FRET transferência ressonante de energia por fluorescência (do inglês *fluorescence ressonance energy transfer*)

FTA-Abs anticorpo treponêmico fluorescente com absorção (do inglês *fluorescent treponemal antibody absorption test*)

GBS síndrome de Guillain-Barré (do inglês *Guillain-Barré syndrome*)

HA hemaglutinina

HAdV adenovírus humano (do inglês *human adenovirus*)

HAV vírus da hepatite A (do inglês *hepatitis A virus*)

HBV vírus da hepatite B (do inglês *hepatitis B virus*)

HCMV citomegalovírus humano (do inglês *human cytomegalovirus*)

HCoV coronavírus humano (do inglês *human coronavirus*)

HCV vírus da hepatite C (do inglês *hepatitis C virus*)

HDV vírus da hepatite D (do inglês *hepatitis D virus*)

HEV vírus da hepatite E (do inglês *hepatitis E virus*)

HHV herpesvírus humano

HI inibição da hemaglutinação (do inglês *hemagglutination inhibition*)

HIV vírus da imunodeficiência adquirida (do inglês *human immunodeficiency virus*)

HPIV Vírus da parainfluenza humana (do inglês *human parainfluenza virus*)

HPV papilomavírus humano (do inglês *human papillomavirus*)

HRV rinovírus humano (do inglês *human rhinovirus*)

HSV herpesvírus simples (do inglês *herpes simplex virus*)

HTLV vírus linfotrópico da célula T humana (do inglês *human T-cell lymphotropic virus*)

ICNV Comitê Internacional de Nomenclatura de Vírus (*International Committee on Nomenclature of Viruses*)

ICTV Comitê Internacional de Taxonomia de Vírus (*International Committee on Taxonomy of Viruses*)

IFD imunofluorescência direta

Ig imunoglobulina

IgA imunoglobulina A

IgG imunoglobulina G

IgM imunoglobulina M

IP imonuperoxidase

Iras infecção relacionada à assistência à saúde

IST Infecção sexualmente transmissível

IST infecção sexualmente transmissível

KES *Klebsiella, Enterobacter* e *Serratia* (grupo)

KOH hidróxido de potássio

KPC *Klebsiella pneumoniae carbapenemase*

KVLB ágar sangue lisado com kanamicina e vancomicina

LAP	leucina aminopeptidase
LCM	Coriomeningite linfocítica (do inglês *lymphocytic choriomeningitis*)
LCMV	vírus da coriomeningite linfocítica (do inglês *lymphocytic choriomeningitis virus*)
LCR	líquido cefalorraquiano (ou líquor)
LFIA	ensaio imunocromatográfico de fluxo lateral (do inglês *lateral flow immunochromatographic assay*)
LIC	líquido intracelular
LTC	linfócito T citotóxico
MAH	mielopatia associada ao HTLV
MCL	micobactéria de crescimento lento
MCR	micobactéria de crescimento rápido
MERS-CoV	coronavírus associado à síndrome respiratória do Oriente Médio (do inglês *Middle East respiratory syndrome-related coronavirus*)
MHC	complexo principal de histocompatibilidade (do inglês *major histocompatibility complex*)
MMR	sarampo, caxumba e rubéola (do inglês *measles, mumps, and rubella*) (vacina tríplice viral)
MNT	micobactéria não tuberculosa
MRSA	*Staphylococcus aureus* resistente à meticilina (do inglês *Methicillin-resistant Staphylococcus aureus*)
MTS	meio de tolerância ao sal
NA	neuraminidase
NAD	nicotinamida adenina dinucleotídeo
Nasba	amplificação baseada no ácido nucleico específico (do inglês *nucleic acid sequence-based amplification*)
NF	não fermentador
NGS	sequenciamento de nova geração (do inglês *next-generation sequencing*)
NK	*natural killer* (células de defesa)
OMS	Organização Mundial da Saúde
OMS	Organização Mundial da Saúde
PAS	ácido Periódico de Schiff (do inglês *periodic acid-reactive Schiff*)

PBP	proteína ligadora de penicilina (do inglês *penicillin-binding proteins*)
PCR	reação em cadeia de polimerase (do inglês *polymerase chain reaction*)
PET	paraparesia espástica tropical (síndrome)
PGC	penicilina G cristalina
pH	potencial hidrogeniônico
PMN	polimorfonuclear
POD	peroxidases
PPD	derivado proteico purificado (do inglês *purified protein derivative*)
PPF	parasitológico de fezes
ProPaz	Programa de Atendimento Exclusivo para Crianças e Adolescentes
PRR	receptores de reconhecimento de padrão (do inglês *pattern recognition receptors*)
PYR	pirrolidonil-arilamidase
qPCR	PCR quantitativo ou PCR em tempo real
R0	taxa de reprodução basal
Rifi	reação de imunofluorescência indireta
RNA	ácido ribonucleico (do inglês *ribonucleic acid*)
RNAm	RNA mensageiro
RPR	teste de reagina plasmática rápido (do inglês *rapid plasm reagin*)
RT-PCR	Transcriptase reversa seguida de reação em cadeia da polimerase (do inglês *reverse transcriptase polymerase chain reaction*)
RV	rotavírus
SARS-CoV	coronavírus associado à síndrome respiratória aguda grave (do inglês *severe acute respiratory syndrome coronavirus*)
SCN	Staphylococcus coagulase negativa
SCR	sarampo, caxumba, rubéola (vacina tríplice viral)
SCRV	sarampo, caxumba, rubéola e varicela (vacina tetravalente)
SDS	dodecil sulfato de sódio
SER	sistema reticuloendotelial
SMF	sistema mononuclear fagocitário
SNC	sistema nervoso central

SNP sistema nervoso periférico

SOD superóxido dismutase

SPE substâncias poliméricas extracelulares

SRC síndrome da rubéola congênita

SXT-TMP sulfametoxazol-trimetoprim

TB tuberculose

TCR receptor de células T (do inglês T-cell receptor)

TDF fumarato de tenofovir disoproxil (do inglês tenofovir disoproxil fumarate)

Th linfócito T auxiliar (do inglês T helper)

TLR receptores tipo toll (do inglês toll-like receptors)

TMA amplificação mediada por transcrição (do inglês transcription mediated amplification)

TMV vírus do mosaico do tabaco (do inglês *tobacco mosaic virus*)

TNF fator de necrose tumoral (do inglês *tumor necrosis fator*)

TR transcriptase reversa

UFC unidades formadoras de colônias

UTI unidade de terapia intensiva

VDRL estudo laboratorial de doenças venéreas (do inglês *venereal disease research laboratory*)

VIP vacina injetável poliomielite

VLP partícula pseudoviral (do inglês *virus-like particles*)

VOP vacina oral poliomielite

VRE enterococos resistentes à vancomicina (do inglês *vancomycin--resistant Enterococcus*)

VSR Vírus sincicial respiratório

VZV vírus da varicela-zoster (do inglês *varicella-zoster virus*)

YFV vírus da febre amarela (do inglês *yellow fever virus*)

ZDV zidovudina (ou AZT – azidotimidina)

Referências

ABBAS, A. K.; LICHTMAN, A. H.; PILLAI, S. **Imunidade celular e molecular**. 7. ed. Rio de Janeiro: Elsevier, 2012.

ACHESON, N. H. Virus Classification: the World of Viruses. In: ACHESON, N. H. **Fundamentals of Molecular Virology**. 2. ed. New Jersey: John Wiley & Sons, 2011. p. 31-44.

ADAMS, M.J. et al. 50 years of the International Committee on Taxonomy of Viruses: progress and prospects. **Archives of Virology**. v. 162, n. 5, p. 1441-1446, May 2017. Disponível em: <https://link.springer.com/article/10.1007/s00705-016-3215-y>. Acesso em: 25 abr. 2022.

ADEOLU, M. et al. Genome-Based Phylogeny and Taxonomy of the 'Enterobacteriales': Proposal for Enterobacterales ord. nov. Divided into the Families Enterobacteriaceae, Erwiniaceae fam. nov., Pectobacteriaceae fam. nov., Yersiniaceae fam. nov., Hafniaceae fam. nov., Morganellaceae fam. nov., and Budviciaceae fam. nov. **International Journal of Systematic and Evolutionary Microbiology**, v. 66, p. 5575-5599, 2016.

AGUDO-PADRÓN, A. I.; VEADO, R. W.; SAALFELD, K. **Moluscos e saúde pública em Santa Catarina**: subsídios para a formulação estadual de políticas preventivas sanitaristas. Duque de Caxias, RJ: Espaço Científico Livre Projetos Editoriais, 2013.

ALVES, A. C. M.; SOUSA, A. M. de; SANCHES, C. S. Síndrome de Loeffler. **Revista Paranaense de Medicina**, v. 26, n. 2, abr./jun. 2012. Disponível em: <http://files.bvs.br/upload/S/0101-5907/2012/v26n2/a3213.pdf>. Acesso em: 30 abr. 2022.

ANVISA – Agência Nacional de Vigilância Sanitária. **Detecção e identificação de fungos de importância médica**. Módulo VII. Brasília, 2004. Disponível em: <http://anvisa.gov.br/servicosaude/microbiologia/mod_7_2004.pdf>. Acesso em: 27 abr. 2022.

ANVISA – Agência Nacional de Vigilância Sanitária. GVIMS – Gerência de Vigilância e Monitoramento em Serviços de Saúde. GGTES – Gerência Geral de Tecnologia em Serviços de Saúde. **Comunicado de risco n. 01/2017**. Relatos de surtos de Candida auris em serviços de saúde da América Latina. Brasília, 2017.

BALTIMORE, D. Expression of Animal Virus Genomes. **Bacteriological Reviews**, v. 35, n. 3, p. 235-241, 1971. Disponível em: <https://journals.asm.org/doi/pdf/10.1128/br.35.3.235-241.1971>. Acesso em: 26 abr. 2022.

BEAGLEHOLE, R.; BONITA, R. What is Global Health? **Global Health Action**, v. 3, 2010.

BERNARDI, G. **Avaliação de métodos de detecção e ocorrência de *Listeria monocytogenes* em ricotas e queijos frescais produzidos no estado do Paraná.** 88 f. Dissertação (Mestrado em Ciências Farmacêuticas) – Universidade Federal do Paraná, Curitiba, 2014. Disponível em: <https://acervodigital.ufpr.br/bitstream/handle/1884/35974/R%20-%20D%20-%20GISELE%20BERNARDI.pdf?sequence=1&isAllowed=y>. Acesso em: 22 abr. 2022.

BIRN, A. E. The Stage of International (Global) Health: Histories of Success or Successes of History? **Global Public Health**, v. 4, n. 1, p. 50-68, 2009.

BONGOMIN, F. et al. Global and Multi-National Prevalence of Fungal Diseases: Estimate Precision. **Journal of Fungi**, v. 3, n. 4, p. 57, 2017. Disponível em: <https://www.ncbi.nlm.nih.gov/pmc/articles/PMC5753159/>. Acesso em: 27 abr. 2022.

BRASIL. ANVISA – Agência Nacional de Vigilância Sanitária. Microbiologia clínica para o controle de infecção relacionada à assistência à saúde. Módulo 6: Detecção e identificação de bactérias de importância médica. Brasília: Anvisa, 2013. Disponível em: <https://spdbcfmusp.files.wordpress.com/2014/09/iras_modulodeteccaobacterias.pdf>. Acesso em: 22 abr. 2022.

BRASIL. Ministério da Saúde. **Doença de Chagas**. Brasília, 2016. Disponível em: <https://www.gov.br/saude/pt-br/assuntos/saude-de-a-a-z/d/doenca-de-chagas>. Acesso em: 29 abr. 2022.

BRASIL. Ministério da Saúde. FUNASA – Fundação Nacional de Saúde. **Manual de controle do tracoma**. Brasília, 2001. Disponível em: <https://bvsms.saude.gov.br/bvs/publicacoes/funasa/manu_tracoma.pdf>. Acesso em: 25 abr. 2022.

BRASIL. Ministério da Saúde. Secretaria de Vigilância em Saúde. Departamento de Vigilância Epidemiológica. **Guia de procedimentos técnicos**: Baciloscopia em Hanseníase. Brasília: Editora do Ministério da Saúde, 2010a. Disponível em: <https://bvsms.saude.gov.br/bvs/publicacoes/guia_procedimentos_tecnicos_corticosteroides_hanseniase.pdf>. Acesso em: 22 abr. 2022.

BRASIL. Ministério da Saúde. Secretaria de Vigilância em Saúde. Departamento de Doenças de Condições crônicas e Infecções Sexualmente Transmissíveis. **Protocolo clínico e diretrizes terapêuticas para atenção integral às pessoas com infecções sexualmente transmissíveis (IST)**. Brasília, 2010b. Disponível em: <http://www.aids.gov.br/pt-br/pub/2015/protocolo-clinico-e-diretrizes-terapeuticas-para-atencao-integral-pessoas-com-infeccoes>. Acesso em: 25 abr. 2022.

BRASIL. Ministério da Saúde. Secretaria de Vigilância em Saúde. **Boletim Epidemiológico**, v. 49, nov. 2018.

BROOKS, G. F. et al. **Microbiologia médica de Jawetz, Melnick e Adelberg**. 26. ed. Porto Alegre: AMGH, 2014.

BUSH, L. M. Doença de Lyme. **Manual MSD, versão para profissionais de saúde**. 2020a. Disponível em: <https://www.msdmanuals.com/pt-br/casa/infec%C3%A7%C3%B5es/infec%C3%A7%C3%B5es-bacterianas-espiroquetas/doen%C3%A7a-de-lyme?query=doen%C3%A7a%20de%20lyme>. Acesso em: 25 abr. 2022.

BUSH, L. M. Leptospirose. **Manual MSD, versão para profissionais de saúde**. 2020b. Disponível em: <https://www.msdmanuals.com/pt/casa/infec%C3%A7%C3%B5es/infec%C3%A7%C3%B5es-bacterianas-espiroquetas/leptospirose?query=leptospirose>. Acesso em: 25 abr. 2022.

BUSH, L. M. Tularemia. **Manual MSD, versão para profissionais de saúde**. 2020c. Disponível em: <https://www.msdmanuals.com/pt-br/casa/infec%C3%A7%C3%B5es/infec%C3%A7%C3%B5es-bacterianas-bact%C3%A9rias-gram-negativas/tularemia?query=Tularemia>. Acesso em: 25 abr. 2022.

BUSH, L. M.; VAZQUEZ-PERTEJO, M. T. Brucelose. **Manual MSD, versão para profissionais de saúde**. 2020. Disponível em: <https://www.msdmanuals.com/pt-br/profissional/doen%C3%A7as-infecciosas/bacilos-gram-negativos/brucelose?query=Brucelose>. Acesso em: 25 abr. 2022.

BUSH, L. M.; VAZQUEZ-PERTEJO, M. T. Difteria. **Manual MSD, versão para profissionais de saúde**. 2021. Disponível em: <https://www.msdmanuals.com/pt-br/profissional/doen%C3%A7as-infecciosas/bacilos-gram-positivos/difteria>. Acesso em: 22 abr. 2022.

CAMPINAS. Departamento de Vigilância em Saúde. **Febre maculosa brasileira**: prevenção em locais com presença de carrapatos – manual para gestores e profissionais da área de segurança do trabalho. Campinas, 2019.

CARSTENSEN, S. **Infecção por citomegalovírus em pacientes HIV positivos internados no Hospital de Clínicas da Universidade Federal do Paraná**. 105 f. Dissertação (Mestrado em Medicina Interna) – Universidade Federal do Paraná, Curitiba, 2015. Disponível em: <https://acervodigital.ufpr.br/bitstream/handle/1884/40636/R%20-%20D%20-%20SUZANA%20CARSTENSEN.pdf?sequence=1&isAllowed=y>. Acesso em: 26 abr. 2022.

CONSTANTINO, C. Animais: sentinelas da saúde única. In: GARCIA, R. C. M.; CALDERÓN, N.; BRANDESPIM, D. F. (Org.). **Medicina veterinária do coletivo**: fundamentos e práticas. Campo Limpo Paulista: Integrativa Vet, 2019a. p. 129-138.

CONSTANTINO, C. Medicina veterinária preventiva e promoção da saúde única na atenção básica: atuação do médico veterinário no núcleo ampliado de saúde da família e atenção básica (Nasf-AB). In: GARCIA, R. C. M.; CALDERÓN, N.; BRANDESPIM, D. F. (Org.). **Medicina veterinária do coletivo**: fundamentos e práticas. Campo Limpo Paulista: Integrativa Vet, 2019b. p. 84-101.

CUETO, M. **Saúde global**: uma breve história. Rio de Janeiro: Fiocruz, 2015.

CUNEGUNDES, P. S. **Avaliação imunológica da vacina contra pertussis com menor teor de LPS (Plow) na infecção com Bordetella pertussis e Bordetella parapertussis, em camundongos**. 2016. Dissertação (Mestrado em Biotecnologia)– Biotecnologia, Universidade de São Paulo, São Paulo, 2016. Disponível em: <https://www.teses.usp.br/teses/disponiveis/87/87131/tde-21022017-100758/publico/PriscilaSilvaCunegundes_Mestrado_I.pdf>. Acesso em: 22 abr. 2022.

ENGELKIRK, P. G.; DUBEN-ENGELKIRK, J. **Burton**: microbiologia para as ciências da saúde. 9. ed. Rio de Janeiro: Guanabara Koogan, 2017.

FIOCRUZ – Fundação Osvaldo Cruz. Biblioteca de Manguinhos. **Antraz**. Disponível em: <http://www.fiocruz.br/bibmang/cgi/cgilua.exe/sys/start.htm?infoid=85&sid=106>. Acesso em: 22 abr. 2022.

FORSYTHE, S. J. **Microbiologia da segurança dos alimentos**. 2. ed. Porto Alegre: Artmed, 2013.

FRECHAUT, T. I. P. **Validação de metodologia para detecção de Bacillus cereus em arroz e produtos à base de cereais**. 125 f. Dissertação (Mestrado em Tecnologia e Segurança Alimentar) – Faculdade de Ciências e Tecnologia, Lisboa, 2014. Disponível em: <https://run.unl.pt/bitstream/10362/13048/1/Frechaut_2014.pdf>. Acesso em: 22 abr. 2022.

FREITAS, N. S. L. **Análise das sequências do gene *ompA* de *Chlamydia trachomatis* isoladas do trato genital de mulheres inférteis e gestantes em Manaus – Amazonas.** 126 f. Tese (Doutorado em Biotecnologia) – Universidade Federal do Amazonas, Manaus, 2012. Disponível em: <https://tede.ufam.edu.br/handle/tede/4301>. Acesso em: 25 abr. 2022.

GAMA, A. et al. Immune Subversion and Quorum-Sensing Shape the Variation in Infectious Dose among Bacterial Pathogens. **PLOS Pathogens**, v. 8, n. 2, 2012. Disponível em: <https://journals.plos.org/plospathogens/article?id=10.1371/journal.ppat.1002503>. Acesso em: 22 abr. 2022.

ICTV – International Committee on Taxonomy of Viruses Executive Committee. The New Scope of Virus Taxonomy: Partitioning the Virosphere into 15 Hierarchical Ranks. **Nature Microbiology**, v. 5, n. 5, p. 668-674, 2020. Disponível em: <https://doi.org/10.1038/s41564-020-0709-x>. Acesso em: 25 abr. 2022.

KAYSER, F. H. et al. **Medical Microbiology**. New York: Thieme, 2005.

KNIPE, D. M.; HOWLEY, P. M. **Fields Virology**. 6. ed. Philadelphia: Wolters Kluwer/ Lippincott Williams & Wilkins, 2013. v. I e II.

KONEMAN, E. W. et al. **Diagnóstico microbiológico**: texto e atlas colorido. 6. ed. Rio de Janeiro: Guanabara Koogan, 2008.

LEVINSON, W. **Microbiologia médica e imunologia**. 13. ed. Porto Alegre: AMGH, 2016.

LILES, W. C. Infecções causadas por Brucella Francisella Yersinia Pestis e Bartonella. **Medicinanet**. 28 jul. 2016. Disponível em: <http://www.medicinanet.com.br/conteudos/acp-medicine/6818/infeccoes_causadas_por_brucella_francisella_yersinia_pestis_e_bartonella.htm>. Acesso em: 25 abr. 2022.

MACHADO, P. R. L. et al. Mecanismos de resposta imune às infecções. **Anais Brasileiros de Dermatologia**, Rio de Janeiro, v. 79, n. 6, p. 647-664, 2004. Disponível em: <https://www.scielo.br/j/abd/a/3VZ9Fz6BH9HDGnPhkN3Ktbd/?format=pdf&lang=pt>. Acesso em: 27 abr. 2022.

MAICAS, S. The Role of Yests in Fermentation Processes. **Microorganisms**, v. 8, n. 1142, 2020. Disponível em: <https://www.ncbi.nlm.nih.gov/pmc/articles/PMC7466055/>. Acesso em: 27 abr. 2022.

MADIGAN, M. T. et al. **Microbiologia de Brock**. 14. ed. Porto Alegre: Artmed, 2016.

MALAFAIA, M.; RODRIGUES. A. S. L. Centenário do descobrimento da doença de Chagas. **Revista da Sociedade Brasileira de Medicina Tropical**, v. 43, n. 5, p. 483-485, set./out. 2010. Disponível em: <https://www.scielo.br/j/rsbmt/a/JBwmhDXQZwVJXnbxYhyJKqc/?lang=pt>. Acesso em: 29 abr. 2022.

MEDINA, J. C. **Pneumonia associada à ventilação mecânica por Acinetobacter baumannii (PAVM-AB)**. Montevidéu: Cursos EviMed, 2014.

MEZZARI, A.; FUENTEFRIA, A. M. **Micologia no laboratório clínico**. Barueri: Manole, 2012.

MOUGARI, S. et al. Virophages of Giant Viruses: an Update at Eleven. **Viruses**, v. 11, n. 8, p. 733, 2019. Disponível em: <https://doi.org/10.3390/v11080733>. Acesso em: 25 abr. 2022.

NCBI – National Center for Biotechnology Information. **PubMed.gov**. Disponível em: <https://pubmed.ncbi.nlm.nih.gov/>. Acesso em: 25 abr. 2022.

NEGRÉ, W. S. **Proposta de protocolos de segurança para a prevenção, a contenção e a neutralização de agente agressor bioativo em incidentes bioterroristas e estudo por docking molecular do fator letal do Bacillus anthracis (ANTRAZ).** 120 f. Dissertação (Mestrado em Biotecnologia) – Universidade Federal de São Carlos, São Carlos, 2010. Disponível em: <https://repositorio.ufscar.br/bitstream/handle/ufscar/6983/3802.pdf?sequence=1&isAllowed=y>. Acesso em: 22 abr. 2022.

NEVES, D. P. et al. **Parasitologia humana**. 13. ed. São Paulo: Atheneu, 2016.

OLIVEIRA, F. et al. Ancilostomíase. **Revista Científica Eletrônica de Medicina Veterinária**, ano 6, n. 11, 2008. Disponível em: <http://faef.revista.inf.br/imagens_arquivos/arquivos_destaque/KnOys9URO6TFxcW_2013-6-14-14-56-29.pdf>. Acesso em: 30 abr. 2022.

OLIVEIRA, J. C. **Tópicos em micologia**. 4. ed. Rio de Janeiro: Control-Lab, 2014.

OPLUSTIL, C. et al. **Procedimentos básicos em microbiologia clínica**. 4. ed. São Paulo: Sarvier, 2020.

OROFINO-COSTA, R. et al. Sporothricosis: an Update on Epidemiology, Etiopathogenesis, Laboratory and Clinical Therapeutics. **Anais Brasileiros de Dermatologia**, v. 92, n. 5, p. 606-620, 2017. Disponível em: <https://www.scielo.br/j/abd/a/Zy7q7L4bHR74GgxVCHkjtZC/?format=pdf&lang=en>. Acesso em: 28 abr. 2022.

PARANÁ. Secretaria de Saúde. **Protocolo de manejo clínico e vigilância em saúde para brucelose humana no estado do Paraná**. Curitiba, 2018.

PERRY, J. D. A Decade of Development of Chromogenic Culture Media for Clinical Microbiology in an Era of Molecular. American Society for Microbiology. **Clinical Microbiology Reviews**, v. 30, n. 2, p. 449-479, apr. 2017.

PICKINA, M. Sobre o fermento biológico. **Massa Madre**. 30 ago. 2018. Know-how. Disponível em: <https://massamadreblog.com.br/know-how/info-tecnicas/fermento-biologico/>. Acesso em: 27 abr. 2022.

PINTO, C. J. C.; GRISARD, E. C.; ISHIDA, M. M. I. **Parasitologia**. Florianópolis: CCB/EAD/UFSC, 2011.

RAMOS, M. **Erlichiose humana**. Fiocruz, Invivo, Saúde. 17 jan. 2022. Disponível em: <http://www.invivo.fiocruz.br/saude/erlichiose-humana/>. Acesso em: 25 abr. 2022.

REY, L. **Parasitologia**. 4. ed. Rio de Janeiro: Guanabara-Koogan, 2008.

RIELLO, F. N. **Identificação molecular de espécies de micobactérias por PCR-RFLP hsp65 e implicações clínicas do diagnóstico convencional**. 88 f. Dissertação (Mestrado em Ciências da Saúde) – Universidade Federal de Uberlândia, Uberlândia, 2015. Disponível em: <https://repositorio.ufu.br/bitstream/123456789/18410/1/IdentificacaoMolecularEspecies.pdf>. Acesso em: 22 abr. 2022.

RODRIGUES, A. M.; de HOOG, G. S.; de CAMARGO, Z. P. Molecular Diagnosis of Pathogenic Sporothrix Species. **PLoS Neglected Tropical Diseases**, v. 9, n. 12, 2015. Disponível em: <https://journals.plos.org/plosntds/article?id=10.1371/journal.pntd.0004190>. Acesso em: 28 abr. 2022.

SALVATIERRA, C. M. **Microbiologia**: aspectos morfológicos, bioquímicos e metodológicos. São Paulo: Érica, 2014.

SANTOS, P. H. S. et al. Prevalência de parasitoses intestinais em idosos. **Revista Brasileira de Geriatria e Gerontologia**, Rio de Janeiro, v. 20, n. 2, p. 244-254, 2017. Disponível em: <https://www.scielo.br/j/rbgg/a/VyvcZ9f5mZh8TPP7MNKqMhd/?format=pdf&lang=pt>. Acesso em: 30 abr. 2022.

SCHAECHTER, M. **The Desk Encyclopedia of Microbiology**. San Diego: Elsevier, 2004.

SHIKANAI-YASUDA, M. A. et al. Brazilian Guidelines for the Clinical Management of Paracoccidioidomycosis. **Epidemiologia e Serviços de Saúde**, Brasília, v. 27, n. esp., p. 715-740, 2018. Disponível em: <http://old.scielo.br/pdf/ress/v27nspe/2237-9622-ress-27-esp-e0500001.pdf>. Acesso em: 28 abr. 2022.

SILVA, M. M. C. da; FERNANDES, J. de C.; FONTES-DANTAS, F. L. Incidência de parasitoses intestinais diagnosticadas em áreas carentes de uma região metropolitana. **Carpe Diem: Revista Cultural e Científica do UNIFACEX**, v. 15, n. 1, p. 80-90, 2017. Disponível em: <https://periodicos.unifacex.com.br/Revista/article/view/893/pdf>. Acesso em: 29 abr. 2022.

SOUZA, H. P. de et al. Doenças infecciosas e parasitárias no Brasil de 2010 a 2017: aspectos para vigilância em saúde. **Revista Panamericana de Salud Publica**, v. 44, 2020. Disponível em: <https://scielosp.org/pdf/rpsp/2020.v44/e10/pt>. Acesso em: 30 abr. 2022.

TORTORA, G. J.; FUNKE, B. R.; CASE, C. L. **Microbiologia**. Porto Alegre: Artmed, 2017.

TRABULSI, L. R.; ALTERTHUM, F. **Microbiologia**. 6. ed. São Paulo: Atheneu, 2015.

VABRET N. et al. Immunology of COVID-19: Current State of the Science. **Immunity**, v. 52, n. 6, p. 910-941, June 2020. Disponível em: <https://doi.org/10.1016/j.immuni.2020.05.002>. Acesso em: 26 abr. 2022.

ZAITZ, C. et al. **Compêndio de micologia médica**. 2. ed. Rio de Janeiro: Guanabara Koogan, 2012.

Capítulo 1

Questões para revisão

1. b
2. c
3. c
4. e
5. b

Capítulo 2

Questões para revisão

1. c
2. d
3. d
4. c
5. c
6. d

Questões para reflexão

1. A resposta deve conter informações sobre os diversos fatores relacionados ao uso racional de antimicrobianos e os problemas na disseminação de cepas multirresistentes que reduzem ou mesmo acabam com as opções terapêuticas.
2. Considerando uma área rural, deve-se pensar em zoonose. As capivaras são importantes hospedeiras de carrapatos, e a doença mais comum relacionada a esses insetos é a febre maculosa. O fato de o personagem ter passado uma semana acampado também é um dado importante, pois os carrapatos precisam ficar aderidos à pele por um tempo prolongado para conseguir eliminar a bactéria. Inchaço, vermelhidão e coceira na nuca podem indicar a picada do carrapato. Muitas vezes o inseto é tão pequeno que não se consegue visualizá-lo. Outras doenças relacionadas ao carrapato são Doença de Lyme, Erlichiose e Tularemia.
3. A resposta deve estar embasada em exemplos de doenças preveníveis por vacina, o quão graves são comparadas aos sintomas subclínicos

que as vacinas podem apresentar. Deve-se mostrar também a importância que as vacinas têm na comunidade como um todo.

4. A resposta é pessoal. Com seu conhecimento microbiológico é possível, mesmo que tenha sido na infância, deduzir as informações solicitadas na questão. Caso você não se lembre de nenhuma infecção, mencione algum familiar como exemplo.
5. A resposta deve conter informações referentes à viabilidade dos esporos bacterianos na natureza, e não especificamente no prego.

Capítulo 3

Questões para revisão

1. a
2. c
3. Na classificação do ICTV, os vírus foram agrupados de acordo com as características moleculares das sequências genômicas e proteicas e por filogenia; já na classificação de Baltimore, os vírus são separados conforme o tipo de ácido nucleico, síntese de RNAm e proteínas.
4. e
5.

Doença	Sintomas clínicos	Modo de transmissão
Rubéola	Febre, conjuntivite, mal-estar, exantema macular ou maculopapular, faringite artrite, artralgia e a Síndrome da rubéola congênita.	Secreções respiratórias, aerrossóis, fômites e intrauterina.
Sarampo	Febre alta, tosse, coriza, conjuntivite, erupção cutânea maculopapular, fotofobia, otite, crupe, broncopneumonia, encefalite e outras manifestações no SNC.	Secreções respiratórias, aerrossóis, fômites e intrauterina.
Caxumba	Febre baixa, mal-estar, cefaleia, mialgia, anorexia, intumescimento das glândulas parótidas, submaxilares e sublinguais, orquite, ooforite. Podem envolver outros órgãos como testículos, próstata, ovários, fígado, medula óssea, sistema nervoso central (meningite ou encefalite), coração, rins, pâncreas, entre outros.	Respiratória e intrauterina.

Questões para reflexão

1. A resposta deve indicar como os comportamentos humanos mudaram com o passar dos anos e como isso influenciou o aparecimento de novas doenças e novos sintomas de doenças já existentes. Deve também apontar que alguns vírus sofrem mutação com o tempo, e outros conseguem infectar hospedeiros que anteriormente não conseguiam.
2. A resposta deve contextualizar como as vacinas são desenvolvidas, utilizando técnicas diferentes, e fazer referência a alguns vírus que têm muitas cepas e subtipos diferentes que dificultam a imunização vacinal. Tem, ainda, de evidenciar que existem muitos tipos diferentes de vírus que têm características totalmente distintas, o que dificulta o desenvolvimento de vacinas.

Capítulo 4

Questões para revisão

1. b
2. d
3. e
4. a) Pitiríase versicolor. b) Fonte lipídica. c) Numerosas leveduras arredondadas, por vezes dispostas em cachos e presença de filamentos curtos e tortuosos.
5. e

Questões para reflexão

1. Sem atividade mitocondrial, a linhagem *petit* é incapaz de realizar respiração celular aeróbia. Dessa forma, por meio da fermentação, obtém um menor saldo de adenosina trifosfato (ATP) e sua produção independe (não sofre influência) da concentração de O_2. Em contrapartida, a linhagem original, como realiza respiração aeróbica, produz elevado saldo de ATP, que é influenciado positivamente pelo aumento na disponibilidade de O_2 e disponibiliza energia progressivamente para sua reprodução.

2. Estar em formol configura um critério de rejeição da amostra para realização de cultura. Considerando que o paciente/cliente fez um procedimento invasivo, o ideal seria desfazer a troca dos materiais, provavelmente entrando em contato com quem encaminhou as amostras, na tentativa de dar andamento a todos os exames solicitados e, assim, contribuir para o correto diagnóstico.
3. Autoclavação. 121 °C por 15 minutos.

Capítulo 5

Questões para revisão

1. c
2. d
3. 05 (01 + 04)
4. A *Giardia lamblia* é um protozoário flagelado da ordem Diplomonadida (pares de flagelos), cuja forma infectante são os cistos eliminados pelas fezes de indivíduos contaminados. A infecção ocorre pela ingestão desses cistos e a profilaxia pode ser feita por meio de educação sanitária (noções de higiene pessoal e cuidado com água e alimentos) e da melhoria das condições sanitárias da população (com água e esgoto tratados).
5. A descrição corresponde à ação de um vetor mecânico.

Questões para reflexão

1. A afirmação feita sobre um mau prognóstico no caso clínico está correta, pois o paciente apresenta um conjunto de comorbidades que comprometem a reação de seu organismo em caso de infecção pela *Leishmania* spp., como: infecção por HIV e o uso de drogas por longo período, o que pode ter deixado consequências em órgãos e tecidos.
2. O medicamento glucantime é um antimonial trivalente indicado para o tratamento da leishmaniose.
3. A coinfecção com HIV compromete diretamente o sistema imunológico do paciente e, portanto, sua resposta perante qualquer doença infecciosa. Como a leishmaniose visceral é uma doença considerada grave e de tratamento longo, certamente sua recuperação será comprometida.

Capítulo 6

Questões para revisão

1. d
2. b
3. b
4. O parasita seria uma tênia (*Taenia saginata* ou *Taenia solium*), embora não seja possível distinguir entre as duas apenas pela presença das proglotes nas fezes da criança. A afirmação feita à mãe de que não havia com o que se preocupar, pois o verme estaria morto e se desmanchando está incorreta, pois não é raro que uma proglote grávida terminal em um verme vivo e viável se solte e seja eliminada com as fezes.
5. *Ascaris lumbricoides* / Ciclo de Loos.

Questões para reflexão

1. No caso dos ovos encontrados nas fezes, o parasitismo poderia estar relacionado a um nematoide (*Ascaris lumbricoides* ou um ancilostomídeo), já nos cistos encontrados poderia estar envolvida uma ameba.
2. A justificativa reside no fato de ser comum este tipo de infecção em indivíduos que vivem nas condições socioeconômicas e sanitárias descritas no caso. Também por se tratar de infecções comuns em crianças no Brasil.
3. Os achados pulmonares têm relação direta com o parasitismo e reforçam a tese de infecção por *Ascaris lumbricoides* ou por ancilostomídeo, pois estes dois parasitas têm estágios larvais que realizam ciclo de Loos.

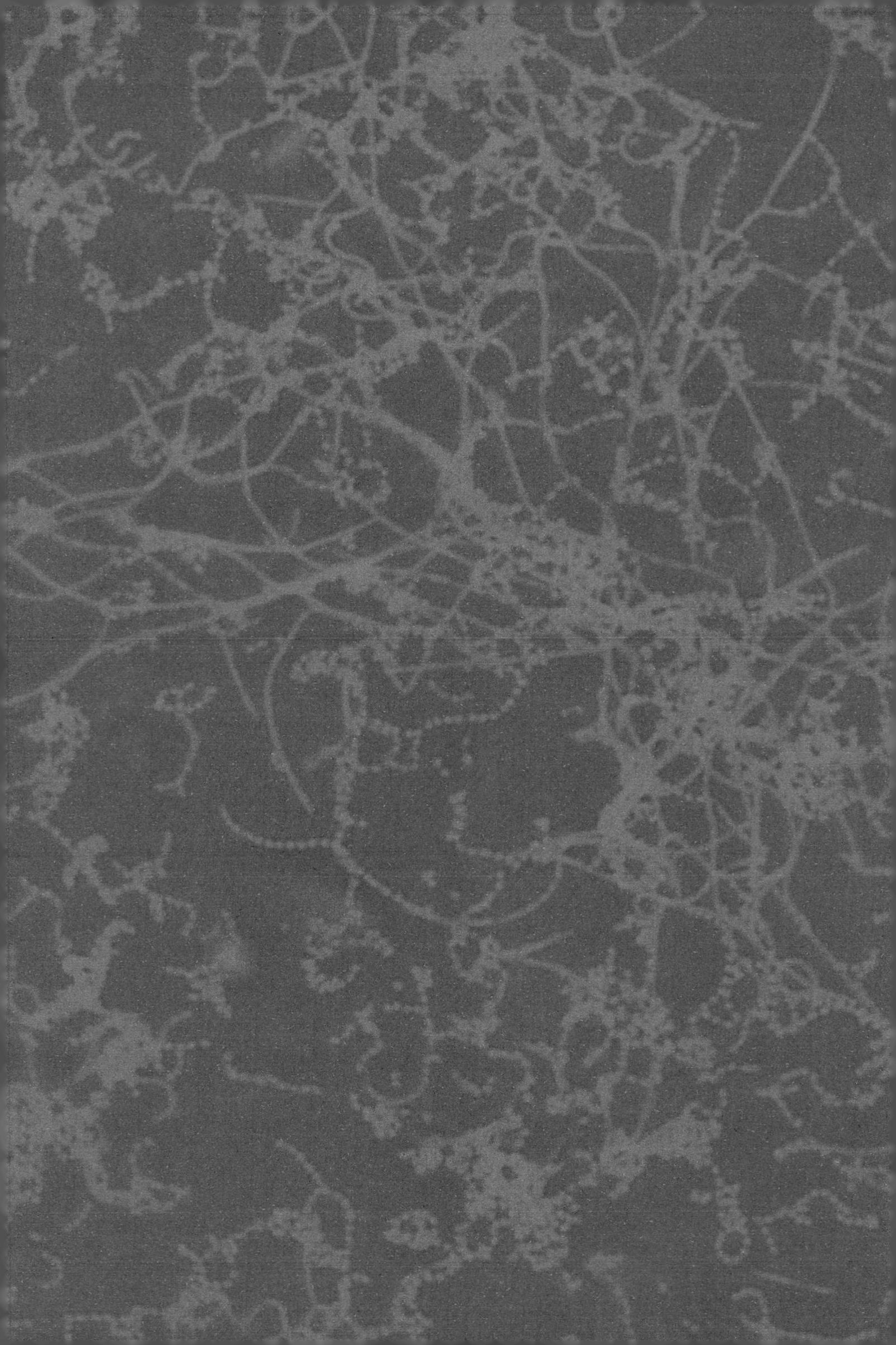

Ana Paula Weinfurter Lima Coimbra de Oliveira

É formada em Farmácia pela Universidade Federal do Paraná (UFPR), especialista em Citologia Clínica e mestre em Ciências Farmacêuticas pela mesma instituição. É professora universitária, atuando na graduação e na pós-graduação desde 2007. Atualmente, é professora e tutora dos cursos de pós-graduação da área da Saúde do Centro Universitário Internacional Uninter.

Gisele Aparecida Bernardi

É farmacêutica e bioquímica (2000), formada pela Pontifícia Universidade Católica do Paraná (PUCPR), especialista (2004) em Microbiologia Clínica pela mesma instituição e mestre (2014) em Ciências Farmacêuticas pela UFPR.

Tem ampla experiência em análises clínicas com ênfase em microbiologia. Foi docente das disciplinas de Microbiologia Básica e Microbiologia Clínica do curso de Farmácia no Centro Universitário Autônomo do Brasil (UniBrasil). É membro da diretoria do Núcleo de Estudos em Bacteriologia de Curitiba (Nebac) desde 2012. Atualmente, atua na seção de Bacteriologia Molecular no Laboratório Central do Paraná (Lacen/PR).

Luiza Souza Rodrigues

É biomédica formada pela Universidade de Uberaba (Uniube). Cursou Aprimoramento Profissional em Patologia Clínica no Hospital das Clínicas da Faculdade de Medicina da Universidade de São Paulo (HC-FMUSP), é mestre em ciências pela Faculdade de Medicina da Universidade de São Paulo (FMUSP), doutora pelo Programa de Biotecnologia Aplicada à Saúde da Criança e do Adolescente pelo Instituto de Pesquisa Pelé Pequeno Príncipe (IPPPP). Foi funcionária do setor de Microbiologia do Departamento de Laboratório Central do Hospital das Clínicas de São Paulo (DLC HC-FMUSP), atuou na área laboratorial do Grupo Fleury S/A e como microbiologista no laboratório do Hospital Erasto Gaertner em Curitiba. Foi docente no UniBrasil e nas Faculdades Pequeno Príncipe (FPP). Atualmente, é assistente de pesquisa no IPPPP.

Suzana Carstensen

Tem graduação (2007) em Ciências Biológicas e especialização (2011) em Biotecnologia, ambas pela PUCPR. É mestre (2015) em Medicina Interna pelo Hospital de Clínicas da Universidade Federal do Paraná (HC/UFPR). Leciona em cursos de graduação da área da saúde desde 2011, tendo atuado como professora do curso de Medicina da UFPR. No Instituto Carlos Chagas (ICC/Fiocruz-PR), teve participação no desenvolvimento de *kits* de diagnóstico de doenças virais humanas e atuou como instrutora para capacitação técnica de profissionais, visando à utilização desses *kits*. Tem vasta experiência em biologia molecular e cultivo celular na área de virologia em condições de biossegurança nível 2 e 3. Atualmente, ministra aulas no Centro Universitário Unifacear e na especialização em Diagnóstico Laboratorial por Biologia Molecular no UniBrasil e se dedica à implementação e coordenação de laboratórios de diagnóstico por biologia molecular de doenças infecciosas.

Willian Barbosa Sales

É biólogo, formado pela Faculdade Integrada de Campo Mourão, no Paraná, especialista em Análises Clínicas pelo Instituto Brasileiro de Pós-Graduação e Extensão (Ibpex), mestre em Saúde e Meio Ambiente pela Universidade da Região de Joinville (Univille) e doutor em Saúde e Meio Ambiente pela Univille. Atualmente é professor e coordenador dos cursos de pós-graduação em Saúde do Centro Universitário Internacional Uninter.

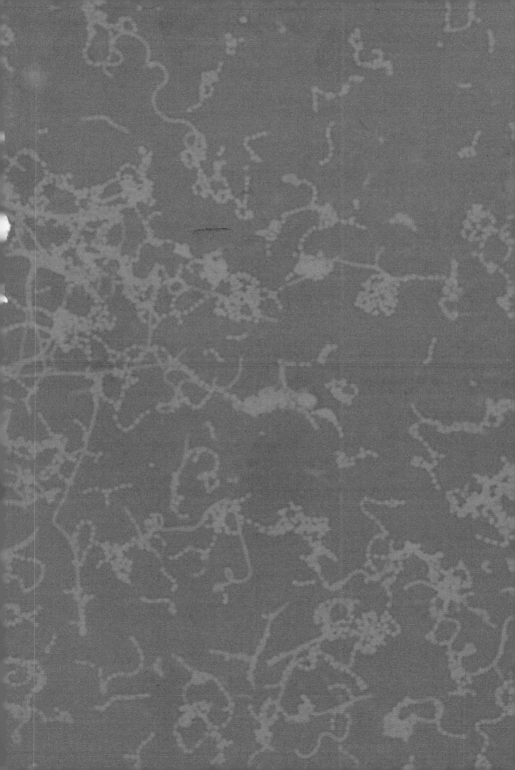

Impressão:
Junho/2022